3.2.3

实战：使用矩形工具绘制标签

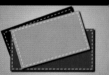

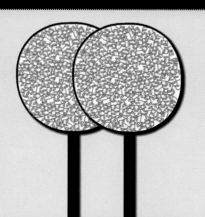

3.5.11

实战：使用藤蔓式填充绘制古扇

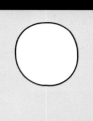

3.5.12

实战：使用装饰性刷子绘制乡村夜晚

5.4.3

复制图像

5.11.2
操作习题

6.5.1
使用"属性"面板填充颜色

6.6.1
线性渐变填充

7.7.1
创建点文本

7.1.7
实战：创作文本对象

7.2
设置文本属性

10.3.6
实战：制作眨眼的小兔子

11.3.3
实战：利用遮罩层动画制作简约片头

12.2.11

实战：利用"复制帧"制作打字的效果

13.2.4

实战：调用其他库元件

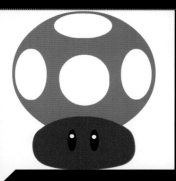
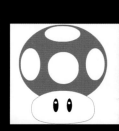

13.3.1

编辑元件

14.3.1

直接创建影片剪辑元件

14.4.4

实战：制作动态爱情贺卡

15.2.2

实例：创建逐帧动画

15.3.1

创建位移动画

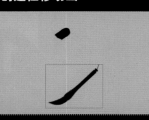

15.4.1
创建形状渐变动画

15.5.2
创建被遮罩层动画

15.7.2
操作习题

18.1.1
在编辑模式中测试影片

18.4.3
实战：导出动画文件

19.1
制作低碳环保
宣传动画

19.2
贺卡

19.3
房产广告片头

零点起飞学

Flash CS6

动画制作

◎ 博雅文化　编著

清华大学出版社

北　京

内 容 简 介

本书全面而系统地讲解了Flash CS6的操作方法与使用技巧，内容精华、学练结合、文图对照、实例丰富，可以帮助学习者轻松、快速地掌握软件的所有操作并运用于动画制作之中。

全书共分19章，主要内容包括Flash CS6的基础知识和基本操作、绘制动画矢量图形、矢量图形的编辑和修改、组织和管理图形对象、选取和填充图形颜色、创建与编辑文本、应用并设置图像文件、应用音频和视频动画、创建和管理图层、应用遮罩和场景、应用时间轴和帧、应用"库"面板、应用元件和实例、制作简单的动画、应用Flah组件、ActionScript基础与应用、影片后期处理等知识。本书最后通过3个精彩案例的制作过程及方法，将前面所学到的知识综合应用，使读者融会贯通。

本书结构清晰、内容翔实、实例丰富、图文并茂。每章均以本章导读、课堂讲解、上机实战、操作答疑的结构进行讲述。本章导读指出了每章讲解内容的重点、难点及学习方法；课堂讲解详细介绍了每章知识点；上机实战紧密结合重点内容给出实例，指导读者边学边用；操作答疑通过专家答疑及操作习题，使读者可以达到巩固所学知识的目的。

本书适合各大、中、专院校和培训学校作为教材使用，也可作为Flash动画制作初学者、动画制作爱好者及网页设计、广告设计、游戏制作等相关专业人士的学习用书。

本书DVD光盘内容包括68个250分钟的实例视频教学及书中素材、效果与场景文件。

图书在版编目（CIP）数据

零点起飞学Flash CS6动画制作/博雅文化 编著. —北京：清华大学出版社，2014（2020.8重印）
（零点起飞）
ISBN 978-7-302-35422-2

Ⅰ.①零… Ⅱ.①博… Ⅲ.①动画制作软件 Ⅳ.①TP391.41

中国版本图书馆CIP数据核字（2014）第023137号

责任编辑：杨如林
封面设计：张　洁
责任校对：胡伟民
责任印制：宋　林

出版发行：清华大学出版社
　　　　　网　　址：http://www.tup.com.cn，http://www.wqbook.com
　　　　　地　　址：北京清华大学学研大厦A座　　　　　邮　编：100084
　　　　　社 总 机：010-62770175　　　　　　　　　　邮　购：010-62786544
　　　　　投稿与读者服务：010-62796969，c-service@tup.tsinghua.edu.cn
　　　　　质 量 反 馈：010-62772015，zhiliang@tup.tsinghua.edu.cn

印 装 者：三河市龙大印装有限公司
经　　销：全国新华书店
开　　本：190mm×260mm　　印　张：26.25　　插页：2　　字　数：945千字
　　　　　（附DVD光盘1张）
版　　次：2014年6月第1版　　　　　　　　　　　　印　次：2020年8月第6次印刷
定　　价：59.80元

产品编号：054366-01

前 言

软件介绍

随着网络的不断发展，各种精彩的动画效果也被广泛地应用于的网页广告、动态网页制作、MTV、贺卡、多媒体、游戏等领域，能够亲手制作出极具个性和想象力的动画也成为许多电脑爱好者的梦想。本书对中文版Flash CS6进行了全面细致的讲解，并将制作实例融入到软件基础知识的讲解中，希望通过本书，能让读者了解Flash的基础知识，熟悉其基本操作，掌握动画制作的设计思路，在短时间内快速掌握动画制作技能，成为动画设计和制作的高手。

内容导读

第1章 介绍Flash的发展历史、特点以及应用，并对Flash CS6的新增功能、所需插件以及安装与卸载做了详细的介绍。

第2章 介绍Flash软件的启动与退出以及工作界面，并详细讲解了文件的新建、打开、关闭、保存等操作，以及Flash CS6辅助工具的使用方法。

第3章 介绍各种线条工具、矩形工具、椭圆工具、多角星形工具、Deco工具等命令，使读者能够得心应手地绘制各种图形。

第4章 主要讲解在Flash中设置笔触以及编辑与修改矢量图的方法。

第5章 主要讲解在Flash中图形对象的组织和管理方法，如预览、选择、组织和变换图形对象等知识，以及图形辅助工具与选择工具的使用、图形对象的变形、排列、对齐、合并、组合和分离对象方法。

第6章 主要讲解在Flash中如何选取颜色、填充与描边图形，使用面板、按钮、渐变与位图填充颜色的方法。

第7章 主要讲解在Flash中创建文本、设置文本属性、编辑文本、对齐文本、变形文本、制作文本特效等知识。

第8章 主要讲解在Flash中导入、编辑、填充与修改图像的知识。

第9章 主要讲解在Flash中应用音频和视频的知识。

第10章 主要讲解在Flash中创建和管理图层的知识，如怎样在Flash中创建、选择、编辑图层的方法，以及图层显示状态、管理图层、运用引导层等内容。

第11章 主要讲解在Flash中应用遮罩和场景的知识，如创建与编辑遮罩层，制作遮罩动画与管理场景的方法。

第12章 主要讲解在Flash中的时间轴和帧。时间轴是整个Flash的核心，使用它可以组织和控制动画中的内容在特定的时间出现在画面上。动画制作的常用操作是对帧的操作，帧的先后顺序会影响影片播放时的顺序，通过对时间轴和帧的运用，可以使读者的动画制作更加得心应手。

第13章 主要讲解在Flash中应用"库"面板的知识。使用库面板可以节省时间。

第14章 主要讲解在Flash中应用元件和实例的知识。元件是制作Flash动画的重要元素，实例是指位于舞台上或嵌套在另一个元件内的元件副本。本章重点介绍元件和实例的使用与编辑方法。

第15章 主要讲解多种简单动画的制作方法，并熟练地掌握创建逐帧动画、遮罩动画、补间动画、渐变动画和引导动画的操作方法。

第16章 主要讲解在Flash中熟练应用复选框、组合框、列表框、普通按钮、单选按钮、文本滚动条、滚动窗口等组件来设计动画的交互功能。

第17章 主要讲解ActionScript基础与应用知识。ActionScript是Flash的脚本撰写语言，使用它可以向影片添加交互性。动作脚本提供了一些元素，如动作、运算符及对象，可将这些元素组织到脚本中，控制影片要执行的动作。读者可以通过这章的学习，掌握为影片添加脚本的方法，从而实现像单击按钮和按下键盘键之类的事件。

第18章 主要讲解影片后期处理知识，如影片的测试、优化、导出与发布。

第19章 主要讲解3个精彩的综合案例的制作过程及方法。本章通过案例将所学的知识进行综合运用，案例涉及网站、企业宣传等行业。通过对案例制作过程的学习，读者可大大地拓展动画的创作思路，创作出更为精致、更为实用的商业化作品。

本书内容涉及面广，几乎涵盖了Flash动画设计制作的各个方面，力求使读者通过不同的实例掌握不同的知识。在对实例的讲解中，力争做到手把手地解读操作过程直至完成最终效果。

本书主要有以下几大优点：

⇨ 内容全面。几乎覆盖了Flash CS6中文版的所有操作和命令。

⇨ 语言通俗易懂、讲解清晰、前后呼应。以最小的篇幅、最易读懂的语言来讲述每一项功能和每一个实例。

⇨ 实例丰富、技术含量高，与实践紧密结合。每一个实例都倾注了作者多年的实践经验，每一个功能都经过技术验证。

⇨ 版面美观、图例清晰，并具有针对性。每一个图例都经过作者精心策划和编辑，只要仔细阅读本书，就能从中学到很多知识和技巧。

参加本书编写工作的有徐文秀、刘蒙蒙、于海宝、任大为、孟智青、赵鹏达、白文才、李少勇、荣立峰、李娜、王玉、刘峥、陈月娟、陈月霞、刘希林、黄健、黄永生、田冰、徐昊，北方电脑学校的刘德生、宋明、刘景君、姚丽娟老师，德州职业技术学院计算机系的张锋、相世强、王海峰、王强、牟艳霞等几位老师，在此一并表示感谢。

在创作的过程中，错误在所难免，希望广大读者批评指正。

编者

目 录

第1章

走进Flash CS6

本章重点：

　　本章主要讲解了Flash的发展、特点及应用领域，Flash的新增功能、Flash的插件知识，以及Flash软件的安装与卸载。

学习目的：

　　如果想要学好Flash，首先应该对Flash有个简单的了解，这样才可以对后面所介绍的内容有更深入的理解。

参考时间：20分钟

主要知识	学习时间
1.1　了解Flash	5分钟
1.2　Flash CS6的新增功能	5分钟
1.3　使用Flash所需插件	5分钟
1.4　Flash的安装与卸载	5分钟

1.1 了解Flash

Flash，是一种集动画创作与应用程序开发于一身的创作软件，Adobe Flash Professional CS6为创建数字动画、交互式Web站点、桌面应用程序以及手机应用程序开发提供了功能全面的创作和编辑环境。Flash广泛用于创建吸引人的应用程序，它们包含丰富的视频、声音、图形和动画等。

1.1.1 Flash的发展历史

由于HTML语言的功能十分有限，无法实现人们的预期设计，以达到令人耳目一新的动态效果，在这种情况下，各种脚本语言应运而生，使得网页设计更加多样化。然而，编写代码对于很多人来说仍然比较困难，人们更需要一种既简单直观又功能强大的动画设计工具，而Flash的出现正好满足了这种需求。

Flash的前身是Future Splash Animator，开始它仅仅作为当时交互制作软件Director和Authorware的一个小型插件，后来才由Macromedia公司改为单独的软件，Flash曾与Dreamweaver（网页制作工具软件）和Fireworks（图像处理软件）并称为"网页三剑客"。Flash随着互联网的发展，在Flash 4版本之后嵌入了ActionScript函数调用功能，使互联网在交互应用上更加便捷。该公司及旗下软件于2007年被Adobe公司收购并进行后续开发（Macromedia公司最后一个版本为Flash 8，Adobe公司收购后发布的第一个版本为Flash CS）。

Flash的历史版本以及新增的功能：
Future Splash Animator 1995年由简单的工具和时间线组成。
Macromedia Flash 1 1996年11月Macromedia更名后为Flash的第一个版本。
Macromedia Flash 2 1997年6月引入库的概念。
Macromedia Flash 3 1998年5月31日影片剪辑，Javascript插件，透明度和独立播放器。
Macromedia Flash 4 1999年6月15日文本输入框，增强的ActionScript，流媒体，MP3。
Macromedia Flash 5 2000年8月24日智能剪辑，HTML文本格式。
Macromedia Flash MX 2002年3月15日Unicode，组件，XML，流媒体视频编码。
Macromedia Flash MX 2004 2003年9月10日文本抗锯齿、ActionScript 2.0、增强的流媒体视频行为。
Macromedia Flash MX Pro 2003年9月10日ActionScript 2.0的面向对象编程，媒体播放组件。
Macromedia Flash 8 2005年9月13日滤镜、位图缓存、强化对象、绘制模型、自定义补间动画等。
Macromedia Flash 8 Pro 2005年9月13日方便创建FlashWeb，增强的网络视频。
Adobe Flash CS3 Professional 2007年支持ActionScript 3.0，支持XML。
Adobe Flash CS3 2007年12月14日导出QuickTime视频。
Adobe Flash CS4 2008年9月基于对象的动画、3D转换、程序建模、动画预设等。
Adobe Flash CS5 2010年FlashBuilder、TLF文本支持。
Adobe Flash CS5.5 Professional 2011年支持 iOS 项目开发。
Adobe Flash CS6 Professional 2012年4月26日生成Sprite菜单，锁定3D场景，3D转换。

1.1.2 Flash的特点

作为当前业界最流行的动画制作软件，Flash CS6必定有其独特的技术优势，了解这些知识对于今后选择和制作动画有很大的帮助。

1. 矢量格式

矢量图是根据几何特性来绘制图形，矢量可以是一个点或一条线，矢量图只能靠软件生成，文件占用内在空间较小，因为这种类型的图像文件包含独立的分离图像，可以自由无限制地重新组合。它的特点是放大后图像不会失真，和分辨率无关，文件占用空间较小，适用于图形设计、文字设计和一些标志设计、版式设计等。用Flash绘制的图形都可以保存为矢量图形，非常有利于在网络上进行传播。

2. 支持多种图像格式文件导入

如果用户是一位平面设计师，自然喜欢用Photoshop、Illustrator、Freehand等软件制作图形和图像，但这并不影响使用Flash。当用户在其他软件中做好这些图像后，可以使用Flash中的导入命令将它们导入Flash中，然后进行动画的制作。另外，Flash还可以导入Adobe PDF电子文档和Adobe Illustrator 10文件，并保留源文件的精确矢量图。

矢量格式图像　　　　　　　　　　　　　　　　　导入的PSD文件

3. 支持视/音频文件导入

Flash提供了功能强大的视频导入功能，可让用户设计的Flash作品更加丰富多彩。除此之外，Flash还支持从外部调用视频文件，这样就可以大大缩短工作时间。

Flash支持声音文件的导入，在Flash中可以使用MP3。MP3是一种压缩性能比很高的音频格式，能很好地还原声音，从而保证在Flash中添加的声音文件既有很好的音质，文件体积也很小。

4. 支持流式下载

通常，用户在网上观看普通的GIF动画时，需要等到动画全部下载完毕后才可以观看。若动画体积较大，则会让人望眼欲穿，大部分人是没有耐心等待的。而使用Stream（流）技术则可以边下载边观看，这样互联网用户就不必在漫长的等待之后才能看到动画效果了。对于Flash动画来说，用户可以马上看到动画效果，在观看动画效果的过程中，下载剩余的动画内容。

若制作的Flash动画比较大，可以在大动画的前面放置一个小动画，在播放小动画的过程中，检测大动画的下载情况，当大动画的某些帧下载完毕后，再播放大动画，从而避免出现等待的情况。

导入的音频文件　　　　　　　　　　　　　　　　Flash载入画面

5. 交互性强

在传统视频文件中，用户只有观看的权利，而不能和动画进行交互。假如希望在一段动画中添加一个小游戏，那么使用Flash是一个很好的选择，它内置的ActionScript脚本运行机制可以让用户添加任何复杂的程序。

另外，脚本程序语言在动态数据交互方面有了重大改进，ASP功能的全面嵌入使得制作一个完整意义上的Flash动态商务网站成为可能，用户甚至还可以用它来开发一个功能完备的虚拟社区。

某个Flash互动小游戏

6. 平台的广泛支持

任何安装有Flash Player插件的网页浏览器都可以观看Flash动画，目前已有95%以上的浏览器安装了Flash Player，几乎包含了所有的浏览器和操作系统，因此Flash动画已经逐渐成为应用最为广泛的多媒体形式。

1.1.3 Flash的应用

用Flash制作动画的优点是动画品质高、体积小、互动功能强大，特别适合制作网页动画。用户不需要编写复杂的程序，便可以制作出非常酷的多媒体网页。Flash具有便捷的多媒体制作与互动网页的特性，使之成为多媒体网页制作的最佳选择。

根据Flash动画的特点，目前它主要应用在以下几个方面。

1. 动画短片

这是当前国内最火爆，也是广大Flash爱好者最热衷应用的一个领域，就是利用Flash制作动画短片，供大家娱乐。这是一个发展潜力很大的领域，也是一个Flash爱好者展现自我的平台。

2. 宣传广告动画

使用Flash足以制作互联网中上映的动画（漫画电影）。虽然3D动画很难制作，但是制作2D动画绰绰有余，并且还可以插入声音效果。加之新版Windows Vista操作系统中已经预装了Flash插件，因此使得Flash在这个领域发展非常迅速，已经成为大型门户网站广告动画的主要形式。因此，宣传广告动画成了Flash应用最广泛的领域之一。

动画短片

广告动画

3. 产品功能演示

很多产品被开发出来后，为了让人们了解它的功能，其设计者往往用Flash制作一个演示片，以便能全面地展示产品的特点。

4. Flash游戏

Flash游戏是一种新兴起的游戏形式，以游戏简单、操作方便、绿色、无须安装、文件体积小等优点现在渐渐被广大网友喜爱。Flash游戏又叫Flash小游戏，因为Flash游戏主要应用于一些趣味化的、小型的游戏之上，以完全发挥它基于矢量图的优势。Flash游戏因为Flash CS3和Action Script 3.0的原因，在近些年发展迅速，许多年轻人投身其中，并在整个Flash行业中发挥重要作用。

　　Flash游戏在游戏形式上的表现与传统游戏基本无异，但主要生存于网络之上，因为它的体积小、传播快、画面美观，所以大有取代传统Web网游的趋势，现在国内外用Flash制作无端网游已经成为一种趋势，只要浏览器安装了Adobe的Flash Player，就可以玩所有的Flash游戏了，这比传统的Web网游进步许多。

功能演示　　　　　　　　　　　　　　　　Flash小游戏

5. Flash音乐

　　Flash音乐，顾名思义，就是Flash动画作品和音乐结合在一起，其实就像MTV一样，只是用Flash实现的。随着Flash的普及，闪客成为一种流行时尚一族。大多的闪客都会做过许多好听的Flash音乐，将自己喜欢的Flash音乐收藏到自己的动画作品中，然后通过动画，加上自己设计的剧情，即可制作出一个相当优美声情并茂的动画音乐作品。Flash MV以短小著称，近几年随着网络技术的发展，所以许多歌手打歌也首先将主打歌曲制作成Flash MV作品，然后通过网络第一时间向网友传送，并在网上迅速传播，具有很好的效果。

Flash音乐

6. 动画片

　　Flash动画设计的三大基本功能是整个Flash动画设计知识体系中最重要也是最基础的，包括绘图和编辑图形、补间动画和遮罩。这是三个紧密相连的逻辑功能，并且这三个功能自Flash诞生以来就存在。Flash动画说到底就是"遮罩+补间动画+逐帧动画"与元件（主要是影片剪辑）的混合物，通过这些元素的不同组合，从而可以创建千变万化的效果。

Flash动画片

7. 导航条

　　导航条是网页设计中不可缺少的部分，它是指通过一定的技术手段，为网站的访问者提供一定的途径，使其可以方便地访问到所需的内容，是人们浏览网站时可以快速从一个页面转到另一个页面的快速通道。利用导航条，就可以快速找到想要浏览的页面，而Flash是制作菜单的首选。通过鼠标的各种动作，就可以实现动画、声音等多媒体效果。

利用Flash制作的导航条

8. 应用程序开发的界面

传统的应用程序的界面都是静止的图片，由于任何支持ActiveX的程序设计系统都可以使用Flash动画，所以越来越多的应用程序界面应用了Flash动画。

9. 教学课件

对于教师们来说，Flash是一个完美的教学课件开发软件——它操作简单、输出文件体积很小，而且交互性很强，非常有利于教学的互动。

程序开发界面

Flash教学课件

10. Flash网站

Flash网站又称纯Flash网站或者Flash全站，是指利用Flash工具设计网站框架通过XML读取数据的高端网站。与其他通过HTML、PHP或者Java等技术制作的网站不同，Flash网站在视觉效果、互动效果等多方面具有很强的优势。被广泛地应用在房地产行业、汽车行业和奢侈品行业等高端行业。

Flash 网站多以动漫动画为主要表现形式，在视觉效果上和互动效果上与普通网站比显得更加美观动感，能够获得较好的用户体验。

Flash网站

Flash网站给用户的第一感觉就是酷炫，这不仅仅是因为Flash网站添加了很多动漫元素，更重要的是Flash网站在构架和创意上给人一种不可思议的感觉，这是一种更深层次的带有艺术感的感觉。Flash网站的结构和页面布局都与普通网站有很大不同，这不仅仅因为制作Flash网站需要开发者投入更多的精力和创意，更因为Flash网站制作技术给开发者提供了一个展现自己创意的平台和技术。

|1.2| Flash CS6 的新增功能

随着Flash版本的不断更新，在Flash CS中又新增了多种功能。

1. Toolkit for CreateJS

Adobe Flash Professional Toolkit for CreateJS 是 Flash Professional CS6 的扩展，它允许设计人员和动画制作人员使用开放源 CreateJS JavaScript 库为 HTML 5 项目创建资源。该扩展支持 Flash Professional 的大多数核心动画和插图功能，包括矢量、位图、传统补间、声音和 JavaScript 时间轴脚本。只需单击一下，Toolkit for CreateJS 即可将舞台上以及库中的内容导出为可以在浏览器中预览的 JavaScript，这样有助于用户很快开始构建非常具有表现力的基于 HTML 5 的内容。

Toolkit for CreateJS 旨在帮助 Flash Pro 用户顺利过渡到 HTML 5。它将库中的元件和舞台上的内容转变为格式清楚的 JavaScript，JavaScript 非常易于理解和编辑，方便开发人员重新使用，Toolkit for CreateJS 还发布了简单的 HTML 页面，以提供预览资源的快捷方式。

2. 生成 Sprite 表

现在通过选择库中或舞台上的元件，可以导出 Sprite 表。Sprite 表是一个图形图像文件，该文件包含选定元件中使用的所有图形元素。在文件中会以平铺方式安排这些元素。在库中选择元件时，还可以包含库中的位图。

如果要选择"生成Sprite 表"命令，可以在舞台中选择一个元件。然后单击鼠标右键，在弹出的快捷菜单中选择"生成Sprite 表"命令。除此之外，还可以在"库"面板中选择一个元件，然后单击鼠标右键，在弹出的快捷菜单中选择"生成Sprite 表"命令即可。

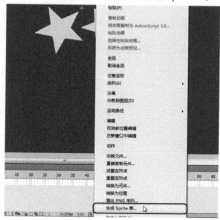 

选择"生成Sprite 表"命令　　　　　　在"库"面板中选择"生成Sprite 表"命令

弹出"生成Sprite 表"对话框，可以在该对话框中进行相应的设置，如果在该对话框中单击"浏览"按钮，将会弹出"选择目标文件夹"对话框，可以在该对话框中选择目标文件夹。

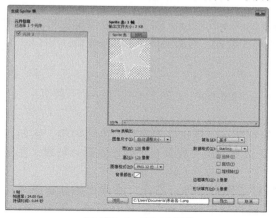 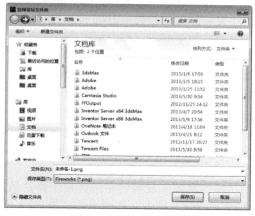

"生成Sprite 表"对话框　　　　　　　　"选择目标文件夹"对话框

3. 高效 SWF 压缩

对于面向 Flash Player 11 或更高版本的 SWF，可使用一种新的压缩算法，即 LZMA。此新压缩算法效率会提高多达40%，特别是对于包含很多 ActionScript或矢量图形的文件而言。

可以在菜单栏中选择"文件 | 发布设置"命令，在弹出的对话框中的"高级"选项区中单击"压缩影片"右侧的下拉按钮，在弹出的下拉列表中选择 "LZMA"选项。

选择"发布设置"命令　　　　　选择 "LZMA" 选项

4. 直接模式发布

可以使用一种名为直接的新窗口模式，它支持使用 Stage3D 的硬件加速内容（Stage3D 要求使用 Flash Player 11 或更高版本）。

在菜单栏中选择"文件 | 发布设置"命令，在弹出的"发布设置"对话框中勾选"HTML包装器"复选框，在"窗口模式"下拉列表中选择"直接"选项。

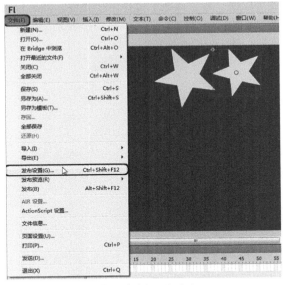

选择"发布设置"命令　　　　　　　　　　选择"直接"选项

5. 在 AIR 插件中支持直接渲染模式

此功能为 AIR 应用程序提供 StageVideo/Stage3D 的 Flash Player Direct 模式渲染支持。在 AIR 应用程序的描述符文件中，可以使用新 renderMode=direct 设置，可为 AIR for Desktop、AIR for iOS 和 AIR for Android 设置直接模式。

6. 从 Flash Pro 获取最新版 Flash Player

现在从 Flash Pro 的"帮助"菜单即可直接跳转到 Adobe.com 上的 Flash Player 下载页。

7. 导出 PNG 序列文件

使用此功能可以生成图像文件，Flash 或其他应用程序可使用这些图像文件生成内容。例如，PNG序列文件会经常在游戏应用程序中用到。使用此功能可以在库项目或舞台上的单独影片剪辑、图形元件和按钮中导出一系列 PNG 文件。

在"库"面板中或舞台中选择单个影片剪辑、按钮或图形元件，右击，在弹出的快捷菜单中选择"导出PNG序列"命令，在弹出的"导出PNG序列"对话框中设置一个正确的路径，单击"保存"按钮即可。在弹出的"导出PNG序列"对话框中单击"导出"按钮，即可导出PNG序列。

  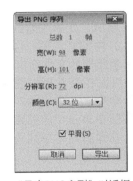

选择"导出PNG序列"命令　　　　　　指定保存路径　　　　　　"导出PNG序列"对话框

1.3 使用Flash所需插件

Flash Player是Flash用户所必需的插件，有了它可以方便地观看网页中的Flash动画。

1.3.1 插件测试

Flash动画可以输出多种格式，最常见的是SWF（Shockwave Flash）文件，这种文件只能在安装了Flash Player插件的浏览器中播放，因此在观看Flash动画前要检查是否安装了Flash Player插件。最简单的方法就是打开一个SWF格式的文件（或含有Flash动画的网页），如果能打开且正常播放则说明安装了Flash Player。

使用Flash Player插件测试文件

1.3.2 用插件欣赏Flash动画

使用Flash Player可以观看SWF格式的文件，下面来介绍Flash Player的使用方法。

1. 放大图像

打开一个SWF格式的文件，如果觉得画面太小，可以在播放器窗口上的菜单栏中选择"视图 | 放大"命令，执行"放大"命令后播放器窗口就会变大，且画面中的内容仍能保持很高的清晰度。

测试文件

选择"放大"命令

放大后的效果

提示：
再次选择"放大"命令可连续放大画面，最大能放大到1600%。

2. 缩小图像

如果要缩小视图，可以选择"视图 | 缩小"命令，画面内容就会缩小一定比例。

3. 恢复默认大小

如果要恢复默认的100%显示状态，可以在菜单栏中选择"视图 | 缩放比率 | 100%"命令，画面将恢复到100%大小。

4. 显示全部

如果希望画面内容刚好填满窗口，或希望画面内容能够在播放器窗口中显示完全，可以在菜单栏中选择"视图 | 缩放比率 | 显示全部"命令。这样在改变播放器窗口的大小时，画面内容始终充满窗口。

5. 调整窗口大小

将鼠标指针移至播放器窗口的右下角或左下角，当指针变为双箭头时，用户可以随意拖动来改变窗口的大小。

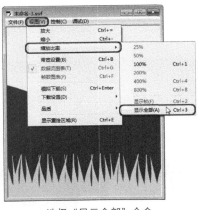

选择"显示全部"命令

调整播放器窗口的大小

6. 全屏显示

在菜单栏中选择"查看 | 全屏"命令，可以使画面内容全屏显示。

提示：

当播放器全屏显示后，按Esc键可退出全屏显示。

7. 调整画质

在播放器的菜单栏中，"视图 | 品质"命令的子菜单中包含3个画面品质等级，如果选择"低"或"中等"，图形占用的内存比较小，但会出现较明显的锯齿；相反，选择"高"质量播放时，占用的系统资源自然会增多，但是画面也清晰美观。

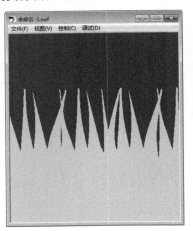

低品质

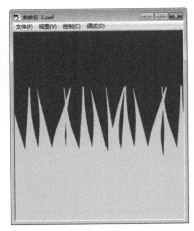

中品质

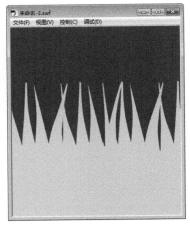

高品质

提示：

目前，计算机的配置对于播放一段Flash动画而言已经足够了，因此没有必要去修改播放质量，保持默认的高质量就可以了。

1.4 Flash的安装与卸载

在学习Flash之前，首先要了解安装Flash的系统要求以及如何安装Flash，本节将进行简单介绍。

1.4.1　运行Flash的系统要求

　　随着版本的升级，Flash CS6对计算机硬件的要求也会有所改变，Windows系统运行Flash CS6的系统要求如下。

　　（1）1GHz或者更快的处理器。

　　（2）Microsoft Windows XP（带有Service Pack2，推荐Service Pack 3）或者Windows Vistanbul Home Premium、Business、Ultimate或Enterprise（带有Service Pack 1，通过32位Windows XP和Windows Vista认证）。

　　（3）1GB内存。

　　（4）3.5GB可用硬盘空间用于安装，安装过程汇总需要额外的可用空间（无法安装在基于闪存的设备上）。

　　（5）分辨率为1024×768像素的显示器（推荐用1280×800像素的显示器），16位的显卡。

　　（6）DVD-ROM驱动器。

　　（7）多媒体功能需要QuickTime 7.1.2软件。

　　（8）在线服务需要宽带Internet连接。

1.4.2　Flash CS6的安装

　　Flash CS6是专业的动画设计软件，其安装方法也是很简单的，下面介绍Flash CS6安装的具体操作步骤。

步骤1　在相对应文件夹下选择可执行文件，并双击，即可弹出"Adobe 安装程序"对话框。

初始化界面

步骤2　初始化完成后即可打开Flash CS6安装的欢迎界面，在该界面中选择"安装"选项。

步骤3　在打开的"软件许可协议"界面中单击"接受"按钮。

安装界面　　　　　　　　　　　　　　　　"软件许可协议"界面

步骤4　打开"序列号"界面，在"序列号"下侧的文本框中输入正确的序列号，单击"下一步"按钮。

步骤5　在打开的"选项"界面中单击"更改"按钮，为其更改一个正确的安装路径，设置完成后，单击"安装"按钮即可。

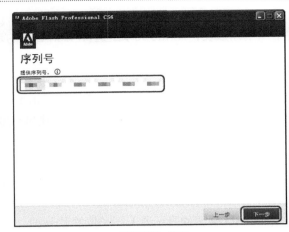

"序列号"界面

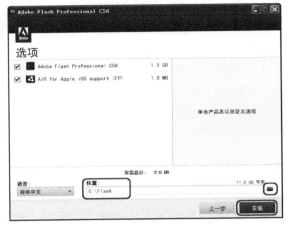

"选项"界面

步骤6　此时系统将会自动安装文件，其进程以进度条的形式显示出来。

步骤7　稍等片刻，系统将会自动打开"安装完成"界面，此时，单击"关闭"按钮即可完成安装。

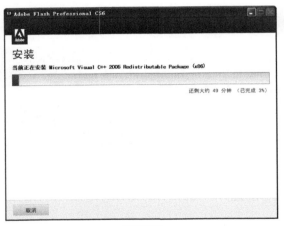

安装进度

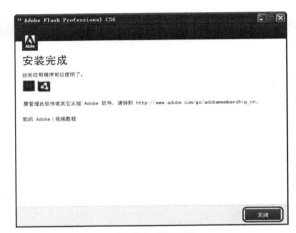

"安装完成"界面

第2章

轻松掌握Flash CS6基本操作

本章重点：

Flash是网上最为流行的多媒体软件，已经得到整个网络界的认可，占据了网络广告的主体地位，学好Flash已经成为衡量网站设计师的重要标准，从最简单的动画到复杂的交互式Web应用程序，它几乎可以帮助用户完成任何作品。本章着重介绍了Flash软件的启动与退出以及工作界面，并详细讲解了文件的新建、打开、关闭、保存、重做、撤销等操作，以及Flash CS6辅助工具的使用。

学习目的：

了解Flash的启动与退出、工作界面，掌握Flash文件的打开、关闭、保存等基本操作，以及标尺、辅助线、网格工具等辅助工具的使用方法。

参考时间：65分钟

主要知识	学习时间
2.1　Flash的启动与退出	2分钟
2.2　Flash CS6启动后的开始页	3分钟
2.3　工具箱	5分钟
2.4　熟练操作工作窗口	5分钟
2.5　熟练操作Flash CS6浮动面板	5分钟
2.6　巧用Flash帮助系统	5分钟
2.7　新建文件	5分钟
2.8　打开和关闭文件	3分钟
2.9　保存文件	2分钟
2.10　设置环境参数和快捷键	5分钟
2.11　控制舞台显示比例	5分钟
2.12　标尺的使用	5分钟
2.13　辅助线的使用	5分钟
2.14　网格工具的使用	5分钟
2.15　操作答疑	5分钟

| 2.1 | Flash的启动与退出

在制作Flash动画之前，首先要打开Flash软件，其步骤非常简单，下面介绍怎样启动Flash软件。

2.1.1 启动Flash CS6

在"开始"菜单中选择"开始 | 程序 | Adobe Flash Professional CS6"命令，即可启动Flash CS6软件。

在桌面上双击Adobe Flash Professional CS6的快捷方式图标，双击Flash CS6相关联的文档。

选择"Adobe Flash Professional CS6"命令

提示：

在"Adobe Flash Professional CS6"命令上右击鼠标，在弹出的快捷菜单中选择"发送到 | 桌面快捷方式"命令，即可在桌面上创建Flash CS6的快捷方式，用户在启动Flash CS6时，只需双击桌面上的快捷方式图标即可。

2.1.2 退出Flash CS6

如果要退出Flash CS6，可在菜单栏中选择"文件 | 退出"命令，即可退出Flash。

用户还可以在程序窗口左上角的图标上右击鼠标，在弹出的快捷菜单中选择"关闭"命令，或单击程序窗口右上角的"关闭"按钮、按Alt+F4快捷键、按Ctrl+Q快捷键等操作退出Flash CS6。

| 2.2 | Flash CS6启动后的开始页

可以在开始页中选择任意一个项目来进行工作。开始主页分为4栏，分别为"从模板创建"、"新建"、"学习"和"打开"，它们的作用分别如下。

❶ **从模板创建**：单击此栏中的任意一个选项，即可创建一个软件内自带的模板动画。

❷ **新建**：新建一个"ActionScript 3.0"或"ActionScript 2.0"等其他Flash文档。

❸ **学习**：在连接互联网的情况下，用户可选择一个选项，都会出现相应选项的介绍，便于学习。

❹ **打开**：选择"打开"选项，在弹出的"打开"对话框中选择一个Flash项目文件，单击"打开"按钮，系统即可自动跳转到打开后的项目文档中。

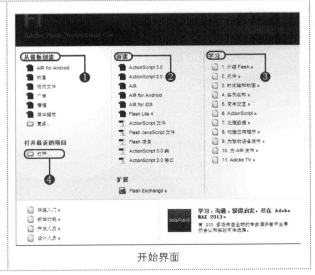

开始界面

2.2.1 使用欢迎界面

启动Flash CS6软件，在"新建"列表中选择"ActionScript 3.0"选项，即可新建一个Flash项目文件。

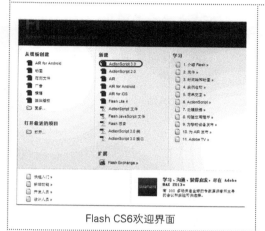

Flash CS6欢迎界面

新建的项目文件

2.2.2 隐藏欢迎界面

启动Flash CS6应用程序，在菜单栏中选择"编辑 | 首选参数"命令，在弹出的对话框的"类别"列表框中选择"常规"选项，在"启动时"下拉列表中选择"新建文档"选项，单击"确定"按钮，欢迎界面将隐藏。

选择"首选参数"命令

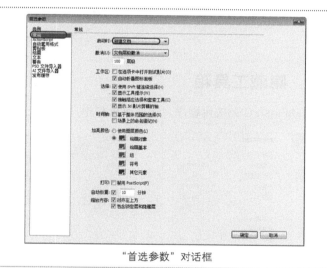

"首选参数"对话框

2.2.3 再次显示欢迎界面

启动Flash CS6应用程序，在菜单栏中选择"编辑 | 首选参数"命令，在弹出的对话框中，在"类别"列表框中选择"常规"选项，在"启动时"下拉列表中选择"欢迎屏幕"选项，单击"确定"按钮，欢迎界面将再次显示。

欢迎界面已显示

2.3 | 工具箱

工具箱位于界面的最右边，包括一套完整的Flash图形创作工具，与Photoshop等其他图像处理软件的绘图工具非常类似，其中放置了编辑图形和文本的各种工具。选择某一工具时，其对应的附加选项也会在工具箱下面的位置出现，附加选项的作用是改变相应工具对图形处理的效果。

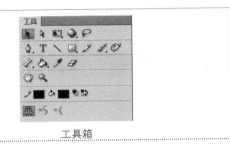

工具箱

2.3.1 移动工具箱

启动Flash CS6应用程序，新建一个文件夹，将鼠标指针移动到右侧的工具箱上方灰色区域并按住鼠标左键，然后向左移动到适当的位置，即可移动工具箱。

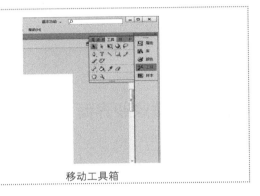

移动工具箱

2.3.2 隐藏工具箱

启动Flash CS6应用程序，选择菜单栏中"窗口 | 工具"命令，操作完成后就可以隐藏工具箱。

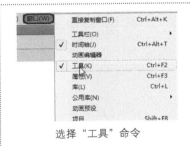

选择"工具"命令

隐藏工具箱

2.3.3 选择复合工具

启动Flash CS6应用程序，将鼠标指针移动到工具箱中的"矩形工具"上，按住鼠标左键不放，在展开的复合工具组中，选择需要的工具。

选择复合工具

2.3.4 设置工具参数

启动Flash CS6应用程序。在工具箱中单击"钢笔工具" ，打开"属性"面板。

在"属性"面板上将显示钢笔工具的各类参数，设置钢笔工具的"笔触颜色"为红色，设置"笔触"为1。

设置工具参数

2.3.5 显示主工具栏

启动Flash CS6应用程序。在菜单栏中选择"窗口 | 工具栏 | 主工具栏"命令，操作完成后，就可以显示主工具栏。

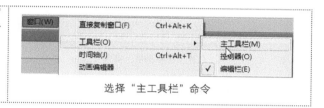

选择"主工具栏"命令

2.4 熟练操作工作窗口

Flash CS6安装完成后，就可以通过"开始"菜单中的"程序"启动软件。和大多数的工具软件相同，在窗口的右上角有3个按钮，分别是"最小化"、"还原"、"关闭"窗口，在3个按钮左边有一个"重置窗口"按钮可以根据需要选择窗口。

2.4.1 最小化窗口

启动Flash CS6应用程序，将鼠标指针移至标题栏右侧的"最小化"按钮上。

单击"最小化"按钮，就可以将窗口最小化。

定位鼠标　　　　　　　　　　窗口最小化

2.4.2 还原窗口

启动Flash CS6应用程序，将鼠标指针移至标题栏右侧的"还原"按钮上。

单击"还原"按钮，就可以将窗口还原。

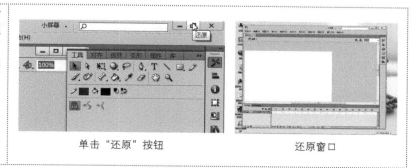

单击"还原"按钮　　　　　　　　还原窗口

2.4.3 重置窗口

启动Flash CS6应用程序，用鼠标将工具箱置在舞台区，单击标题栏中右侧的 小屏幕 ▼ 按钮，在弹出的下拉列表中选择"基本功能"命令，操作完成后，就可以重置窗口。

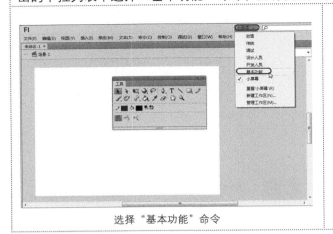
选择"基本功能"命令

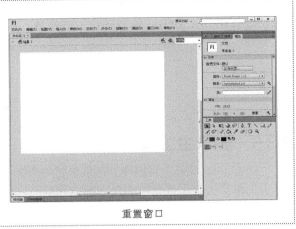
重置窗口

2.4.4 关闭窗口

将鼠标指针移动至标题栏右侧的"关闭"按钮 × ，单击鼠标，就可以将窗口关闭。

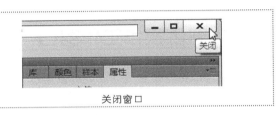
关闭窗口

2.5 熟练操作Flash CS6浮动面板

Flash提供了多种根据用户的要求调整操作界面的方法。利用浮动面板可以使操作更为简便；通过调整面板的大小或显示隐藏的方法，可以有效地分配操作空间；通过群组化常用的面板或用户自定义调配面板位置等方法扩大操作空间。

2.5.1 浮动面板

通过鼠标可以拖动浮动面板，使其移动到适当的位置。

按住鼠标拖动面板标题栏，可以将其拖至任何位置。	如果需要将其复位，可以按住鼠标拖至复位的位置处，当出现蓝色线条时松开鼠标即可。	大多数浮动面板含有附加选项的弹出式菜单，面板的右上角处若有一个小三角形，则表明这是一个弹出式菜单，单击此三角形可以选取弹出式菜单中的命令。

拖动面板

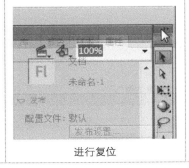
进行复位

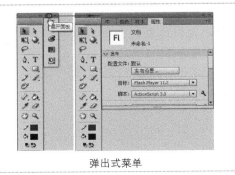
弹出式菜单

2.5.2 折叠面板

启动Flash CS6应用程序，新建一个Flash文件，将鼠标指针移动到"属性"面板上，单击右侧的"折叠为图标"按钮 ，将"属性"面板折叠起来。

定位鼠标

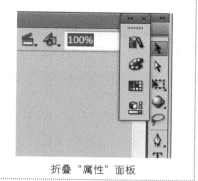

折叠"属性"面板

2.5.3 展开面板

将鼠标指针放置在浮动面板上，单击右上角的"展开面板"按钮 ，就可以将面板展开。

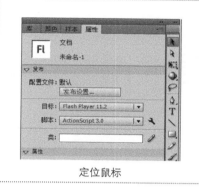

定位鼠标

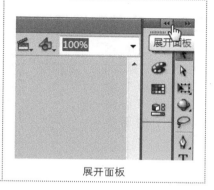

展开面板

2.5.4 移动面板

将鼠标指针放到浮动面板的顶端黑色区域里面并拖动鼠标，拖动的时候面板会以半透明的方式显示，拖到合适的位置放开鼠标就可以移动面板。

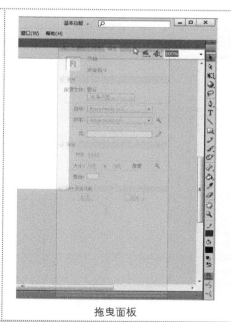

拖曳面板

移动面板

提示：

在Flash CS6中，不仅面板可以随意移动，舞台区域也随意移动，移动的方法大同小异，用户可以根据自己的需要将舞台移动到合适的位置。

2.5.5 组合面板

当界面上存在多个浮动面板时，会占用很大的空间，不利于舞台的操作，这时可以将多个面板组成一个。

鼠标指针移动到工具箱上方灰色区域，将其拖到"属性"面板区域，"属性"面板会显示蓝色框，放开鼠标，就可以组合面板。

定位鼠标

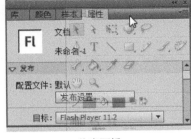
拖曳面板

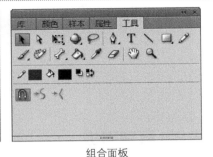
组合面板

2.5.6 隐藏和显示面板

在菜单栏中选择"窗口|隐藏面板"命令，就可以将界面上的面板隐藏。

选择"隐藏面板"命令

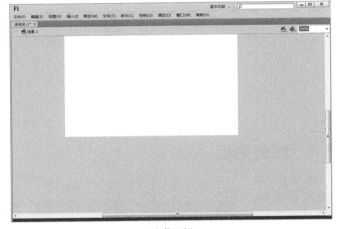
隐藏面板

在菜单栏中选择"窗口|显示面板"命令，被隐藏的面板将显示出来。

选择"显示面板"命令

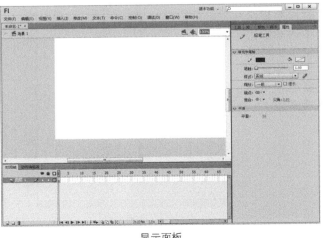
显示面板

提示：
当隐藏面板后，舞台区空间会变得更大，方便进行各种编辑操作。

2.5.7 调整面板大小

　　将鼠标指针移动到"时间轴"面板上的边界，当鼠标指针呈双向箭头形状时，向上或向下拖至合适的位置，就可以调整"时间轴"面板的大小。

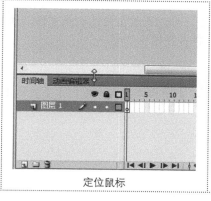

定位鼠标

调整大小

2.6 巧用Flash帮助系统

　　在Flash的使用过程中，若要使用Flash帮助系统，首先要打开帮助窗口。在此窗口中，可以根据输入的"关键字"来搜索所需的帮助内容。

2.6.1 打开"帮助"窗口

　　在菜单栏中选择"帮助 | Flash帮助"命令，打开Flash帮助系统。

选择"Flash帮助"命令

Flash帮助

2.6.2 搜索关键字

　　打开"Flash帮助"系统，在帮助系统的左上方找到"搜索"文本框。在"搜索"文本框中输入"新增功能"文本，按Enter键进行确认，将进入含有"新增功能"的文本页面。这样就可以搜索到与"新增功能"相关的内容。

提示：

　　Flash帮助系统里的搜索框与百度搜索框的功能类似，都能快速地为用户提供相应知识点的链接。

查找新增功能

| 2.7 | 新建文件

创建Flash动画文件有两种方法，可以新建空白的动画文件，也可以新建模板文件。在创建好文件后，就可以设置文件的属性，然后保存并预览动画。

2.7.1 创建空白文件

方法一：启动Flash CS6应用程序，在菜单栏中选择"窗口 | 工具栏 | 主工具栏"命令，在弹出的对话框中单击"新建"按钮□。

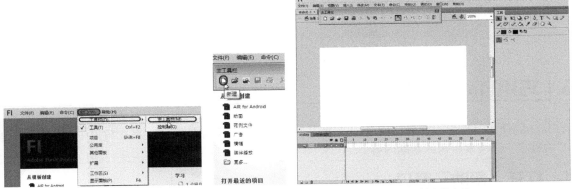

选择"主工具栏"命令　　　　"主工具栏"对话框　　　　　创建的文件

方法二：启动Flash CS6应用程序，在菜单栏中选择"文件 | 新建"命令，弹出"新建文档"对话框，在"常规"选项卡的"类型"列表框中选择"ActionScript 3.0"选项，单击"确定"按钮，就可以创建一个文件类型为ActionScript 3.0的空白文件。

选择"新建"命令

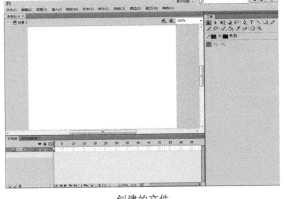

创建的文件

❶ **ActionScript 3.0类：**创建新的AS文件（.as）来定义ActionScript 3.0类。

❷ **ActionScript 3.0接口：**创建新的AS文件（.as）来定义ActionScript 3.0接口。

❸ **ActionScript文件：**用来创建一个外部脚本文件（.as），并在脚本窗口中对其进行编辑。

❹ **ActionScript通信文件：**创建一个新的外部脚本通信文件（.asc），并在脚本窗口对其进行编辑。

❺ **Flash JavaScript文件：**创建一个新的外部JavaScript文件（.jsf），并在脚本窗口对其进行编辑。

❻ **Flash项目：**创建一个新的Flash项目文件（.flp）。使用Flash项目文件组合相关文件（.fla、.as、.jsf及媒体文件），为这些文件建立发布设置，并实施版本控制选项。

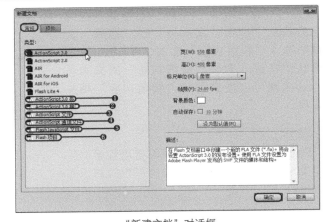

"新建文档"对话框

方法三: 启动Flash CS6应用程序，在欢迎界面的"新建"选项区中选择"ActionScript 3.0"选项。

方法四: 也可以使用快捷键，按Ctrl+N快捷键来创建新的空白文件。

2.7.2　创建模板文件

方法一: 启动Flash CS6应用程序，在欢迎界面的"从模板创建"选项区中选择"范例文件"选项，在弹出的"从模板新建"对话框中选择"模板"选项卡，在"类别"列表框中选择"范例文件"选项，"模板"列表框中选择需要的模板，单击"确定"按钮，可创建模板文件。

从模板创建

创建模板文件

方法二: 启动Flash CS6应用程序，在菜单栏中选择"文件 | 新建"命令，在弹出的"新建文档"对话框中选择"模板"选项卡，在"类别"列表框中选择"范例文件"选项，从"模板"列表框中选择需要的模板，单击"确定"按钮，即可创建模板文件。

选择"新建"命令

2.7.3　设置文档属性

方法一: 启动Flash CS6应用程序，新建一个空白文件夹，在菜单栏中选择"窗口 | 属性"命令，打开"属性"面板，用工具箱里的"选择工具" ![选择工具]，单击"属性"选项区中的"编辑"按钮 ![编辑]，在弹出的"文档设置"对话框中进行设置。

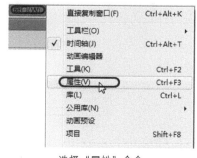

选择"属性"命令

单击"编辑"按钮

❶ **尺寸**：在选项区内可以设置动画的尺寸，系统默认的文档尺寸为550x400像素。

❷ **调整3D透视角度以保留当前舞台投影**：勾选该复选框，则在调整图形的3D角度时，可在舞台上保留图形的投影。

❸ **以舞台大小缩放内容**：勾选该复选框，则可以根据舞台的大小进行内容的调整。

❹ **标尺单位**：选择标尺的单位。可用的单位有像素、英寸、点、厘米和毫米。

❺ **匹配**：选中"打印机"单选按钮，会使影片尺寸与打印机的打印范围完全吻合；选中"内容"单选按钮，会使影片内的对象大小与屏幕完全吻合；选中"默认"单选按钮，使用默认设置。

❻ **背景颜色**：系统默认的颜色为白色，单击右侧的色块，在弹出的颜色面板对话框中可以选择需要的背景颜色。

❼ **帧频**：默认的帧为24.00，在文本框中可以输入每秒要显示的动画帧数，帧数越大，播放的速度越快。

❽ **设为默认值**：单击此按钮可以将当前设置保存为默认值。

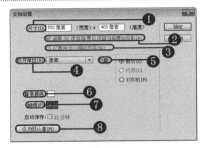

文档设置

方法二： 启动Flash CS6应用程序，新建一个空白文件夹，在菜单栏中选择"修改｜文档"命令，在弹出的"文档设置"对话框中，设置"尺寸"、"背景颜色"、"帧频"等参数，单击"确定"按钮。

文档设置

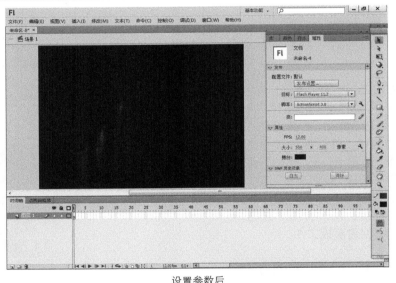

设置参数后

方法三： 在空白文档处右击鼠标，在弹出的快捷菜单中选择"文档属性"命令。

方法四： 按Ctrl+J快捷键也可以打开"文档设置"对话框。

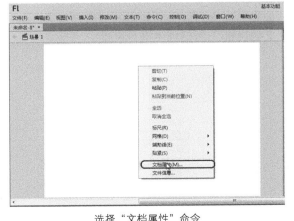

选择"文档属性"命令

2.7.4 实战：从模板中新建动画文件

Flash本身自带一些动画文件，在需要时可以打开使用。本例主要介绍从模板中新建动画文件。

步骤1 启动Flash CS6应用程序，在菜单栏中选择"文件|新建"命令。

步骤2 在弹出的"从模板新建"对话框中选择"模板"选项卡，在"类别"列表框中选择"动画"命令。

步骤3 从"模板"列表框中选择需要的模板，单击"确定"按钮，即可创建模板动画文件。

选择"新建"命令

"从模板新建"对话框

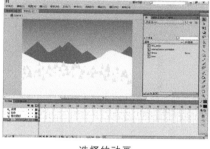

选择的动画

动画的效果

2.8 打开和关闭文件

启动Flash CS6后，在软件中可以打开以前保存下来的文件。当工作已经完成时，可以将文件保存并关闭。

2.8.1 打开文件

打开文件的方法有多种，下面将介绍常用的几种方法。

方法一： 启动Flash CS6应用程序，在菜单栏中选择"文件|打开"命令，在弹出的"打开"对话框中，选择要打开的文件，单击"打开"按钮。

选择"打开"命令   选择打开文件   打开文件

方法二：在菜单栏中选择"文件 | 打开最近文件"命令，在相应的菜单中选择图像文件，就可以打开所选择的文件。

方法三：选中要打开的文件，按Ctrl+O快捷键。

方法四：在菜单栏中选择"文件 | 打开"命令，在弹出的"打开"对话框中，利用"查找范围"下拉列表找到要打开的文件，然后双击文件，这时将在Flash中打开该文件。

进行搜索

2.8.2 关闭文件

当工作已经完成，需要关闭时可以使用下列方法关闭文件。

方法一：在菜单栏中选择"文件 | 关闭"命令，就可以关闭文件。

方法二：在文件窗口右上角单击"关闭"按钮 ![x]。

方法三：按Ctrl+W快捷键。

关闭文件

提示：
如果要关闭的文件没有保存，当关闭的时候，系统会提示是否保存文件，单击"是"按钮，则系统会将文件进行保存，单击"否"按钮系统不会保存文件，直接单击"取消"按钮，则取消文件的关闭。

| 2.9 | 保存文件

保存文件的情况分为3种：当文件之前已经保存过的，就直接保存文件；若文件之前有保存过但不想进行覆盖，则需要另存为；也可以将文件另存为模板。

2.9.1 直接保存文件

当工作做完时，需要及时保存文件，其方法如下。

方法一：在菜单栏中选择"文件 | 保存"命令，在弹出的"另存为"对话框中，设置文件的保存位置，在"文件名"文本框中输入文件名，单击"保存"按钮。

方法二：单击文件窗口右上角的"关闭"按钮时，系统会自动提示文件是否保存，单击"是"按钮，将会打开"另存为"对话框，设置文件的保存位置，单击"保存"按钮。

方法三：按Ctrl+S快捷键即可保存当前文档。

选择"保存"命令

保存文件

2.9.2　另存为文件

　　如果文件之前已经保存，进行修改后不想进行覆盖，在菜单栏中选择"文件 | 另存为"命令，可以对文件进行"另存为"操作，步骤与"直接保存文件"相同，设置文件保存的位置，以及输入文件名，最后单击"保存"按钮。

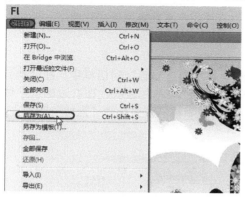

选择"另存为"命令

另存为文件

提示：

　　在使用Flash制作文件时，为了保证文件的安全并防止文件操作的内容丢失，应该随时对文件进行保存，按Ctrl+S快捷键进行随时保存。

2.9.3　实战：另存为模板文件

　　本例主要介绍将文件另存为模板，这样可以将该模板中的格式保存起来，以便日后从模板中使用保存的模板。

步骤1　若是想将文件另存为模板文件，在菜单栏中选择"文件 | 另存为模板"命令。

选择"另存为模板"命令

步骤2　弹出"另存为模板警告"提示对话框，单击"另存为模板"按钮。

"另存为模板警告"信息提示框

步骤3　在弹出的"另存为模板"对话框中进行相应的设置。将文件另存为模板的目的是方便用户对模板文件的使用。

　　❶ **名称**：所要另存为模板的名称。

　　❷ **类别**：单击"类别"右侧的下拉按钮 ，在弹出的下拉列表中选择已经存在的模板类型，也可以直接输入模板类型名称。

　　❸ **描述**：描述另存为模板的信息。

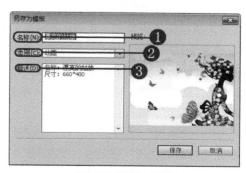

"另存为模板"对话框

| 2.10 | 设置环境参数和快捷键

　　在Flash CS6中制作动画时，设置环境参数在"首选参数"对话框中进行。在"首选参数"对话框中进行合理的参数设置，可以使工作环境更符合用户的习惯和特殊要求，从而有效地提高动画创作的工作效率，设置快捷键可以大大提高工作效率。Flash CS6本身就已经设定了许多命令、面板快捷键，用户可以使用这些快捷键，也可以根据需要自定义快捷键，以方便用户更熟练地使用软件。

2.10.1　设置常用环境参数

　　启动Flash CS6应用程序，创建一个Flash空白文件，在菜单栏中选择"编辑 | 首选参数"命令，在弹出的对话框中设置常用的参数。

　　设置完成后，单击"确定"按钮，即可完成常用环境参数的设置。

　　❶　字体映射默认设置：指在软件中打开文档时替换缺失字体所使用的字体。

　　❷　影片剪辑注册：指导入PSD或AI文件时的位置，选中中间的小方格可以将文件对齐到中心。

步骤1　在"首选参数"对话框中，在"类别"列表框中选择"文本"选项，在右边的"字体映射默认设置"下拉列表中选择"黑体"选项。

选择黑体

步骤2　在"类别"列表框中选择"PSD文件导入器"选项，在右边的"影片剪辑注册"选项右边的9个小方格中，选中中间的小方格。

PSD文件导入器

步骤3　在"类别"列表框中选择"AI文件导入器"选项，在右边的"影片剪辑注册"选项右边的9个小方格中，选中中间的小方格。

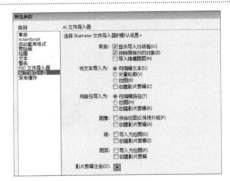

AI文件导入器

2.10.2　设置快捷键

　　自定义快捷键的操作如下。

步骤1　在菜单栏中选择"编辑 | 快捷键"命令，在弹出的"快捷键"对话框中，在"当前设置"下拉列表中选择"Adobe标准副本"选项，单击右侧的"直接复制设置"按钮 🖷，弹出"直接复制"对话框。

步骤2　在"直接复制"对话框中设置副本名称，单击"确定"按钮，然后就可以根据自己的习惯进行相应的自定义设置了。

步骤3　在"快捷键"对话框中，在中间的列表框中单击"文件"选择"新建"选项，在"快捷键"选项区单击"添加快捷键"按钮 🛨，然后按Ctrl+N快捷键，单击"更改"按钮，再次单击"确定"按钮，就可以将新建文件的快捷键设置为Ctrl+N。

选择"快捷键"命令

"快捷键"对话框

> **提示：**
>
> 　　给一项操作设置多个快捷键，只需单击"快捷键"后面的"＋"按钮，然后在"按键"栏中输入另外的热键并单击"更改"按钮即可。
> 　　删除不需要的热键设置，只需选定要删除的快捷键使其高亮显示，然后单击"－"按钮即可。
> 　　要删除不再需要的个性化快捷方式配置，则先单击"当前设置"下拉列表框右侧的"删除设置"按钮，然后在弹出的对话框中选择要删除的配置，使其高亮显示，单击"删除"按钮。

2.10.3　实战：为某个工具设置特定的快捷键

　　本例主要介绍为某个工具设置特定的快捷键，使用快捷键可以大大提高工作效率。

步骤1　在菜单栏中选择"编辑|快捷键"命令，在弹出的"快捷键"对话框中，在"当前设置"下拉列表中选择"Adobe标准副本"选项，单击右侧的"直接复制设置"按钮，弹出"直接复制"对话框。在"直接复制"对话框中设置副本名称，单击"确定"按钮。

步骤2　在"快捷键"对话框中，在中间的列表框中展开"文件"结构树，选择"另存为模板"选项，在"快捷键"选项区单击"添加快捷键"按钮，然后按Ctrl+0快捷键，单击"更改"按钮，再次单击"确定"按钮，就可以将"另存为模板"的快捷键设置为Ctrl+0。

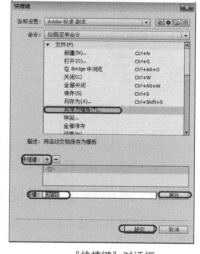

"快捷键"对话框

2.11　控制舞台显示比例

　　舞台是用户在创作时观看自己作品的场所，也是用户进行编辑、修改动画中的对象的场所。对于没有特殊效果的动画，在舞台上也可以直接播放，而且最后生成swf格式的文件中播放的内容也只限于在舞台上出现的对象，其他区域的对象不会在播放时出现。

2.11.1　移动舞台显示区域

　　导入随书附带光盘中的　"CDROM\素材\第2章\010.jpg"素材文件，将鼠标指针移动到舞台区，按住空格键不放，鼠标指针呈手形，拖动鼠标到合适的位置，就可以移动舞台显示区域。

鼠标指针呈手形

移动舞台显示区域

> **提示：**
> 除此之外，还可以选择工具箱中的手形工具或按H键，再将鼠标指针移动到舞台上拖动鼠标，就可以移动舞台显示。

2.11.2 放大舞台显示区域

继续上面的操作，在工具箱中单击"缩放工具" 🔍，将鼠标指针移动到舞台区，单击鼠标，就可以放大舞台显示比例。

鼠标指针呈放大镜形状

放大舞台显示比例

> **提示：**
> 放大镜的快捷键是M，放大镜工具除了可以单击鼠标进行放大之外，还可以在舞台区向右下角拖动鼠标，将会出现一个矩形框，释放鼠标左键，舞台将以矩形框内的内容来放大舞台显示比例。

2.11.3 实战：缩小舞台显示比例

本例主要介绍在舞台区缩小显示比例，若是图形在舞台区太大，可以将图形缩小。

方法一：步骤1 导入随书附带光盘中的 "CDROM\素材\第2章\011.jpg"素材文件，单击舞台区右上角的下拉按钮 100% 。	**步骤2** 选择需要的文件参数，舞台区的显示比例已经缩小。

打开素材文件

缩小素材文件

在下拉列表中主要项目的含义如下。

❶ **符合窗口大小**：显示整个舞台区，舞台区将不可移动。可以通过缩放舞台区的大小来缩放舞台显示比例。

❷ **显示帧**：显示整个舞台区，可以移动舞台显示，不可通过缩放舞台区的大小来缩放舞台显示比例。

❸ **显示全部**：显示舞台中的全部内容，显示部分可能大于舞台也可能小于舞台。

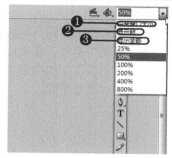

选择缩放比例

方法二： 在菜单栏中选择"视图丨缩小"命令，就可以缩小舞台的显示比例。

方法三： 在菜单栏中选择"视图丨缩放比率"子菜单中相应的命令，就可以缩小舞台的显示比例。

2.12 标尺的使用

Flash中的标尺类似直尺，它可以用来精确测量图像的位置和大小。标尺被打开后，如果用户在工作区内移动一个元素，那么元素的尺寸位置就会反映到标尺上。

2.12.1 打开/隐藏标尺

在菜单栏中选择"视图丨标尺"命令可以打开/隐藏标尺。

继续上面的操作，在菜单栏中选择"视图丨标尺"命令，就可以显示标尺。

选择"标尺"命令

显示标尺

隐藏标尺和打开标尺是相同的方法，在菜单栏中选择"视图丨标尺"命令，就可以隐藏标尺。

选择"标尺"命令

隐藏标尺

 提示：

可以按Shift+Ctrl+Alt+R快捷键来显示（隐藏）标尺。

2.12.2 修改标尺单位

标尺的默认单位是像素，用户可以通过在菜单栏上选择"修改｜文档"命令，在弹出的"文档设置"对话框的"标尺单位"下拉列表中选择相应选项，来指定文档的标尺度量单位。

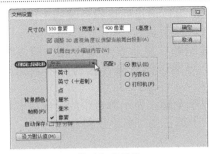

修改标尺单位

2.13 辅助线的使用

从标尺处开始向舞台中拖动鼠标，会拖出一条默认颜色为绿色的直线，这条直线就是辅助线，辅助线也可用于实例的定位。用户使用辅助线不但可以对舞台进行位置规划，对各个对象的对齐和排列情况进行检查，还可以提供自动吸附的功能。

2.13.1 添加/删除辅助线

辅助线可以帮助用户在操作中精确定位，下面将讲解如何添加/删除辅助线。

导入随书附带光盘中的 "CDROM\素材\第2章\012.jpg"素材文件，再打开标尺，将鼠标指针放在文档左侧的纵向标尺上，按住鼠标左键，将鼠标拖到舞台适当的位置后松开，这时舞台上将会出现一条纵向的辅助线，使用同样的方法在文档上侧的横向标尺上，拖出一条横向的辅助线。

按住鼠标左键

添加辅助线

如果要删除辅助线，在菜单栏中选择"视图｜辅助线｜清除辅助线"命令，就可以将辅助线删除。

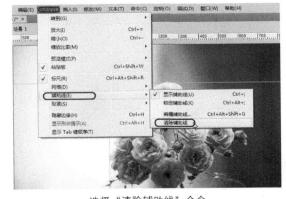

选择"清除辅助线"命令

清除辅助线

2.13.2　移动/对齐辅助线

继续上面的操作，在工具箱中单击"选择工具" ，将鼠标指针放在辅助线上，按住鼠标左键拖动辅助线到合适的位置。

鼠标指针放在辅助线上

移动辅助线

可以使用标尺和辅助线来精确定位或对齐文档中的对象。在菜单栏中选择"视图 | 贴紧 | 贴紧至辅助线"命令，再进行操作时即可通过辅助线进行定位。

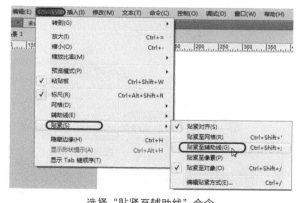

选择"贴紧至辅助线"命令

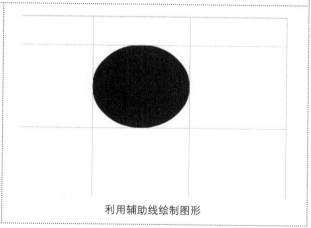

利用辅助线绘制图形

2.13.3　锁定/解锁辅助线

导入随书附带光盘中的"CDROM\素材\第2章\013.jpg"素材文件，在菜单栏中选择"视图 | 辅助线 | 锁定辅助线"命令。若再移动辅助线，以同样的方法将其解锁。

素材文件

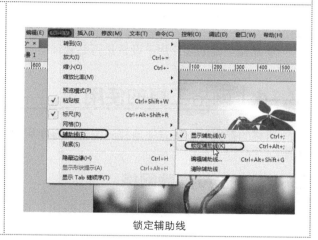

锁定辅助线

2.13.4　显示/隐藏辅助线

继续上面的操作，若要将已经有的辅助线进行隐藏，在菜单栏中选择"视图 | 辅助线 | 显示辅助线"命令，就可以将辅助线进行隐藏，若要显示辅助线，则用同样的方法进行操作。

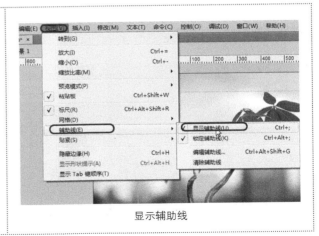

显示辅助线

2.13.5　设置辅助线参数

继续上面的操作，在菜单栏中选择"视图 | 辅助线 | 编辑辅助线"命令，在弹出的"辅助线"对话框中进行设置。

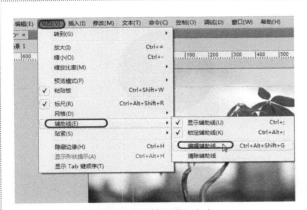

选择"编辑辅助线"命令

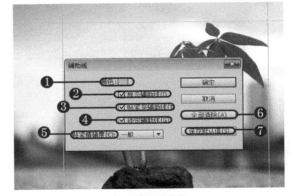

设置辅助线参数

在"辅助线"对话框中，各项的含义如下。

❶ **颜色**：单击色块，在弹出的"颜色"面板中设置辅助线的颜色。

❷ **显示辅助线**：用于设置是否显示或隐藏辅助线。

❸ **贴紧至辅助线**：用于设置是否贴紧辅助线。

❹ **锁定辅助线**：设置是否锁定辅助线。

❺ **贴紧精确度**：设置辅助线的贴紧精确度。

❻ **全部清除**：可以清除舞台中的所有辅助线。

❼ **保存默认值**：将当前设置保存为默认值，再次弹出"辅助线"对话框时，将显示当前的设置。

2.14　网格工具的使用

网格的存在可以更方便地找到位置，方便用户绘图，网格的含义是显示或隐藏在所有场景中的绘图栅格。

2.14.1　显示/隐藏网格

网格在默认的情况下是不显示出来的，在菜单栏中选择"视图 | 网格 | 显示网格"命令即可显示。

在这个时候，若是想将网格进行隐藏，则在菜单栏中选择"视图 | 网格 | 显示网格"命令操作完成后就可以将网格进行隐藏。

选择"显示网格"命令

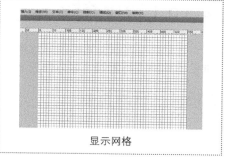

显示网格

2.14.2　对齐网格

若是需要网格线对齐的话，在菜单栏中选择"视图 | 贴紧 | 贴紧至网络"命令，若是想取消对齐命令，就用同样的方法进行设置。

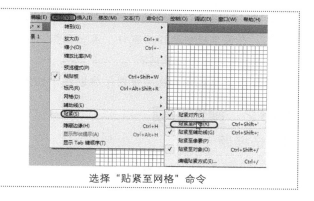

选择"贴紧至网格"命令

2.14.3　修改网格参数

网格能够方便用户的绘图，通过设置网格的参数，可以使网格更能符合用户的绘图需要，在菜单栏中选择"视图 | 网格 | 编辑网格"命令,在弹出的"网格"对话框中，设置参数。

选择"编辑网格"命令

在该对话框中，可以修改网格的宽度、高度、颜色等参数。

❶ **颜色**：默认的网格颜色是灰色，若要修改网格颜色，单击颜色框，可以在其中选择一种颜色作为网格线的颜色。

❷ **显示网格**：勾选复选框，会在文档中显示网格。

❸ **在对象上方显示**：勾选复选框，网格将显示在文档中的对象上方。

❹ **贴紧至网格**：勾选复选框，在移动对象时，对象的中心或某条边会贴紧至附近的网格。

❺ ↔（**宽度**）和 ↕（**高度**）：可以设置网格大小，分别用于设置网格的宽度和高度（默认的数值单位是像素）。

❻ **贴紧精确度**：用于设置对齐精确度，有"必须接近"、"一般"、"可以远离"和"总是贴紧"4个选项。

❼ **保存默认值**：单击该按钮，就可以将当前的设置保存为默认设置。

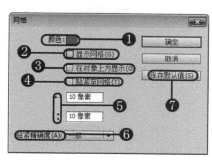

"网格"对话框

|2.15| 操作答疑

前面是对组织和管理图形对象的详细介绍，但是还是会在使用中出现一些问题，在这里将举出多个常见的问题进行解答，以方便读者学习以及巩固前面所学习的知识。

2.15.1 专家答疑

（1）如何显示欢迎界面？

答：启动Flash CS6应用程序，在菜单栏中选择"编辑｜首选参数"命令，在弹出的对话框中，在"类别"列表框中选择"常规"选项，在"启动时"下拉列表中选择"欢迎屏幕"选项，单击"确定"按钮，欢迎界面已经显示。

（2）在Flash CS6应用程序里面，如何显示面板？

答：在菜单栏中选择"窗口｜显示面板"命令，被隐藏的面板显示出来。

（3）如何解锁辅助线？

答：在菜单栏中选择"视图｜辅助线｜锁定辅助线"命令。

2.15.2 操作习题

1. 选择题

（1）放大镜的快捷键是（　　）。

A. M　　　　　　　　B. G　　　　　　　　C. K

（2）可以使用标尺和辅助线来精确定位或对齐文档中的对象。在菜单栏中选择"视图｜贴紧｜（　　）"命令，再进行操作时即可通过辅助线进行定位。

A. 贴紧对齐　　　　B. 贴紧至辅助线　　　　C. 贴紧至对象

2. 填空题

（1）将已经有的辅助线进行隐藏，在菜单栏中选择＿＿＿＿＿＿＿＿命令，就可以将辅助线进行隐藏。

（2）若需要网格线对齐，在菜单栏中选择＿＿＿＿＿＿＿＿命令，就可以将网格线进行对齐。

（3）若想将网格进行隐藏，在菜单栏中选择＿＿＿＿＿＿＿＿命令，操作完成后就可以将网格进行隐藏。

3. 操作题

从模板中新建动画文件。

 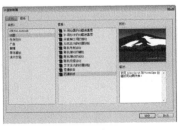 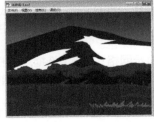

选择"新建"命令　　　　　　　　选择模板　　　　　　　　模板文件

（1）启动Flash CS6应用程序，在菜单栏中选择"文件｜新建"命令。

（2）在弹出的"从模板新建"对话框中，选择"模板"选项卡，在"类别"列表框中选择"动画"命令。

（3）从"模板"列表框中选择需要的模板，单击"确定"按钮，即可创建模板动画文件。

第**3**章

绘制动画矢量图形

本章重点：

　　要制作优秀的Flash动画，首先要能够得心应手地绘制各种图形，而使用Flash软件可以创建很多复杂的矢量图形，本章主要以Flash最常用绘图的工具为重点介绍基本图形的绘制。

学习目的：

　　掌握Flash中绘制矢量图形的基本工具，如：线条工具、矩形工具、椭圆工具、多角星形工具、Deco工具等，使读者能够得心应手地绘制各种图形。

参考时间：70分钟

主要知识	学习时间
3.1　绘制直线	10分钟
3.2　矩形工具	10分钟
3.3　椭圆工具	10分钟
3.4　多角星形工具	10分钟
3.5　Deco工具	20分钟
3.6　操作答疑	10分钟

3.1 | 绘制直线

Flash软件提供了多种线型工具，本节将对其进行简单的介绍。线条工具的主要功能是绘制直线，要想绘制自由的线条或图形，可以使用铅笔工具；要想绘制精致的直线或曲线，可以使用钢笔工具；要想表现绘图效果，可以使用刷子工具。

3.1.1 线条工具

在工具箱中单击"线条工具" 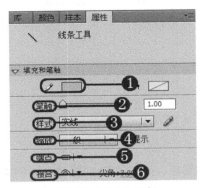，可以绘制出平滑的直线，在绘制之前需要设置直线的属性，如设置直线的颜色、粗细、样式等。

"线条工具属性"面板

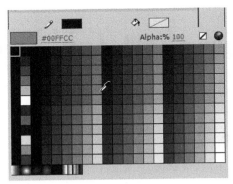

调色板

❶ **笔触颜色**：单击"笔触颜色"色块可以打开调色板，在调色板中用户可以直接选取线条颜色，也可以在上面的文本框中输入线条颜色的十六进制RGB值。如果预设颜色不能满足用户需要，还可以通过单击右上角的 ⬛ 按钮，在打开的"颜色"对话框中根据需要自定义设置颜色的值。

❷ **笔触**：用来设置所绘线条的粗细，可以直接在文本框中输入数值，范围从0.10～200，也可以通过调节滑块来改变笔触的大小。

❸ **样式**：在该下拉列表中选择线条的类型，包括极细线、实线、虚线、点状线、锯齿线、点刻线和斑马线。通过单击右侧的 "编辑笔触样式"按钮 ✏️，可以弹出"笔触样式"对话框，在该对话框中可以对笔触样式进行设置。

❹ **缩放**：在播放器中保持笔触缩放，可以选择"一般"、"水平"、"垂直"或"无"选项。

❺ **端点**：用于设置直线端点的3种状态：无、圆角或方形。

❻ **接合**：用于设置两个线段的相接方式，包括尖角、圆角和斜角。如果选择"尖角"选项，可以在右侧的"尖角"文本框中输入尖角的大小。

> 🖋️ **提示：**
>
> 在使用 "线条工具" ◥ 绘制直线的过程中，如果在按住Shift键的同时拖动鼠标，可以绘制出垂直或水平的直线，或者45°斜线。使用直线绘制直角三角形。如果按住Ctrl键可以暂时切换到 "选择工具" ◤ 对工作区中的对象进行选取，当松开Ctrl键时又会自动切换到 "线条工具"。

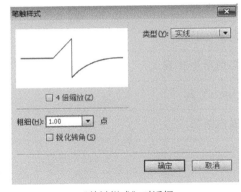

"笔触样式"对话框

3.1.2　铅笔工具

使用"铅笔工具" 可以在舞台中绘制任意线条或不规则的形状。它的使用方法和真实铅笔的使用方法大致相同。"铅笔工具" 和"线条工具" ，在使用方法上也有许多相同点，但是也存在一定的区别，最明显的区别就是"铅笔工具" 可以绘制出比较柔和的曲线，这种曲线通常用作路径的绘制。

使用铅笔绘制路径

在工具箱中选择"铅笔工具" ，在"属性"面板中显示铅笔工具属性，然后单击工具箱中的"铅笔模式" ，在弹出的下拉列表中可以设置铅笔的模式，包括"伸直"、"平滑"、"墨水"3个选项。

❶ **伸直**：该模式是"铅笔工具" 中功能最强的一种模式，它具有很强的线条形状识别能力，可以对所绘线条进行自动校正，比如取直近似直线，平滑曲线，简化波浪线等。

❷ **平滑**：使用此模式绘制线条，可以自动平滑曲线，减少抖动造成的误差，达到一种平滑线条的效果，选择"平滑"模式时可以在"属性"面板中对平滑参数进行设置。

❸ **墨水**：使用此模式绘制的线条就是绘制过程中鼠标所经过的实际轨迹，此模式可以在最大程度上保持实际绘出的线条形状，而只做轻微的平滑处理。

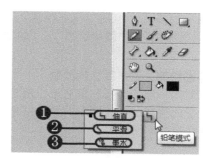

铅笔模式

3.1.3　钢笔工具

使用"钢笔工具" 可以绘制出形状复杂的矢量对象，通过对节点的调整完成对象的绘制。用户可以创建直线或曲线段，然后调整直线段的角度和长度及曲线段的斜率，"钢笔工具" 和"线条工具" 使用方法上也有许多相同点。

"钢笔工具"属性面板

使用"钢笔工具" 绘制直线的方法如下。
步骤1　选择"钢笔工具" ，在"属性"面板中设置钢笔属性，在舞台中确定直线开始位置后单击鼠标。
步骤2　在直线结束位置再次单击鼠标，即可完成直线的绘制。

使用"钢笔工具" 绘制曲线的方法如下。
步骤1　选择"钢笔工具" ，在"属性"面板中设置钢笔属性，在舞台中确定曲线开始位置后单击鼠标。

使用"钢笔工具"绘制的直线　使用钢笔工具绘制的曲线

步骤2 将鼠标指针移动至下一个点的位置后单击并拖动鼠标，此时会出现曲线控制手柄，调整曲线形状。使用绘制曲线的方法进行多次绘制，即可绘制流畅的曲线。

> **提示：**
> 在使用"钢笔工具" 绘制曲线时，会出现许多控制点和曲率调节杆，通过它们可以方便地进行曲率调整，画出各种形状的曲线。

3.1.4 刷子工具

"刷子工具" 主要用于为图形对象的大面积着色，可以绘制出像毛笔作画的效果。需要注意的是，"刷子工具" 绘制出的是填充区域，它不具有边线，可以通过工具箱中的填充颜色来改变刷子的颜色。

在工具箱中单击"刷子工具" 后，单击工具箱中的 "刷子模式" ，在弹出的下拉列表中可以设置刷子的模式，包括"标准绘画"、"颜料填充"、"后面绘画"、"颜料选择"、"内部绘画"5个选项。

刷子工具属性面板

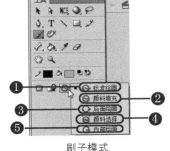

刷子模式

❶ 标准绘画： 这是默认的绘制模式，可对同一层的线条和填充涂色。选择了此模式后，绘制后的颜色会覆盖在原有的图形上。

❷ 颜料填充： 该模式只对填充区域和空白区域涂色，而线条则不受到任何影响。

❸ 后面绘画： 涂改时不会涂改对象本身，只涂改对象的背景，即对同层舞台的空白区域涂色，不影响线条和填充。

标准绘画

颜料填充

后面绘画

❹ 颜料选择： 该模式只对选区内的图形产生作用，而选区之外的图形不会受到影响。

❺ 内部绘画： 使用该模式绘制的区域限制在落笔时所在位置的填充区域中，但不对线条涂色。如果在空白区域中开始涂色，则该填充不会影响任何现有填充区域。

颜料选择

内部绘画

在工具箱中单击"刷子大小" ，在弹出的下拉列表中共有8种不同大小尺寸的刷子可供选择。

单击 "刷子形状" ，在弹出的下拉列表中共有9种笔头形状可供选择。

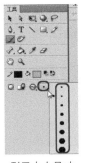

刷子大小尺寸

刷子形状

3.1.5 实战：使用钢笔工具绘制叶子

本例主要介绍运用"钢笔工具"来绘制图形，"钢笔工具"又叫作贝塞尔曲线工具，它是许多绘图软件广泛使用的一种重要工具，使用"钢笔工具"可以绘制精确的路径，如直线、平滑、流动的曲线。

步骤1 在工具箱中单击"钢笔工具" ，在舞台区中绘制叶子。	**步骤2** 在工具箱中单击"转换锚点工具" ，在舞台中拖曳锚点，出现控制手柄，调整手柄完成叶子线条圆滑效果，也可以结合使用"部分选取工具" ，调整锚点位置。

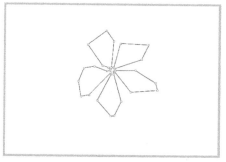

钢笔工具

转换锚点工具

步骤3 在工具箱中单击"颜料桶工具" ，在下面"填充颜色"区设置为"#339900"。

步骤4 在舞台区中的图形对象中单击鼠标。

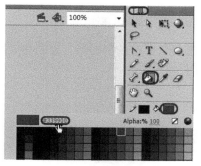

填充颜色

图形对象

步骤5 在舞台区选中叶子，按Ctrl+C快捷键复制出一个图形对象，放置适当的位置。

步骤6 在菜单栏中选择"文件｜导出｜导出图像"命令。

复制

选择"导出图像"命令

| **步骤7** 在弹出的对话框中选择一个存储路径，并为文件命名，在"保存类型"下拉列表中选择一个存储格式，这里可以选择jpg文件格式，也可以根据需要选择所需的文件格式。 | **步骤8** 导出效果后，按Ctrl+S快捷键，在弹出的对话框中选择一个存储路径，并为文件命名，选择"保存类型"为"fla"，单击"保存"按钮，对Flash的场景文件进行存储。 |

3.1.6 实战：使用刷子工具绘制花朵

本例主要介绍用"刷子工具"来绘制图形，"刷子工具"的特点是刷子大小可以保持不变，甚至在更改舞台的缩放比率级别时也能不变，所以当舞台缩放比率降低时，同一个刷子的大小就会显得过大。

| **步骤1** 在工具箱中单击"刷子工具" ，鼠标指针将变成一个黑色的圆形或方形的刷子，这时就可以在舞台区绘制图像。 | **步骤2** 在使用刷子工具进行绘图之前，可在菜单栏中选择"窗口丨属性"命令。 |

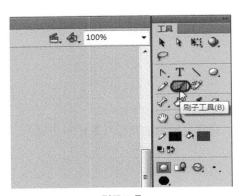

刷子工具

选择"属性"命令

| **步骤3** 在"属性"面板中设置刷子工具的属性，在"填充和笔触"选项区中设置填充颜色为"#339900"，在"笔触"文本框中输入1。 | **步骤4** 在舞台区中绘制图形。绘制完成后，导出图像并保存场景文件。 |

属性

绘制图形

3.2 矩形工具

"矩形工具" 是用来绘制矩形图形的，它是从"椭圆工具"扩展而来的一种绘图工具，使用它也可以绘制出带有一定圆角的矩形。

3.2.1 矩形工具

步骤1 在工具箱中单击 "矩形工具" ▣后，可以在"属性"面板中设置"矩形工具" ▣的绘制参数，包括所绘制矩形的轮廓色、填充色、轮廓线的粗细和轮廓样式等。

步骤2 通过在"矩形选项"选项区中的4个"矩形边角半径"文本框中输入数值，可以设置圆角矩形4个角的角度值，设置完圆角后绘制图形。

"矩形工具属性"面板

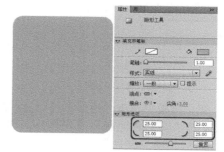

设置完角度后绘制图形

提示：

角度范围为–100～100，数字越小，绘制的矩形的4个角上的圆角弧度就越小，默认值为 0，即没有弧度，表示4个角为直角。也可以通过拖动下方的滑块，来调整角度的大小。通过单击"将边角半径控件锁定为一个控件"按钮 ∞，将其变为 状态，这样用户便可为4个角设置不同的值。单击"重置"按钮，可以恢复到矩形角度的初始值。

3.2.2 基本矩形工具

"基本矩形工具" ▣的使用方法与"矩形工具" ▣相同，但绘制出的图形具有更加灵活的调整方式。使用"基本矩形工具" ▣绘制的图形上面有节点，通过使用"选择工具" ▶拖动图形上的节点，从而改变矩形的对角外观，使其形成为不同形状的圆角矩形。

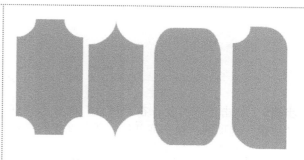

使用"基本矩形工具"绘制的图形

提示：

在使用"矩形工具" ▣绘制形状时，在拖动鼠标的过程中按键盘上的上、下方向键可以调整圆角的半径。

使用"基本矩形工具" ▣绘制图形并使用"选择工具" ▶调整图形时，也可以通过基本矩形工具的"属性"面板，调整"矩形选项"中的参数来改变图形的形状。

3.2.3 实战：使用矩形工具绘制标签

本例主要介绍运用"矩形工具"来绘制图形。在工具箱中单击"矩形工具" ▣，当鼠标指针在工作区中变成一个十字形状时，就可以在工作区中绘制矩形。

步骤1 在工具箱中选择 "矩形工具" ▣，在舞台中绘制矩形，按Alt+Shift+F9快捷键，在弹出的面板中将颜色类型设置为"径向渐变"，并对颜色进行调整。

步骤2 在工具箱中单击"矩形工具" ▣，在舞台区中的矩形图形中绘制一个矩形，在"属性"面板上设置颜色为"#000000"。

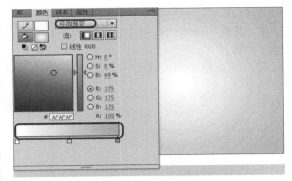

颜色属性和背景色

绘制矩形

步骤3 在工具箱中单击"矩形工具" ，在"属性"面板的"填充和笔触"选项区中，"笔触颜色"为白色，"填充颜色"设置为无色，在"笔触"文本框中输入2，单击"样式"右侧的下拉按钮，在下拉列表中选择"虚线"选项。

步骤4 在舞台区内的黑色矩形内绘制出边框，选中标签和里面的边框，在菜单栏中选择"修改｜转换为元件"命令，在弹出的"转换为元件"对话框中单击"确定"按钮。

属性

转换为元件

步骤5 单击标签对象，在"属性"面板中打开"滤镜"选项区，单击底部的"添加滤镜"按钮 ，在弹出的下拉列表中选择"投影"选项。

步骤6 在工具箱中单击"任意变形工具" ，将舞台中的标签图形进行旋转。

添加滤镜

旋转

步骤7 在工具箱中单击"矩形工具" ，以前面同样的方法绘制矩形，颜色填充为"#006666"，笔触颜色为"#006666"。

步骤8 在工具箱中单击"矩形工具" ，在"属性"面板的"填充和笔触"选项区中，"笔触颜色"为白色，"填充颜色"设置为无色，在"笔触"文本框中输入2，单击"样式"右侧的下拉按钮，在下拉列表中选择"虚线"选项。

填充颜色

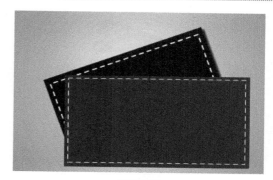

绘制图形

步骤9 选中标签和里面的边框，在菜单栏中选择"修改 | 转换为元件"命令，在弹出的"转换为元件"对话框中单击"确定"按钮，将两个图形对象移动到合适的位置。

步骤10 单击标签对象，在"属性"面板中打开"滤镜"选项区，单击底部的"添加滤镜"按钮，在弹出的下拉列表中选择"投影"选项。

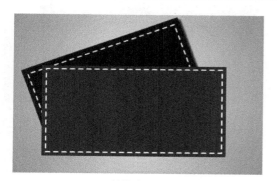

转换为元件

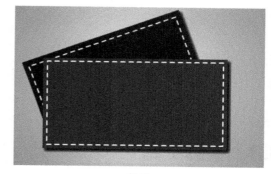

投影

步骤11 在工具箱中单击"矩形工具"，以前面同样的方法绘制矩形，颜色填充为"#CCCC33"，笔触颜色为"#CCCC33"。

步骤12 在工具箱中单击"矩形工具"，在"属性"面板的"填充和笔触"选项区中"笔触颜色"为白色，"填充颜色"设置为无色，在"笔触"文本框中输入2，单击"样式"右侧的下拉按钮，在下拉列表中选择"虚线"选项。

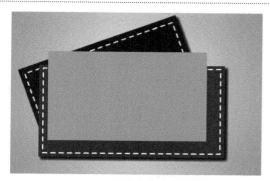

填充颜色

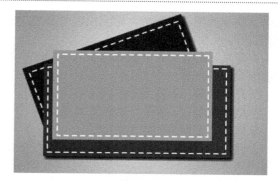

绘制图形

步骤13 选中标签和里面的边框，在菜单栏中选择"修改 | 转换为元件"命令，在弹出的"转换为元件"对话框中单击"确定"按钮。

步骤14 单击标签对象，在"属性"面板中打开"滤镜"选项区，单击底部的"添加滤镜"按钮，在弹出的下拉列表中选择"投影"选项，将图形进行移动。

转换为元件

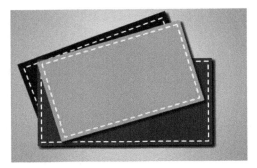

投影

步骤15 使用前面同样的方法多做几个标签,并在最上面的标签上输入文字。然后导出图像并保存场景文件。

输入文字

3.3 | 椭圆工具

使用"椭圆工具" ◎ 可以绘制椭圆和正圆,虽然"钢笔工具"和"铅笔工具"也能绘制出椭圆形,但在具体使用过程中,若要绘制椭圆形,可以直接运用"椭圆工具",以便提高绘图的效率。

3.3.1 椭圆工具

在工具箱中单击"椭圆工具" ◎ 后,可以在"属性"面板中设置"椭圆工具" ◎ 的绘制参数,包括所绘制椭圆的轮廓色、填充色、笔触大小和轮廓样式等。

"属性"面板中的"椭圆选项"选项区中的各选项参数功能如下。

❶ **开始角度**:设置扇形的起始角度。

❷ **结束角度**:设置扇形的结束角度。

❸ **内径**:设置扇形内角的半径。

❹ **闭合路径**:勾选该复选框,可以使绘制出的扇形为闭合扇形。

❺ **重置**:单击该按钮后,将恢复到角度、半径的初始值。

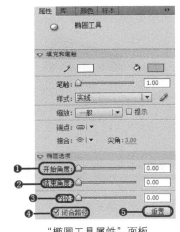

"椭圆工具属性"面板

> 🖐 **提示:**
> 如果在绘制椭圆形的同时按住Shift键,可以绘制一个正圆。按下Ctrl键可以暂时切换到"选择工具" �, 对工作区中的对象进行选取。

3.3.2 基本椭圆工具

相对于"椭圆工具",使用"基本椭圆工具"绘制的图形是更加易于控制的扇形对象。

使用"基本椭圆工具"  绘制图形的方法与使用"椭圆工具" 是相同的,但绘制出的图形有区别。使用"基本椭圆工具" 绘制出的图形具有节点,通过使用"选择工具" 拖动图形上的节点,可以调整出多种形状。

使用"基本椭圆工具"绘制的图形

3.3.3 实战:使用椭圆工具绘制云朵

本例主要介绍运用"椭圆工具"绘制图形,比如绘制云彩样式。

步骤1 打开Flash CS6程序,按Shift+Alt+F9快捷键,在"颜色"面板中选择"线性渐变"选项,在下面调制成天空的颜色。

颜色

步骤2 在工具箱中单击"矩形工具" ,在舞台区绘制一个矩形,在菜单栏中选择"修改 | 变形 | 顺时针旋转90度"命令,在"属性"面上设置大小为"550X400"。

填充颜色

步骤3 在工具箱中单击"椭圆工具" ,将颜色设置为白色,笔触为无色,在"时间轴"面板中新建图层,在舞台区用多个椭圆图形,组成一片云彩,绘制完后将多个椭圆进行组合。

绘制的云彩

步骤4 以同样的方法在舞台中制作几个云彩。在工具箱中可以运用"任意变形工具" 、"矩形工具" 等来修改图形对象。修改完成后导出图像并保存场景文件。

最终的效果

3.4 多角星形工具

工具箱中的"多角星形工具" ,可以用来绘制三角形、多边形和星形图形。根据选项设置中的不同样式,可以选择要绘制的是多边形还是星形。

3.4.1 多角形工具

在工具箱中单击"多角星形工具"◎后，可以在"属性"面板中设置"多角星形工具"◎的绘制参数。

在"工具设置"选项区中单击"选项"按钮，可以弹出"工具设置"对话框。

❶ 样式：在该下拉列表中可以选择"多边形"或"星形"样式。
❷ 边数：用于设置多边形或星形的边数。
❸ 星形顶点大小：用于设置星形顶点的大小。

在设置好所绘多角星形的属性后，就可以绘制多角星形。

"多角形工具属性"面板

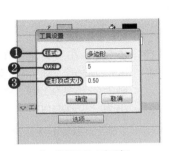

"工具设置"对话框

绘制的多角形

3.4.2 实战：绘制可爱卡通形象

本例介绍使用Flash的绘图工具来绘制卡通形象，主要用到的工具有"钢笔工具"、"转换锚点工具"、"选择工具"、"部分选取工具"、"颜料桶工具"等。

步骤1 运行Flash CS6软件后，新建文档，单击"属性"面板项下的"编辑文档属性"按钮，在弹出的"文档设置"对话框中设置尺寸为550像素X800像素，单击"确定"按钮。

步骤2 在工具箱中单击"钢笔工具"◊，在舞台区中绘制头部基本轮廓，到终点当鼠标指针呈◊形状时，将图形闭合。

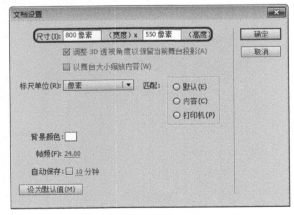

文档设置

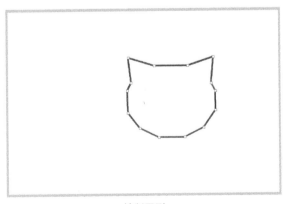

绘制图形

步骤3 在工具箱中单击"转换锚点工具"▷，在舞台中拖曳锚点，出现控制手柄，调整手柄完成头部线条圆滑的效果，调整轮廓时可以结合"部分选取工具"▷，调整锚点位置。

步骤4 在"属性"面板中选择"填充和笔触"选项区，设置笔触的颜色为黑色，在"笔触"文本框中输入10.00，设置"填充颜色"为"#858B96"。

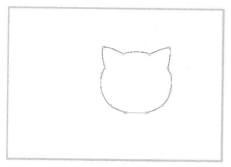

部分选取工具

设置属性

步骤5　在舞台的图形对象中单击鼠标，填充颜色。

步骤6　在舞台区中运用"椭圆工具" 来绘制脸部，可以用"部分选取工具" ，来调整脸部形状。

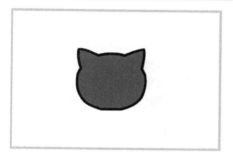

填充颜色

部分选取工具

步骤7　选中脸部形状，在"属性"面板中选择"填充和笔触"选项区，设置笔触的颜色为"#B1B2B9"，设置"填充颜色"为"#B1B2B9"。

步骤8　在舞台中查看填充后的颜色。

设置属性

填充颜色

步骤9　在舞台区中运用"椭圆工具" 来绘制眼睛，可以用"任意变形工具" ，来调整眼睛形状。

步骤10　选中眼睛，在"属性"面板中选择"填充和笔触"选项区，设置笔触的颜色为"#000000"，设置"填充颜色"为"#000000"，复制眼睛并放置在另一边。

任意变形工具

复制

步骤11 在工具箱中单击"钢笔工具" <img>，在舞台区内绘制动物的鼻子。	**步骤12** 单击所绘制出来的图形，在"属性"面板中选择"填充和笔触"选项区，设置"填充颜色"为"#000000"，单击里面的图形区域，填充颜色为"#E9A5BC"。
 绘制图形	 填充颜色
步骤13 在工具箱中单击"线条工具" <img>，在"属性"面板中"填充和笔触"选项区中在"笔触"文本框中输入10，单击"端点"右侧的下拉按钮，在下拉列表中选择"圆角"选项。	**步骤14** 在舞台区中的脸部绘制出胡须，放置在适当的位置，并对其进行复制。在菜单栏中选择"修改丨变形丨水平翻转"命令，将其放置在另一边的适当位置。制作完成后，导出图像并保存场景文件。
 设置属性	 水平翻转

3.5 Deco工具

"Deco工具"是Flash中一种类似"喷涂刷"的填充工具，使用"Deco工具"可以快速完成大量相同元素的绘制，也可以应用它制作出很多复杂的动画效果。将其与图形元件和影片剪辑元件配合，可以制作出效果更加丰富的动画效果。

3.5.1 网格填充

通过使用"Deco工具"，可以绘制所需的网格，其具体的操作步骤如下。

步骤1 在工具箱中单击"Deco工具" <img>，在菜单栏中选择"窗口丨属性"命令。

步骤2 在"属性"面板的"绘制效果"选项区中，单击右侧的下拉按钮，在下拉列表中选择"网格填充"选项，在"高级选项"选项区内选择"平铺图案"选项，在舞台区中当鼠标指针呈 <img> 形状时，单击鼠标。

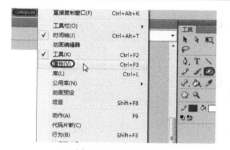

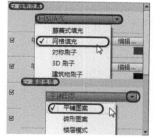

| 选择"属性"命令 | 选择"网格填充"选项 | 网格填充 |

在"属性"面板中的"高级选项"选项区，单击下面的下拉按钮，在下拉列表中选择"砖形图案"，然后在舞台区域中单击。

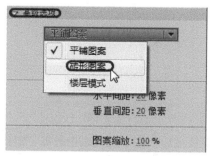

| 选择"砖形图案"选项 | 砖形图案 |

在"属性"面板中的"高级选项"选项区中，单击下面的下拉按钮，在下拉列表中选择"楼层模式"选项，在舞台区域中单击。

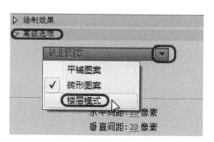

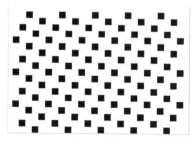

| 选择"楼层模式"选项 | 楼层模式 |

在"属性"面板中的"绘制效果"选项区中有4个平铺选择，可以在其中进行编辑，单击"编辑"按钮可以添加元件，单击颜色填充可以改变颜色。

绘制效果

3.5.2 对称刷子

在工具箱中单击"Deco工具"，在菜单栏中选择"窗口 | 属性"命令。在"属性"面板的"绘制效果"选项区中，单击下面的下拉按钮，在下拉列表中选择"对称刷子"选项，在"高级选项"选项区内选择"跨线反射"选项，这时在舞台区会出现绘制图形的工具，在舞台区单击鼠标。

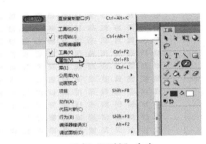

选择"属性"命令

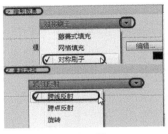

设置属性

舞台区

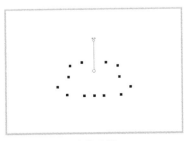

跨线反射

在"属性"面板的"高级选项"选项区中，单击下面的下拉按钮，在下拉列表中选择"跨点反射"选项，这时舞台区的绘制工具已经改变，在舞台区单击鼠标。

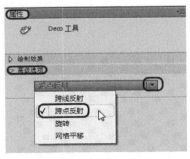

选择"跨点反射"选项

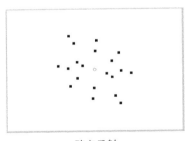

跨点反射

在"属性"面板的"高级选项"选项区中，单击下面的下拉按钮，在下拉列表中选择"旋转"选项，这时舞台区的绘制工具已经改变，在舞台区单击鼠标绘制图形。

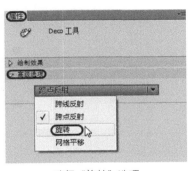

选择"旋转"选项

旋转

在"属性"面板上选择"高级选项"选项区，单击下面的下拉按钮，在下拉列表中选择"网格平移"选项，这时舞台区的绘制工具已经改变，在舞台区单击鼠标绘制图形。

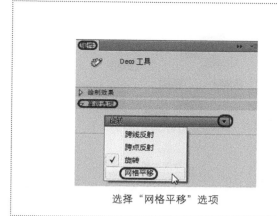

选择"网格平移"选项

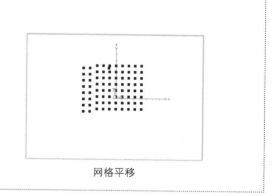

网格平移

3.5.3　3D刷子

在工具箱中单击"Deco工具" <img>，在菜单栏中选择"窗口 | 属性"命令。在"属性"面板的"绘制效果"选项区中，单击下面的下拉按钮，在下拉列表中选择"3D刷子"选项，在舞台区单击鼠标。

选择"3D刷子"选项

3D刷子

3.5.4　建筑物刷子

在工具箱中单击"Deco工具" <img>，在菜单栏中选择"窗口 | 属性"命令。在"属性"面板的"绘制效果"选项区中，单击下面的下拉按钮，在下拉列表中选择"建筑物刷子"选项，在"高级选项"选项区中，单击下面的下拉按钮，在下拉列表中选择"随机选择建筑物"选项，在舞台区单击鼠标。

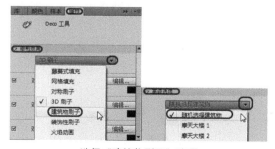

选择"建筑物刷子"选项

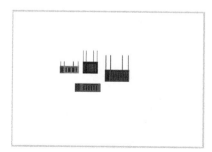

建筑物刷子

在"属性"面板的"高级选项"选项区中，单击下面的下拉按钮，在下拉列表中选择"摩天大楼1"选项，在舞台区单击鼠标。

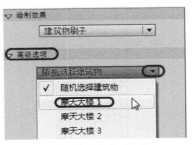

选择"摩天大楼1"选项

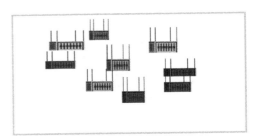

摩天大楼1

在"属性"面板的"高级选项"选项区中，单击下面的下拉按钮，在下拉列表中选择"摩天大楼2"选项，在舞台区单击鼠标。

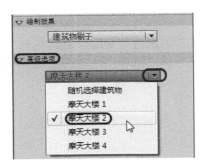

选择"摩天大楼2"选项

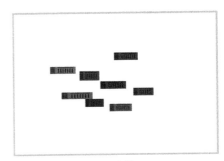

摩天大楼2

在"属性"面板的"高级选项"选项区中，单击下面的下拉按钮，在下拉列表中选择"摩天大楼3"选项，在舞台区单击鼠标。

选择"摩天大楼3"选项

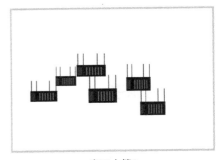

摩天大楼3

在"属性"面板的"高级选项"选项区中，单击下面的下拉按钮，在下拉列表中选择"摩天大楼4"选项，在舞台区单击鼠标。

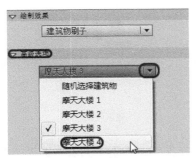

选择"摩天大楼4"选项

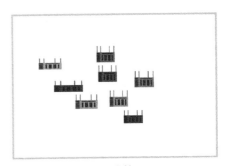

摩天大楼4

3.5.5 火焰刷子

在工具箱中单击"Deco工具" 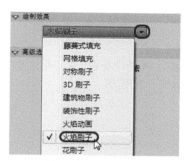，在菜单栏中选择"窗口 | 属性"命令。在"属性"面板的"绘制效果"选项区中，单击下面的下拉按钮，在下拉列表中选择"火焰刷子"选项，在"高级选项"选项区内可以调整"火焰大小"和"火焰"颜色。

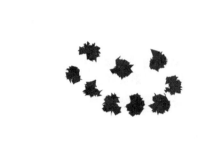

选择"火焰刷子"选项　　　　　　　　　　　　　　　火焰刷子

3.5.6 花刷子

在工具箱中单击"Deco工具" ，在菜单栏中选择"窗口 | 属性"命令。在"属性"面板的"绘制效果"选项区中，单击下面的下拉按钮，在下拉列表中选择"花刷子"选项，在"高级选项"选项区内选择"园林花"选项，调整"花色"、"花大小"、"树叶颜色"、"树叶大小"、"果实颜色"。若想有分支，就勾选"分支"复选框。

选择"园林花"选项　　　　　　　　　　　　　　　园林花

在"属性"面板的"高级选项"选项区内选择"玫瑰"选项，调整"花色"、"花大小"、"树叶颜色"、"树叶大小"、"果实颜色"。若是想有分支，就勾选"分支"复选框。

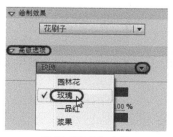

选择"玫瑰"选项　　　　　　　　　　　　　　　玫瑰

在"属性"面板的"高级选项"选项区内选择"一品红"选项，调整"花色"、"花大小"、"树叶颜色"、"树叶大小"、"果实颜色"。若是想有分支，就勾选"分支"复选框。

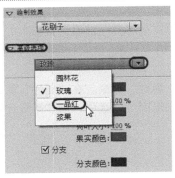

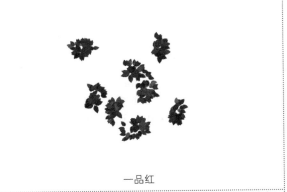

选择"一品红"选项　　　　　　　　　　一品红

在"属性"面板的"高级选项"选项区中选择"浆果"选项，调整"花色"、"花大小"、"树叶颜色"、"树叶大小"、"果实颜色"。若是想有分支，就勾选"分支"复选框。

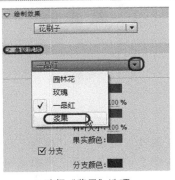

选择"浆果"选项　　　　　　　　　　浆果

3.5.7　闪电刷子

在工具箱中单击"Deco工具" ，在菜单栏中选择"窗口 | 属性"命令。在"属性"面板的"绘制效果"选项区中，单击下面的下拉按钮，在下拉列表中选择"闪电刷子"选项，在"高级选项"选项区中调整"闪电颜色"和"闪电大小"。

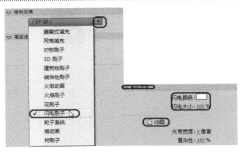

选择"闪电刷子"选项　　　　　　　　　　闪电刷子

提示：
若是要做动画闪电，就勾选"高级选项"选项区内的"动画"复选框，可以调整光速宽度和复杂性。

3.5.8　粒子系统

在Flash中可以实现"粒子系统"命令，详细的操作步骤如下。
步骤1　在工具箱中单击"Deco工具" ，在菜单栏中选择"窗口 | 属性"命令。
步骤2　在"属性"面板的"绘制效果"选项区中，单击下面的下拉按钮，在下拉列表中选择"粒子系统"选项，在"高级选项"选项区中可以进行调整。

选择"粒子系统"选项

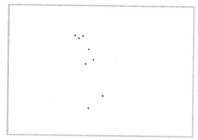

粒子系统

提示:

"粒子系统"命令制作出来是动画形式。

3.5.9 烟动画

使用"烟动画"命令可以绘制烟的抽象视觉效果,下面通过一个例子来讲解制作烟动画的详细操作步骤。

步骤1 在工具箱中单击"Deco工具" ,在菜单栏中选择"窗口 l 属性"命令。

步骤2 在"属性"面板的"绘制效果"选项区中,单击下面的下拉按钮,在下拉列表中选择"烟动画"选项。

步骤3 在"高级选项"选项区中可以调整"烟大小"、"烟速"以及"烟持续时间",若是结束动画,就勾选"结束动画"复选框。

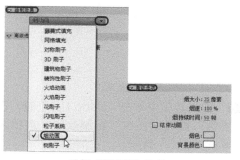

选择"烟动画"选项

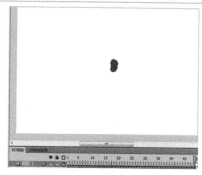

烟动画

3.5.10 树刷子

使用"树刷子"命令可以绘制树的视觉效果,下面通过一个例子来讲解制作树枝的详细操作步骤

步骤1 在工具箱中单击"Deco工具" ,在菜单栏中选择"窗口 l 属性"命令。

步骤2 在"属性"面板的"绘制效果"选项区中,单击下面的下拉按钮,在下拉列表中选择"树刷子"。

步骤3 在"高级选项"选项区中可以选择需要的样式,以及调整"树比例"、"分支颜色"、"树叶颜色"和"花/果实颜色"。

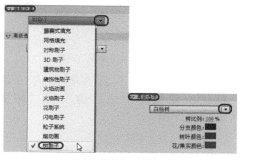

选择"树刷子"选项

树刷子

提示:
在"高级选项"选项区中,单击下面的下拉按钮,在弹出的下拉列表中选择需要的样式。

3.5.11 实战:使用藤蔓式填充绘制古扇

本例主要介绍运用"藤蔓式填充"来绘制图形,在"Deco工具"中选择"藤蔓式填充"来绘制藤蔓式的图形,单击鼠标,图形会自动向外绘制,当在藤蔓上第2次单击鼠标时,就会自动停止绘制。

步骤1 在工具箱中单击"矩形工具" ▣,在舞台区内绘制一个矩形,并设置"填充颜色"为"#E2EDFE"。

步骤2 在工具箱中单击"椭圆工具" ◯,在绘制出来的矩形内,来绘制出椭圆,在"属性"面板上设置"填充颜色为"#FFFFFF","笔触颜色"为"#000000","笔触"设置为3。

填充颜色

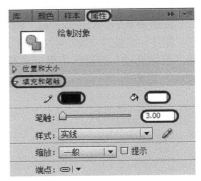

设置属性

步骤3 在菜单栏中选择"修改 | 变形 | 封套"命令,来将图形进行调整。

步骤4 在工具箱中单击"Deco工具" ✎,在打开的"属性"面板中,在"绘制效果"选项区中选择"藤蔓式填充"选项。

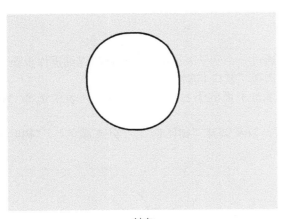

封套

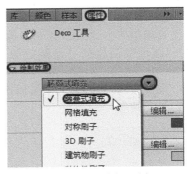

选择"藤蔓式填充"选框

步骤5 将"花"的颜色设置为"#FF0000",将"高级选项"选项区中的"图案缩放"设置为70%,"段长度"设置为3像素。

步骤6 将鼠标指针放置在椭圆内,单击鼠标,就会出现藤蔓,之后会发现"藤蔓"会漫迹到椭圆外围。

设置属性

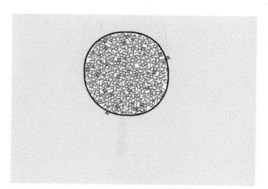

填充图形

步骤7 单击藤蔓，按Ctrl+X快捷键，进行剪切，在"时间轴"面板上新建图层，在新建图层内按Ctrl+V快捷键进行粘贴，这时"藤蔓"已经复制到另一个图层。

步骤8 在菜单栏中选择"修改丨分离"命令，在工具箱中单击"橡皮擦工具"，将"图层1"图层进行锁定，将多出来的"藤蔓"进行涂抹，再将"藤蔓"进行组合。

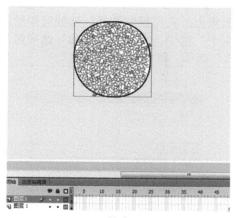

粘贴

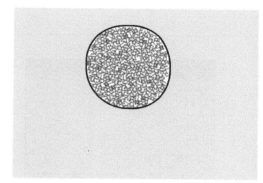

橡皮擦工具

步骤9 在工具箱中单击"矩形工具"，制作"扇把"，并填充颜色为"#000000"，移动到合适的位置。

步骤10 将"椭圆"、"藤蔓"、"扇把"组全，按Ctrl+X快捷键，进行剪切，在"时间轴"面板上新建"图层3"图层，将对象粘贴到"图层3"图层。

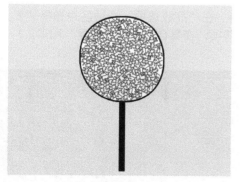

填充颜色

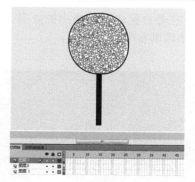

粘贴

步骤11 再次选中"椭圆"、"藤蔓"、"扇把"，在菜单栏中选择"修改丨转换为元件"命令，在弹出的对话框中单击"确定"按钮。

步骤12 在"属性"面板上打开"滤镜"选项区，单击底部的"添加滤镜"按钮，在弹出的下拉列表中选择"投影"选项，即可添加投影效果，然后导出图像并保存场景文件。

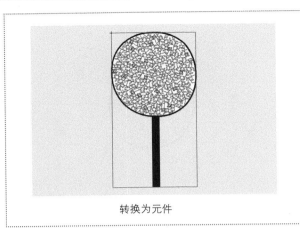

转换为元件

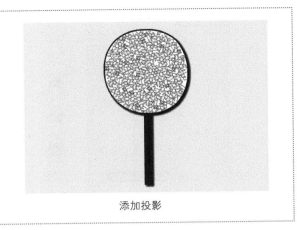

添加投影

3.5.12 实战：使用装饰性刷子绘制乡村夜晚

本例主要介绍运用"装饰性刷子"来绘制图形，在"Deco工具"中选择"装饰性刷子"，可以在"高级选项"选项区中选择各种需要的样式。

步骤1 启动Flash CS6程序，打开"属性"面板中，在"属性"选项区中将舞台颜色改为黑色。

步骤2 在工具箱中单击"Deco工具" ，在"属性"面板上，在"绘制效果"选项区中选择"装饰性刷子"选项，在"高级选项"选项区中选择"点线"选项，颜色设置为白色。

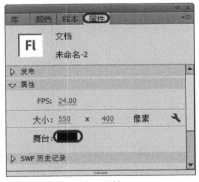

设置属性

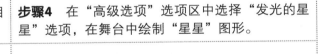

设置属性

步骤3 在舞台区内绘制出山的效果，然后按照相同的方法绘制多个山。

步骤4 在"高级选项"选项区中选择"发光的星星"选项，在舞台中绘制"星星"图形。

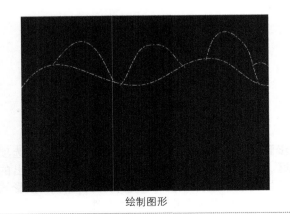

绘制图形

绘制图形

步骤5 在工具箱中单击"椭圆工具" ▣ ，在舞台区绘制"月亮"形状。

绘制图形

步骤6 在工具箱中单击Deco工具，在"属性"面板中的"高级选项"选项区内选择"茂密的树叶"选项，在舞台中绘制"树叶"形状。

绘制图形

步骤7 在"高级选项"选项区中选择"方块"选项，将图案大小调整到50像素，图案宽度为100像素，运用"任意变形工具"来调整大小。

任意变形工具

步骤8 在工具箱中单击Deco工具，在"属性"面板中的"绘制效果"选项区中选择"树刷子"选项，在"高级选项"选项区内选择"草"样式，将"分支颜色"和"树叶颜色"设置为白色。绘制完成后，导出图像并保存场景文件。

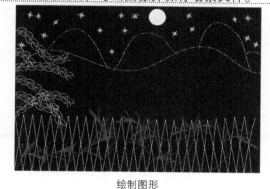

绘制图形

3.5.13 实战：制作火焰动画

本例主要介绍"火焰动画"的制作，在"Deco工具"中选择"火焰动画"选项，可以直接在系统里面绘制火焰的效果，其操作步骤如下。

步骤1 启动Flash CS6程序，打开"属性"面板，在"属性"选项区内将舞台颜色改为黑色。

填充颜色

步骤2 在工具箱中单击"Deco工具" ✐ ，在"属性"面板上选择"火焰动画"选项。

属性

步骤3 在"属性"面板中的"高级选项"选项区内调整"火大小"为250%、"火速为"50%、"火持续时间"为20帧，勾选"结束动画"复选框。

步骤4 在舞台适当的位置单击鼠标，将立即制作成火焰动画。

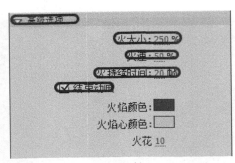

设置属性

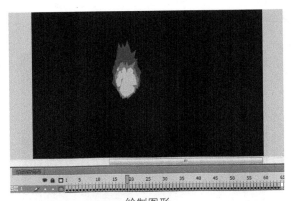

绘制图形

步骤5 在"时间轴"面板上单击第1帧，在工具箱中选择"Deco工具" ，在舞台区单击鼠标，这时在舞台中有两个火焰图形。

步骤6 选中所有的帧，在菜单栏中选择"修改 | 时间轴 | 翻转帧"命令。

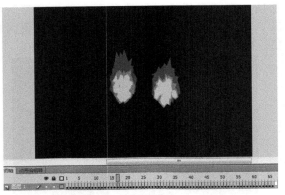

绘制图形

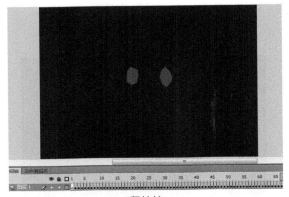

翻转帧

步骤7 在"时间轴"面板上选择第41帧以后的所有帧，单击右键，在弹出的快捷菜单中选择"删除帧"命令。

步骤8 这时所选择的帧已经删除，只剩下40帧。

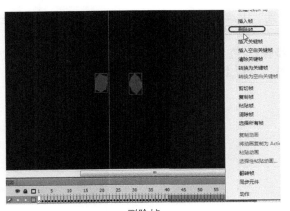

删除帧

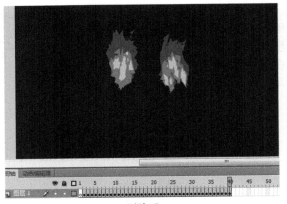

删除后

步骤9 在"时间轴"面板上选中第1帧到第40帧，单击鼠标右键在弹出的快捷菜单中选择"复制帧"命令。

步骤10 在第41帧单击鼠标右键，在弹出的快捷菜单中选择"粘贴帧"命令。

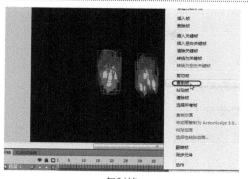

复制帧

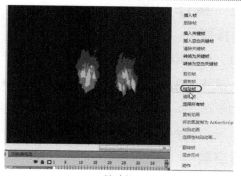

粘贴帧

步骤11 选中粘贴的所有帧，在菜单栏中选择"修改｜时间轴｜翻转帧"命令。

步骤12 这时操作已经完成。

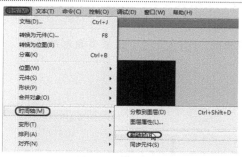

选择"翻转帧"命令

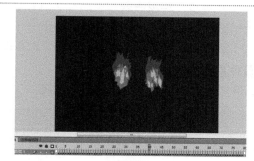

翻转帧

步骤13 操作完成后，按Ctrl+Enter快捷键，导出影片进行查看，然后将场景文件保存。

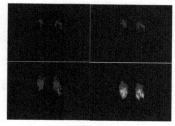

导出影片

3.6 操作答疑

本章专门讲解绘制动画的矢量图形，但是还是会在使用中出现一些问题，在这里将举出多个常见的问题进行解答，以方便读者学习以及巩固前面所学习的知识。

3.6.1 专家答疑

（1）在使用"钢笔工具"绘制图形后，如何做成圆滑效果？

答：在使用完"钢笔工具"后，需在钢笔工具处单击"转换锚点工具"，在舞台中拖曳锚点，出现控制手柄，调整手柄完成头部线条圆滑的效果。

（2）在绘制完图形后，怎么做成线性渐变效果？

答：按Shift+Alt+F9快捷键，在弹出的对话框中选择"线性渐变"选项，以及调制颜色。

（3）使用"钢笔工具"绘制完图形后，为什么不能填充颜色？

答：将闭合处放大，在工具箱中选择"部分选取工具"，在舞台中将一个锚点拖曳到另一个锚点上，拖曳锚点检查一下是否闭合。

3.6.2 操作习题

1. 选择题

（1）要绘制精确的路径，如直线或者平滑、流动的曲线，可以使用（　　）工具。

A. 直线工具　　　　　　B. 铅笔工具　　　　　　C. 钢笔工具

（2）在"Deco工具"里，若是想做星星形状的装饰，需要用（　　）刷子。

A. 对称刷子　　　　　　B. 建筑物刷子　　　　　C. 装饰性刷子

2. 填空题

（1）在使用"线条工具"绘制直线的过程中，按住＿＿＿＿＿＿拖动鼠标，可以绘制出垂直或水平的直线，或者45°斜线。

（2）在使用"矩形工具"绘制形状时，在拖动鼠标的过程中按键盘上的＿＿＿＿＿＿可以调整圆角的半径。

（3）在运用"多角形工具"时，在"工具设置"对话框中的＿＿＿＿＿＿设置多角形的边数。

3. 操作题

运用"Deco工具"来制作漂亮的屏风。

　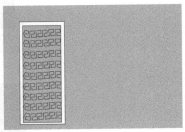　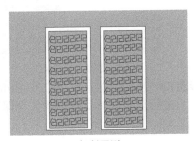

绘制矩形　　　　　　　使用"装饰性刷子"绘制图形　　　　　　复制图形

（1）运用"矩形工具"绘制两个矩形，全部选中后，在菜单栏中选择"修改｜合并对象｜联合"命令，将里面的白色删除。

（2）在工具箱中单击"Deco工具" ，在"属性"面板上选择"装饰性刷子"选项，在矩形内绘制图形，铺满矩形。

（3）再复制一个，将图形移动到合适的位置。

第 **4** 章

编辑与修改矢量图形

本章重点：

在编辑矢量图形时，需要使用各种工具对其进行修改。本章主要讲解在Flash中设置笔触的方法以及编辑与修改矢量图的方法。

学习目的：

掌握笔触的相关使用方法，并能够熟练掌握对矢量线条锚点、矢量线条和矢量图形的编辑与修改方法。

参考时间：40分钟

主要知识	学习时间
4.1　设置笔触	2分钟
4.2　编辑矢量线条锚点	10分钟
4.3　编辑矢量线条	10分钟
4.4　编辑矢量图形	8分钟
4.5　修改矢量图形	10分钟

4.1 | 设置笔触

笔触是绘画形式的一部分，在Flash中设置笔触颜色，可以塑造一种平面视觉的艺术样式。本节主要学习在Flash中设置笔触的颜色、大小、样式以及线型端点等方法。

4.1.1 设置笔触颜色

设置笔触颜色是将线条的颜色替换用户所需要的颜色，可以使图形的线条具有优美的艺术效果，下面将介绍如何在Flash中设置笔触颜色，具体操作步骤如下。

步骤1 在菜单栏中选择"文件 | 打开"命令，打开随书附带光盘中"CDROM\素材\第4章\4.1.1\4.1.1.xfl"素材文件。

步骤2 使用"选择工具" 在舞台中选择5个淡绿色的方框，在"属性"面板中单击"笔触颜色"右侧的色块，在弹出的下拉列表中选择一种颜色。

步骤3 操作完成后，即可为选中的对象填充笔触颜色。

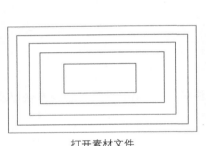
打开素材文件

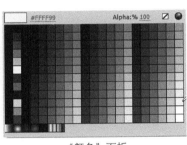
"颜色"面板

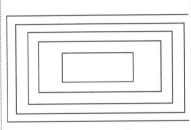
设置笔触颜色的效果

4.1.2 设置笔触大小

笔触的大小是指线条的粗细，可将线条图形的笔触大小进行调整，下面将介绍如何在Flash中设置笔触的大小，具体操作步骤如下。

步骤1 在菜单栏中选择"文件 | 打开"命令，打开随书附带光盘中"CDROM\素材\第4章\4.1.2\4.1.2.xfl"素材文件。

步骤2 在工具箱中单击"选择工具" ，把鼠标指针移动到舞台中间的椭圆线条中双击鼠标，选择椭圆线条。在"属性"面板中"填充和笔触"选项区中设置"笔触"为10。

步骤3 执行该操作后，将为选中的对象设置笔触。

打开素材文件

设置线条属性

设置笔触大小的效果

4.1.3 设置笔触样式

设置笔触样式可以将图形的线条设置不同的类型，增加图形美的效果，下面将介绍如何在Flash中设置笔触的样式，具体操作步骤如下。

步骤1 在菜单栏中选择"文件｜打开"命令，打开随书附带光盘中"CDROM\素材\第4章\4.1.3\4.1.3.xfl"素材文件。

步骤2 在工具箱中单击"选择工具" ![图标] 选择五边形线条，在"属性"面板中选择"样式"右侧的下拉按钮，在下拉列表中选择"点状线"选项区。

步骤3 执行该操作后，即可为选中的对象设置笔触样式。

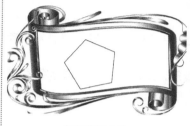
打开素材文件

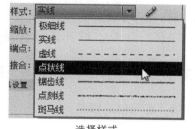

选择样式

设置笔触样式的效果

4.1.4 设置图形端点

在实际操作中，读者可以将图形的端点分为"圆角"和"方形"进行设置，下面将介绍如何在Flash中设置线型端点，具体操作步骤如下。

步骤1 在工具箱中单击"线条工具" ![图标]，在舞台中绘制一条直线段。

步骤2 在工具箱中单击"选择工具" ![图标]，在舞台中选择所绘制的线条，打开"属性"面板中的"填充和笔触"选项区，运用鼠标单击"端点"右边的"设置路径重点的按钮" ![图标]，在弹出的下拉列表中选择"圆角"选项区。

步骤3 执行该操作后，即可改变选中对象端点的样式。

绘制的线条

"端点"下拉列表

设置端点

4.2 编辑矢量线条锚点

在Flash中可以通过调整矢量线条锚点对线条的大小、位置、形状进行调整，本节主要学习选择、移动、减少以及尖突锚点等方法。

4.2.1 选择锚点

可以运用选择锚点工具选择图形中的端点，下面将介绍如何在Flash中选择锚点，具体操作步骤如下。

步骤1 在菜单栏中选择"文件｜打开"命令，打开随书附带光盘中"CDROM\素材\第4章\4.2.1\4.2.1.xfl"素材文件。

步骤2 在工具箱中单击"部分选取工具" ![图标]，将鼠标指针移动到舞台中花瓣的黑色线条上，鼠标指针呈 ![图标] 形状时单击鼠标，选中黑色线条，线条两端将会出现空心的锚点。

步骤3 把鼠标指针移动到线条下方的锚点上，单击鼠标，可以选择该锚点。

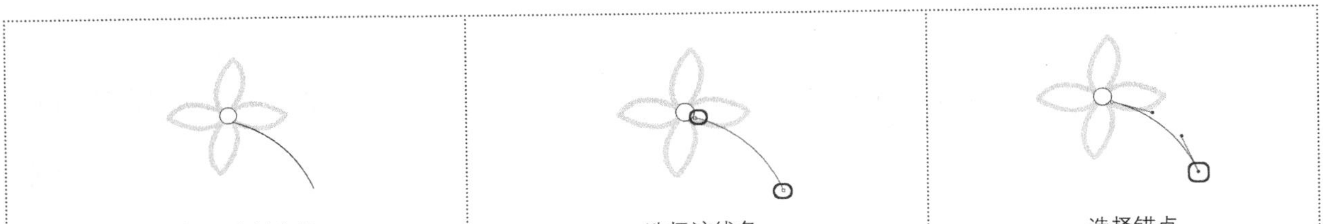

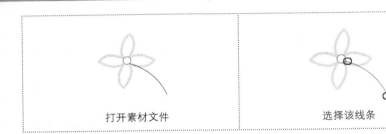

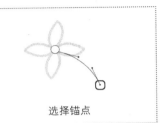

打开素材文件　　选择该线条　　选择锚点

4.2.2 移动锚点

用户在实际操作中可以将锚点进行位置的移动，将其调整到合适位置，从而对图形效果进行调整。下面将介绍如何在Flash中移动锚点，具体操作步骤如下。

步骤1 在菜单栏中选择“文件 | 打开”命令，打开随书附带光盘中“CDROM\素材\第4章\4.2.2\4.2.2.xfl”素材文件。

步骤2 在工具箱中单击“部分选取工具”，在舞台中选择图形上的线条，出现锚点后选择线条右侧的锚点，向右拖曳鼠标。

步骤3 移动到合适位置后松开鼠标左键，即可移动锚点。

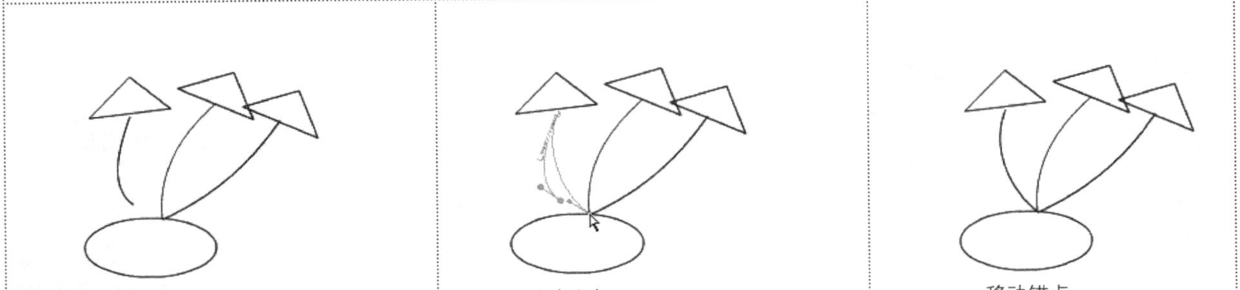

打开素材文件　　拖曳鼠标　　移动锚点

4.2.3 添加锚点

在实际操作中，读者可以在图形中添加锚点改变图形的样式。下面将介绍如何在Flash中添加锚点，具体操作步骤如下。

步骤1 在菜单栏中选择“文件 | 打开”命令，打开随书附带光盘中“CDROM\素材\第4章\4.2.3\4.2.3.xfl”素材文件。

步骤2 在工具箱中单击“添加锚点工具”，将鼠标指针移到舞台图像中间的五角星线条上，鼠标指针将呈形状。

步骤3 单击鼠标后，可以添加一个锚点。

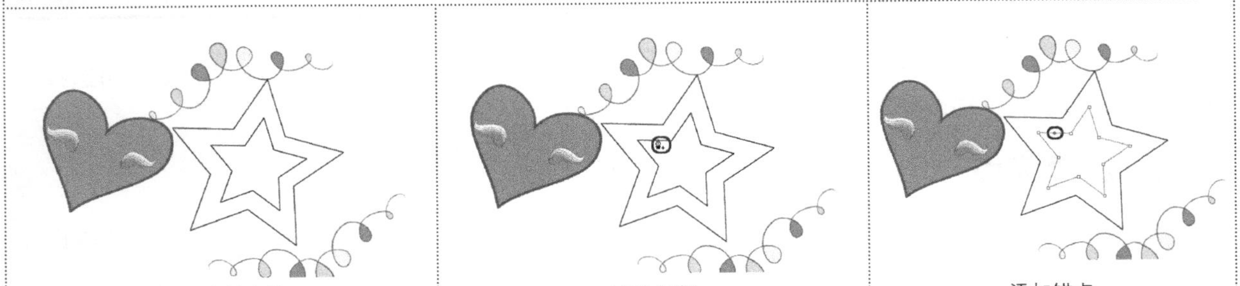

打开素材文件　　定位鼠标　　添加锚点

4.2.4 减少锚点

在实际操作中，需要减少多余的图形锚点，下面将介绍如何在Flash中减少锚点，具体操作步骤如下。

步骤1 在菜单栏中选择"文件 | 打开"命令，打开随书附带光盘中的"CDROM\素材\第4章\4.2.4\4.2.4.xfl"素材文件。在工具箱中单击"部分选取工具" ![icon]，在舞台中选择外边的五角星线条，线条上显出锚点。

步骤2 在工具箱中单击"删除锚点"，把鼠标指针移动到要删除的锚点上，鼠标指针将会呈![icon]形状。

步骤3 单击鼠标，可以删除该锚点。

<table>
<tr><td>选择线条</td><td>定位鼠标</td><td>删除锚点</td></tr>
</table>

4.2.5 尖突锚点

尖突锚点可以将线条平滑的锚点转换成尖突形状，下面将介绍如何在Flash中尖突锚点，具体操作步骤如下。

步骤1 在菜单栏中选择"文件 | 打开"命令，打开随书附带光盘中的"CDROM\素材\第4章\4.2.5\4.2.5.xfl"素材文件。

步骤2 使用"部分选取工具"![icon]选择舞台上的线条，选择线条上出现的锚点，出现控制柄。

步骤3 在工具箱中单击"转换锚点工具" ![icon]，把鼠标指针移动到所选择的锚点上，单击鼠标，即可把该描点转换为尖突锚点。

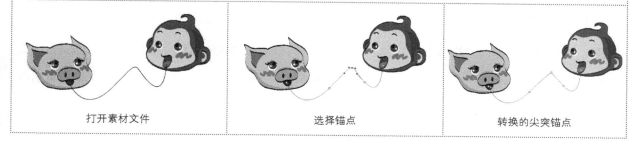

<table>
<tr><td>打开素材文件</td><td>选择锚点</td><td>转换的尖突锚点</td></tr>
</table>

4.2.6 平滑锚点

用户可以通过运用平滑锚点工具将平时的曲线图形调整至平滑，下面将介绍如何在Flash中平滑锚点，具体操作步骤如下。

步骤1 在菜单栏中选择"文件 | 打开"命令，打开随书附带光盘中的"CDROM\素材\第4章\4.2.6\4.2.6.xfl"素材文件。用"部分选取工具"在舞台区选择线条。

步骤2 在工具箱中单击"转换锚点" ![icon]工具，把鼠标指针移到舞台中线条的尖突的锚点上，向左拖曳鼠标。

步骤3 移动到合适位置后松开鼠标左键，即可平滑锚点。

<table>
<tr><td>打开素材文件</td><td>拖曳鼠标</td><td>平滑锚点</td></tr>
</table>

4.3 编辑矢量线条

Flash中可以将矢量线条进行各种形式的编辑。本节主要学习删除、分割以及扭曲线条等方法。

4.3.1 删除线条

下面将介绍如何在Flash中删除线条，具体操作步骤如下。

步骤1 在菜单栏中选择"文件｜打开"命令，打开随书附带光盘中的"CDROM\素材\第4章\4.3.1\4.3.1.xfl"素材文件。在工具箱中单击"部分选取工具" <img> 选择要删除的线条。

步骤2 按Delete键可以删除选中的线条。

打开素材文件

删除线条

4.3.2 分割线条

若要将完整的线条进行分开时，可以运用分割线条操作，将某段位置中的线条删除，下面将介绍如何在Flash中分割线条，具体操作步骤如下。

步骤1 在菜单栏中选择"文件｜打开"命令，打开随书附带光盘中的"CDROM\素材\第4章\4.3.2\4.3.2.xfl"素材文件。

步骤2 在工具箱中单击"矩形工具" <img> ，在"属性"面板中把"填充颜色"设置为红色，在舞台中绘制一个矩形。

步骤3 在工具箱中单击"选择工具" <img> ，选择在舞台中所绘制的红色矩形区，按Delete键即可将选中的矩形区和被矩形覆盖的线条同时删除，线条被分割成两段。

打开素材文件

绘制矩形

分割线条

4.3.3 扭曲线条

用户可将线条的形状进行变化弯曲，达到所需的效果，下面将介绍如何在Flash中扭曲线条，具体操作步骤如下。

步骤1 在菜单栏中选择"文件｜打开"命令，打开随书附带光盘中的"CDROM\素材\第4章\4.3.3\4.3.3.xfl"素材文件。

步骤2 在工具箱中单击"选择工具" ，把鼠标指针移到蓝色上方的边框上，鼠标指针呈 形状时向下拖曳鼠标。

步骤3 移到合适位置后松开鼠标左键，可以扭曲线条。

步骤4 用相同的方法，对矩形线框的另外3条线框进行扭曲。

| 打开素材文件 | 拖曳鼠标 | 扭曲线条 | 扭曲其他线条 |

| 4.4 | 编辑矢量图形

矢量图形无论在任何编辑情况下都不会失真，本节主要学习平滑、伸直、优化曲线图形以及将字母进行伸直曲线等方法。

4.4.1 平滑曲线图形

可以将实际操作中的曲线图形进行平滑调整，从而达到想要的效果，下面将介绍如何在Flash中平滑曲线图形，具体操作步骤如下。

步骤1 在菜单栏中选择"文件 | 打开"命令，打开随书附带光盘中的"CDROM\素材\第4章\4.4.1\4.4.1.xfl"素材文件。选择舞台中的曲线图形。

步骤2 单击工具箱底部中的"平滑"按钮 3次，可以将所选的线条平滑。

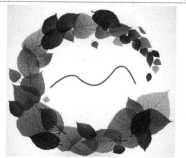

| 打开素材文件 | 平滑所选线条 |

4.4.2 伸直曲线图形

伸直曲线图形可以将所绘制的闭合曲线图形进行伸直，下面将介绍如何在Flash中伸直曲线图形，具体操作步骤如下。

步骤1 在菜单栏中选择"文件 | 打开"命令，打开随书附带光盘中的"CDROM\素材\第4章\4.4.2\4.4.2.xfl"素材文件。

步骤2 在工具箱中单击"铅笔工具" ，在舞台中绘制一条闭合的线条。

步骤3 将所绘制的线条运用"选择工具"选择，单击工具箱底部中的"伸直"按钮 ，可以把所选的线条伸直。

| 打开素材文件 | 绘制线条 | 伸直所选线条 |

4.4.3　优化曲线图形

　　用户可以将曲线图形的形状进行设置并优化强度，也可以减少曲线图形。下面将介绍如何在Flash中优化曲线图形，具体操作步骤如下。

步骤1　在菜单栏中选择"文件｜打开"命令，打开随书附带光盘中的"CDROM\素材\第4章\4.4.3\4.4.3.xfl"素材文件。

步骤2　按Ctrl+A快捷键，选择所有的图形，在菜单栏中选择"修改｜形状｜优化"命令，在弹出的"优化曲线"对话框中进行设置。

打开素材文件

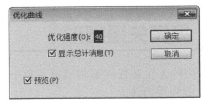

"优化曲线"对话框

步骤3　单击"确定"按钮，弹出信息提示框。

步骤4　单击"确定"按钮，可以把所选的曲线进行优化。

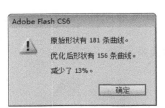

信息提示框

优化所选的曲线

4.4.4　实战：平滑字母G的曲线

　　在平时的实际操作中，若要将曲线字母进行平滑设置，可以运用相应的操作将绘制的图形设置为平滑图形，具体操作步骤如下。

步骤1　在工具箱中单击"铅笔工具" ，绘制出字母"G"，使用"选择工具"将字母"G"选中。

步骤2　在工具栏中选择"平滑" 选项5次，执行该操作后，即可将字母G线条进行伸直。

字母"G"

伸直所选线条G

4.5 修改矢量图形

　　修改矢量图形不会受到分辨率的影响，本节主要学习在Flash中填充和删除图形提示以及擦除图形的方法。

4.5.1　将线条转换为填充

　　在线条图形中，若将线条改变颜色，需要将线条转换为填充，下面将介绍如何在Flash中将线条转换为填充，具体操作步骤如下。

步骤1　在菜单栏中选择"文件｜打开"命令，打开随书附带光盘中"CDROM\素材\第4章\4.5.1\4.5.1.xfl"素材文件。用"选择工具"将舞台上图形中所有的绿色线条选中。

步骤2 在菜单栏中选择"修改 | 形状 | 将线条转换为填充"命令,在"属性"面板中可以将"填充颜色"设置为红色,可把选择的线条转成填充颜色。

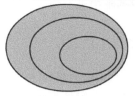

打开素材文件

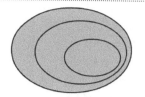

线条转换为填充

4.5.2 扩大填充

在实际操作中将图形扩大填充,可以使图形填充效果达到令人满意的程度,下面将介绍如何在Flash中扩大填充,具体操作步骤如下。

步骤1 在菜单栏中选择"文件 | 打开"命令,打开随书附带光盘中的"CDROM\素材\第4章\4.5.2\4.5.2.xfl"素材文件。

步骤2 运用"选择工具" ,在舞台上选择图形中的任意圆形,选择菜单栏中的"修改|形状|扩展填充"命令,在弹出的"扩展填充"对话框中设置"距离"为10像素。

步骤3 单击"确定"按钮,可以扩大所选圆形的填充区域。

打开素材文件

"扩展填充"对话框

扩大填充区域

4.5.3 缩小填充

若填充的区域中图形较小,可以使用缩小填充进行操作,下面将介绍如何在Flash中缩小填充,具体操作步骤如下。

步骤1 在菜单栏中选择"文件|打开"命令,打开随书附带光盘中的"CDROM\素材\第4章\4.5.3\4.5.3.xfl"素材文件。

步骤2 在工具箱中单击"选择工具" ,按住Shift键的同时将舞台中所有的黑色区域选中。

打开素材文件

选择填充区域

步骤3 在菜单栏中选择"修改|形状|扩展填充"命令,在弹出的"扩展填充"对话框中设置"距离"为10像素,选中"插入"单选按钮。

步骤4 单击"确定"按钮,可以缩小所选图形的填充区域。

"扩展填充"对话框

缩小填充区域

4.5.4 柔化填充边缘

需要优化图形的填充边缘时，可以在图形的"柔化填充边缘"对话框中进行相应设置，下面将介绍如何在Flash中柔化填充边缘，具体操作步骤如下。

步骤1 在菜单栏中选择"文件|打开"命令，打开随书附带光盘中的"CDROM\素材\第4章\4.5.4\4.5.4.xfl"素材文件。

步骤2 使用"选择工具" 选择圆形的填充区域，在菜单栏中选择"修改|形状|柔化填充边缘"命令，在弹出的话框中设置"距离"为40像素，"步长数"为4，选中"插入"单选按钮。

步骤3 单击"确定"，可以柔化填充边缘。

打开素材文件

"柔化填充边缘"对话框

柔化填充边缘

4.5.5 实战：添加形状提示

在控制比较复杂的形状变化时，可以根据形状提示对其进行相应的调整，下面将介绍如何在Flash中添加形状提示，具体操作步骤如下。

步骤1 在菜单栏中选择"文件|打开"命令，打开随书附带光盘中的"CDROM\素材\第4章\4.5.5\4.5.5.xfl"素材文件。

步骤2 在"时间轴"面板的图层中选择形状补间动画中的第1帧，在菜单栏中选择"修改|形状|添加形状提示"命令，可将图像添加一个形状提示。

打开素材文件

添加形状提示

4.5.6 实战：删除形状提示

运用形状提示将图形进行调整后，可以删除形状提示，下面将介绍如何在Flash中删除形状提示，具体操作步骤如下。

步骤1 继续上面的操作，在菜单栏中选择"视图|显示形状提示"显示添加的形状提示。

步骤2 在菜单栏中选择"修改|形状|删除所有提示"命令，可删除所有的形状提示。

打开素材文件

删除形状提示

4.5.7 橡皮擦工具

在使用橡皮擦工具时，工具箱的选项设置中会出现相应的附加选项，下面将介绍橡皮擦工具的各附加选项。

在Flash中橡皮擦模式有5种，在工具栏中选择"橡皮擦工具"后，单击工具栏下方的 ⟳ 按钮，弹出下拉列表。

❶ **标准擦除**：橡皮擦经过的所有区域都能被擦除，可以擦除同一图层中的填充和笔触。标准擦除是Flash中默认的工作模式。

❷ **擦除填色**：可将图形内部填充的颜色进行擦除，对于图形中外轮廓线无作用。

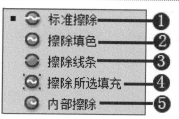

橡皮擦模式下拉列表

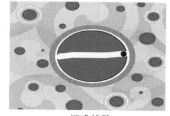

标准擦除

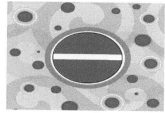

擦除填色

❸ **擦除线条**：可将图形外轮廓线进行擦除，对于图形内部的填充颜色无作用。

❹ **擦除所选填充**：可将之前图形中所选中的内部区域擦除，没有被选中的区域不会被擦除，无论笔触是否选中，都不会受到影响。

❺ **内部擦除**：只可以将图形内部作为起点进行擦除，若起点在图形外部则无作用。

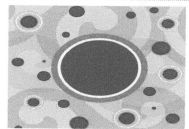

擦除线条

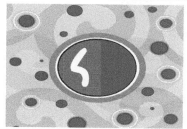

擦除所选填充

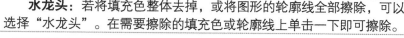

水龙头：若将填充色整体去掉，或将图形的轮廓线全部擦除，可以选择"水龙头"。在需要擦除的填充色或轮廓线上单击一下即可擦除。

橡皮擦形状：可以选择橡皮擦的形状和大小。

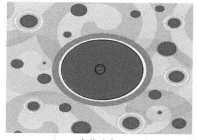

定位鼠标

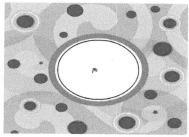

擦除填充色

橡皮擦形状

4.5.8 实战：擦除图形

在绘制图形的过程中若出现绘制错误，可使用擦除图形方法将错误之处进行擦除，下面将介绍如何在Flash中擦除图形，具体操作步骤如下。

步骤1 在菜单栏中选择"文件 | 打开"命令，打开随书附带光盘中"CDROM\素材\第4章\4.5.8\4.5.8.xfl"素材文件。

步骤2 运用"橡皮擦工具"，以舞台中心的椭圆为例，将鼠标指针移动到舞台中，鼠标指针呈●形状时把鼠标指针移动到舞台椭圆图形中。

步骤3 按住鼠标左键不放，并拖动鼠标可以对目标区域进行擦除。

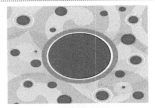
打开素材文件

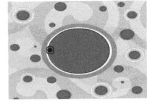
定位鼠标

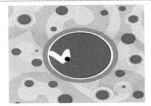
橡皮擦工具的操作过程

| 4.6 | 操作答疑

平时做题可能会遇到很多疑问，在这里将举出常见问题并对其进行详细解答。并在后面追加多个练习题，以方便读者学习以及巩固前面所学的知识。

4.6.1 专家答疑

（1）优化曲线的作用是什么？

答：通过减少用于定义这些元素的曲线数量来改进曲线和填充轮廓，可以减小Flash文件大小。

（2）在扭曲线条时为何只能进行移动？

答：运用选择工具扭曲线条之前，若选择线条，则只能对线条进行移动，在扭曲线条之前先不要选择线条，然后再进行扭曲线条。

4.6.2 操作习题

1. 选择题

（1）下面三项中，哪一项是平滑曲线所用的"平滑"工具（　　　）。

A. ▢　　　　　　　　B. ↗　　　　　　　　C. ◂

（2）在Flash中，选择（　　　）可删除所有的形状提示。

A."修改|变形"命令　　　B."修改|元件"命令　　　C."修改|形状"命令

（3）选择所有图形的快捷键是（　　　）。

A. Ctrl+R　　　　　　B. Ctrl+A　　　　　　C. Ctrl+Q

2. 填空题

（1）设置笔触的样式有_____、_____、_____、_____、_____、_____。

（2）在图形中要增加一个锚点，可以选择_____工具。

（3）在优化曲线图形时，在菜单栏中"优化"中设置的是_____。

（4）Flash提供5种擦除方式，_____方式是Flash中默认的工作模式。

3. 操作题

绘制一个水杯。

绘制水杯

填充杯口

缩小填充杯口

（1）利用圆形以及线条工具绘制水杯。

（2）将水杯口用灰色填充。

（3）把绘制好的杯口进行缩小填充。

第5章

组织和管理图形对象

本章重点：

　　本章主要讲解在Flash CS6中对图形对象的组织和管理的方法。主要内容包括选择工具的使用、图形对象的组织、变换、排列、对齐和合并以及组合、分离对象等知识。

学习目的：

　　通过本章的学习使读者对组织和管理图形能够更加得心应手，掌握简单操作对象的方法，为以后制作动画打下坚实的基础。

参考时间：70分钟

主要知识	学习时间
5.1　查看图形的辅助工具	5分钟
5.2　预览图形对象	5分钟
5.3　选择工具的使用	5分钟
5.4　组织图形对象	5分钟
5.5　变换图形对象	5分钟
5.6　变形对象	5分钟
5.7　排列图形对象	5分钟
5.8　对齐图形对象	5分钟
5.9　合并对象	5分钟
5.10　组合对象和分离对象	5分钟
5.11　操作答疑	20分钟

5.1 查看图形的辅助工具

在Flash绘图时，会常常用到一些辅助绘图的工具，如"缩放工具"和"手形工具"。

5.1.1 缩放工具

工具箱中的"缩放工具"主要用来放大或缩小视图，以便编辑图形，但"缩放工具"没有自己的属性面板。

在工具箱区内有两个按钮选项，分别是"放大"和"缩小"按钮。

放大 🔍：单击此按钮，放大镜上会出现"+"号，当用户在工作区域中单击时，会使舞台放大为原来的两倍。

缩小 🔍：单击此按钮后，放大镜上会出现"–"号，当在工作区域中单击时，会使舞台缩小为原来的1/2。

步骤1 打开随书附带光盘中的 "CDROM\素材\第5章\010.jpg"素材文件，在舞台中选择缩放的对象。

步骤2 在工具箱中选择"缩放工具" 🔍，再选择"缩小" 🔍，选择此工具后鼠标指针变为放大镜形状，在舞台内单击需要缩小的对象。

选择"缩放工具"

缩放文件

5.1.2 手形工具

在工具箱内的"手形工具"是工作区移动对象的工具，"手形工具"的主要任务是在一些比较大的舞台内快速移动到目标区域，使用"手形工具"比拖动滚条要方便得多。在使用"手形工具"时，表面上看来是移动对象的位置发生了改变，但实际上移动的却是工作区的显示空间，而工作区上所有对象的实际坐标相对于其他对象的坐标并没有发生改变，"手形工具"移动的实际上是整个工作区。

继续上面的操作，在工具箱中单击"手形工具" ✋，会发现鼠标指针会变成一只手的形状，在工作区域内的任意位置按住鼠标左键任意拖动，就可以看到整个工作区域的内容跟着鼠标的动作而移动。

选择"手形工具"

手形工具

5.2 预览图形对象

接下来学习一下预览图形对象，里面包含了以轮廓预览图形对象、高速显示图形对象、消除动画对象锯齿、消除动画文字锯齿、显示整个图形对象等知识，让用户更加灵活掌握简单的操作方法，为以后制作动画打好基础。

5.2.1 以轮廓预览图形对象

以轮廓预览图形对象有3种方法，下面将介绍这3种方法。

方法一：打开随书附带光盘中的"CDROM\素材\第5章\011.fla"素材文件，在菜单栏中选择"视图 | 预览模式 | 轮廓"命令。

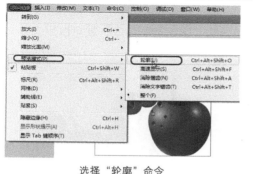

选择"轮廓"命令

以轮廓预览

方法二：在"时间轴"面板上单击"图层1"图层右端的"显示为轮廓"按钮，就可以预览图形对象轮廓。

方法三：按Ctrl+Alt+O快捷键。

5.2.2 高速显示图形对象

高速显示图形对象有2种方法，下面将介绍这两种方法。

方法一：继续上面的操作，在菜单栏中选择"视图 | 预览模式 | 高速显示"命令，就可以用高速显示的方式预览图形对象。

方法二：按Shift+Ctrl+Alt+F快捷键。

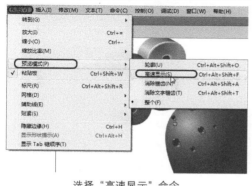

选择"高速显示"命令

高速显示

5.2.3　消除动画对象锯齿

继续上面的操作，在菜单栏中选择"视图 | 预览模式 | 消除锯齿"命令，就可以用消除锯齿的方式预览图形对象。

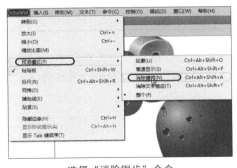

选择"消除锯齿"命令

消除锯齿

5.2.4　消除动画文字锯齿

继续上面的操作，在菜单栏中选择"视图 | 预览模式 | 消除文字锯齿"命令，就可以用消除文字锯齿的方式来预览图形对象。

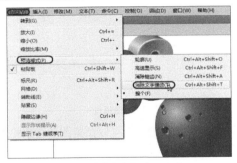

选择"消除文字锯齿"命令

消除文字锯齿

5.2.5　显示整个图形对象

打开随书附带光盘中的 "CDROM\素材\第5章\整个.fla"素材文件，在菜单栏中选择"视图 | 预览模式 | 整个"命令，就可以显示整个动画中的图形对象。

选择"整个"命令

整个

💡 **提示：**

在Flash CS6的"整个"模式下预览动画图形，可以完全呈现舞台上的所有内容，"整个"视图模式是默认的视图模式，使用该模式可能会降低显示速度，但效果是最好的。

5.3 | 选择工具的使用

　　要对图形进行修改时，需要先选中对象，一般可以使用工具箱中的"选择工具"、"部分选取工具"、"套索工具"来选中对象。下面分别对"选择工具"、"部分选取工具"和"套索工具"进行介绍。

5.3.1　使用选择工具

　　选择对象：选择对象是进行对象编辑和修改的前提条件，Flash提供了丰富的对象选取方法，理解对象的概念及清楚各种对象在选中状态下的表现形式是很必要的。

　　使用工具箱中的"选择工具"可以很轻松地选取线条、填充区域和文本等对象，具体操作如下。

方法一: 打开随书附带光盘中的"CDROM\素材\第5章\选择对象.fla"素材文件。在工具箱中单击"选择工具" ，在舞台中单击对象的边缘，就可以选中对象的一条边，若是双击对象的边缘部分，就可以同时选中对象的面和边。

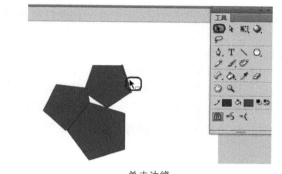

单击边缘

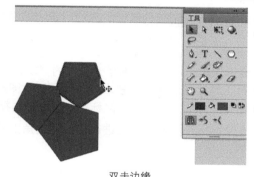

双击边缘

方法二: 单击对象的面，就会选中对象的面，若是双击对象的面，就可以同时选中对象的面和边。

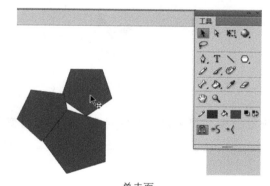

单击面

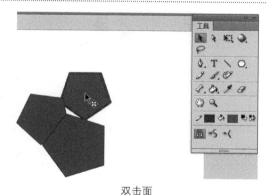

双击面

方法三: 在舞台中通过拖动鼠标框选舞台中的所有对象，就可以将舞台中的对象全部选中。

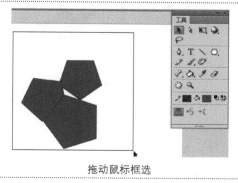

拖动鼠标框选

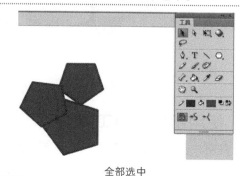

全部选中

提示：

使用鼠标进行框选时，一定要把所选取的对象全部框住，否则没有框选住的将不能选中。

方法四： 在菜单栏中选择"编辑|全选"命令，或者按Ctrl+A快捷键则可以选取场景中的所有对象。

选择"全选"命令

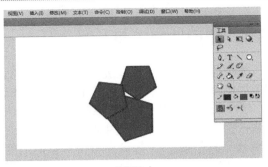

全部选中

提示：

在使用工具箱里的其他工具的时候，若是想切换到"选择工具"，可以按V快捷键，如果只是暂时切换到"选择工具"，按住Ctrl键选取对象后再松开，按住Shift键依次选取单击的对象，可以同时选取多个对象，如果想取消选取的对象，需要再次单击要取消选取的对象。

变形对象： 打开随书附带光盘中的"CDROM\素材\第5章\变形对象.fla"素材文件，除了工具箱中的"选择工具"可以选取对象之外，还可以对图形对象进行变形操作，单击"选择工具"，将鼠标指针放置在需要变形的对象上，当鼠标指针处于"选择工具"的▶形状时进行操作，将其拖动到适合的位置。

当鼠标指针放置在需要进行变形的边角上并呈▶形状时，对对象进行变形操作，就可以变形成需要的形状。

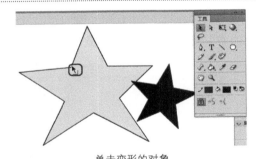

单击变形的对象

变形后

当鼠标指针放置在边线上并呈▶形状时，单击并拖动鼠标，就可以对图形对象的边线进行变形操作。

拖动鼠标移动边线

移动边线后的效果

5.3.2 使用部分选取工具

工具箱中的"部分选取工具"也可以对图形进行变形处理。当某一对象被"部分选取工具"选中后，它的图像轮廓线上会出现很多控制点，表示该对象已被选中。

步骤1　打开随书附带光盘中的"CDROM\素材\第5章\部分选取工具.fla"素材文件，在工具箱中选择"部分选取工具"，在舞台上选择需要变形的对象，周围会出现一些控制点，将鼠标指针移动到控制点旁边，当鼠标指针变成形状时，拖动鼠标就可以改变图形的形状。

步骤2　按住Alt键单击控制点时，在点附近会出现调节图形曲度的控制手柄，空心的控制点会变成实心，拖动两个控制手柄，就可以改变图形的曲度。

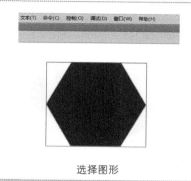
选择图形

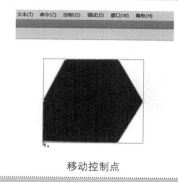
移动控制点

调整控制点的曲度

提示：
按住Alt键拖动手柄，可以只移动一边手柄，而另一边手柄则保持不动。

5.3.3　实战：运用套索工具选择对象

在工具箱中单击"套索工具"，用于选择对象的不规则区域，对于一些对选取范围精度要求不高的区域可以选择使用"套索工具"。它虽然与"选择工具"一样是选择一定的对象，但与"选择工具"相比，它的选择方式有所不同，使用"套索工具"可以在一个对象上划定区域。

步骤1	步骤2	步骤3
选择图形，单击工具箱中的"套索工具"。	在图形上按住鼠标左键不放，绘制出一个区域，并成为一个闭合区域，然后松开鼠标。	这时图形将有一部分被选中。

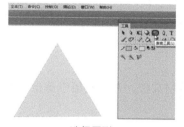
选择图形

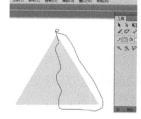
"套索工具"的操作

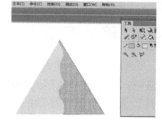
选中部分图形

提示：
若是在用"套索工具"时，绘出图形来，松开鼠标图形消失的话，在菜单栏中选择"修改 | 分离"命令，再次使用"套索工具"即可。

❶ **"魔术棒"**：它是在位图中快速选择颜色近似区域的一种选择工具，它只对位图起作用。

❷ **"魔术棒设置"**：单击此选项会弹出"魔术棒设置"对话框，该功能用于设置魔术棒在选择时，对颜色差异的敏感度和边界的形状。

❸ **"多边形模式"**：当套索工具切换成多边形模式时，沿图形边缘进行选取，勾画完毕后得到效果。

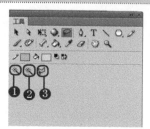
套索工具

提示：
打开位图格式应该是GIF、JPEG和PNG中一种，在对位图进行魔术棒操作前，必须将位图进行分离操作，选择位图后，按Ctrl+B快捷键，再使用魔术棒才能起到作用。

5.3.4 运用时间轴选择对象

时间轴是整个Flash的核心，使用它可以组织和控制舞台中的动画内容在特定的时间出现。

步骤1 打开随书附带光盘中的"CDROM\素材\第5章\用时间轴选取对象.fla"素材文件，会发现"时间轴"面板左边有多个图层。

步骤2 单击"时间轴"面板中的任意一个图层，就可以在舞台上选中该图层的对象。

多层

选择图层

> **提示：**
> 单击"时间轴"面板中图层右侧的帧，即可选择当前选择帧图层上的所有对象。

5.4 组织图形对象

要对一些图形进行组织，就需要对其进行移动、剪切、复制和删除等操作。下面介绍一下"移动"、"剪切"、"复制和删除"等命令。

5.4.1 移动图像

移动图像可以将其放置到舞台的适当位置，其方法如下。

方法一： 打开随书附带光盘中的"CDROM\素材\第5章\移动图像.fla"素材文件，在工具箱中单击"选择工具" ，拖动要移动的对象，放置在适合的位置。

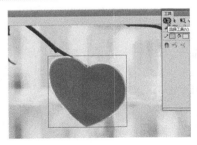

选择工具

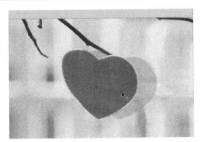

移动中

移动后

> **提示：**
> 移动时若按住Shift键，只能进行水平、垂直、或45°方向的移动，或按住Alt键不放来移动，则会再次复制出一个新对象，若在移动时，按住Shift+Alt键，复制出来的新对象只能进行水平、垂直或45°方向的移动。

方法二： 可以使用键盘上的上、下、左、右方向键来移动对象，可以以每次1像素的距离来移动对象，若按住Shift键的同时，再按方向键，则可以以每次8像素的距离来移动对象。

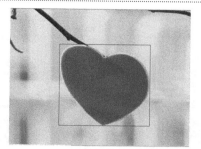

移动1像素

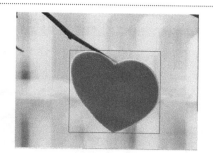

按住Shift键移动

方法三: 在菜单栏中选择"窗口 | 信息"命令,会弹出"信息"面板,在面板中会显示被选中对象的宽度和高度以及在舞台上当前的位置,若要移动,需在"X"、"Y"文本框中输入对象将要移动的位置,再按Enter键,对象已经移动到指定的位置。

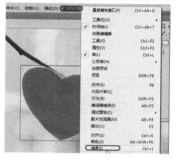

选择"信息"命令

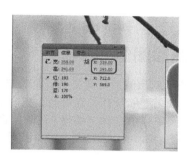

"信息"面板

> **提示:**
> 　　移动对象时,根据对象的不同属性,会出现不同的情况,例如,若是两个图形重叠在一起,双击其中一个,会发现另一个对象被覆盖的区域被删除,要将两个重叠的对象进行组合,移动对象后,下面被覆盖的部分就不会被删除。

5.4.2　剪切图像

　　打开随书附带光盘中的"CDROM\素材\第5章\剪切图像.fla"素材文件,在工具箱中单击"选择工具" ![icon]，在舞台区中选中要剪切的对象,在菜单栏中选择"编辑 | 剪切"命令,这时对象已被剪切。

选择对象

剪切

剪切后

> **提示:**
> 　　对象被剪切后,将从舞台区消失,用"选择工具"选择另一个图层,在舞台区右击鼠标,在弹出的快捷菜单中选择"粘贴"命令,就可以将对象粘贴到该图层。

5.4.3　复制图像

　　复制需要重复使用的图像对象可以提高工作效率,其方法如下。

方法一: 打开随书附带光盘中的"CDROM\素材\第5章\012.fla"素材文件,在工具箱中单击"选择工具" ![icon]，在舞台上选中要复制的对象,将鼠标指针指向复制对象,按住Alt键,拖到适当的位置,这时对象已经复制出来。

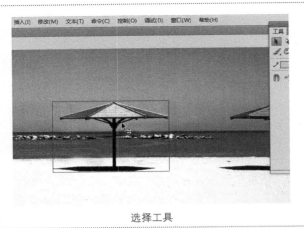

选择工具

复制对象

方法二: 在菜单栏中选择"编辑 | 复制"命令,再在菜单栏中选择"编辑 | 粘贴到中心位置"命令,也可以在舞台中心复制选择的图形对象。

5.4.4 删除图像

删除图像对象的方法有多种,其方法如下。

方法一: 继续上面的操作,在舞台区选择要删除的对象,按Delete键,对象就会被删除。

方法二: 在菜单栏中选择"编辑 | 清除"命令,对象就可以被删除。

方法三: 按Backspace快捷键,对象就可以被删除。

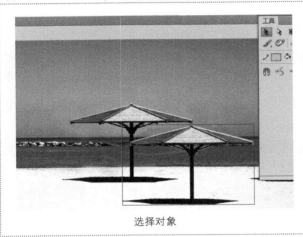

选择对象

删除对象

5.5 变换图形对象

前面讲解的是对图形对象的组织,现在来介绍一下图形的变换。在菜单栏中选择"修改 | 变形"命令,里面包含了"任意变形"、"缩放"、"旋转与倾斜"、"缩放和旋转"、"垂直旋转"、"水平旋转"等命令,下面介绍一下如何使用这些命令。

5.5.1 自由变换对象

使用"任意变形"命令,可以对图形对象进行自由变换操作,包括旋转、倾斜、缩放和翻转图形对象,当选择变形的对象后,使用工具箱中的任意变形工具,就可以设置对象的变形,其操作步骤如下。

步骤1 打开随书附带光盘中的"CDROM\素材\第5章\自由变换对象.fla"素材文件,在工具箱中单击"矩形工具"█,在舞台上画出矩形。

步骤2 在菜单栏中选择"修改 | 变形 | 任意变形"命令，或者在对象上右击鼠标，在弹出的快捷菜单中选择"任意变形"命令，这时在对象上显示变形控制框，将鼠标指针移动到上方，当鼠标指针呈 形状时，向上拖动到适当的位置。

步骤3 然后按住Ctrl键，将鼠标指针放置左上角，当鼠标指针变成 形状时，将其放置在黑板的框架上，分别将其他3个角以同样的方式来做。

| 移动上方 | 变形四角 | 变形后 |

5.5.2 缩放对象

通过"缩放"命令可以将图形对象缩小，其详细的操作步骤如下。

步骤1 打开随书附带光盘中的"CDROM\素材\第5章\013.fla"素材文件，在工具箱中单击"选择工具" ，选择要缩放的对象。

步骤2 在菜单栏中选择"修改 | 变形 | 缩放"命令，在被选中的对象上会出现变形控制框。将鼠标指针放置右上角，往左下角方向推动，推到合适的位置松手，这时对象已经变小。

| 选择"缩放"命令 | 缩放工具 | 缩放对象 |

> **提示：**
> 当在缩放对象时，按住Shift+Alt快捷键，可以等比例缩放。

5.5.3 旋转对象

继续上面的操作，在工具箱中单击"选择工具" ，选择要旋转的对象，在菜单栏中选择"修改 | 变形 | 旋转与倾斜"命令，显示变形控制框，将鼠标移向任意一个控制点，进行旋转操作，旋转成需要的形状。

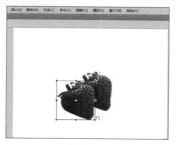

| 选择"旋转与倾斜"命令 | 旋转工具 | 旋转与倾斜 |

> 📝 **提示：**
> 在进行旋转操作的同时，若按住Shift键，对象会以45°角的倍数旋转。

5.5.4　倾斜对象

使用"旋转与倾斜"命令可以调整图形对象的倾斜角度，下面将介绍倾斜对象的具体操作步骤。

步骤1　打开随书附带光盘中的"CDROM\素材\第5章\倾斜对象.fla"素材文件，在工具箱中单击"选择工具" ，选中被倾斜的对象。

步骤2　在菜单栏中选择"修改 | 变形 | 旋转与倾斜"命令，会发现对象上显示变形控制框，将鼠标指针移动到变形控制框中上方，鼠标指针呈 形状时，往需要倾斜的一方推动，拉到合适的位置，松开鼠标，就可以倾斜对象。

　　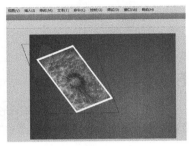

选择"旋转与倾斜"命令　　　　旋转与倾斜　　　　倾斜对象

5.5.5　翻转对象

打开随书附带光盘中的"CDROM\素材\第5章\014.fla"素材文件。

步骤1　在工具箱中单击"选择工具" ，选中要翻转的对象。

步骤2　在菜单栏中选择"修改 | 变形 | 水平翻转"命令，就可以将对象进行翻转。

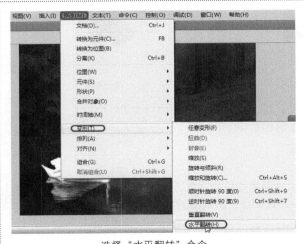　

选择"水平翻转"命令　　　　　　　　　　水平翻转

> 📝 **提示：**
> 运用"选择工具"选择对象后，在菜单栏中选择"修改 | 变形 | 垂直翻转"命令，可以垂直翻转对象。

5.5.6　取消变形操作

继续上一小节的操作，在工具箱中单击"选择工具" ，在菜单栏中选择"修改 | 变形 | 取消变形"命令，就可以取消该对象的操作。

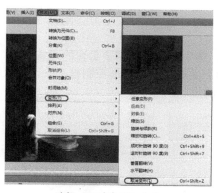

选择"取消变形"命令

取消操作

5.6 | 变形对象

变形对象就是将图形对象进行调整变形，制作出需要的样式。下面来讲解一下扭曲对象、封套对象、跟踪变形点等操作。

5.6.1 扭曲对象

用户可以根据需要扭曲对象，其方法有两种，下面将介绍这两种方法。

打开随书附带光盘中的"CDROM\素材\第5章\015.fla"素材文件。

方法一： 在工具箱中单击"任意变形工具"按钮，单击下面的"扭曲"按钮 <img>，将鼠标指针放置在对象的右下角，用鼠标进行拖动扭曲对象，如果按下鼠标左键并拖动图形对象的中间锚点，也可以将对象进行扭曲，但是与将鼠标指针放置在四角中的效果不一样。

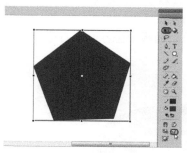

选择任意变形工具

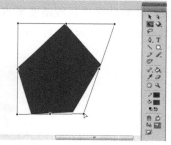

鼠标指针放置四角

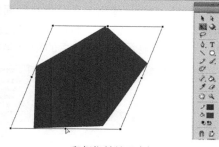

鼠标指针放置中间

方法二： 在工具箱中单击"选择工具" <img>，选中要扭曲的对象，在菜单栏中选择"修改 | 变形 | 扭曲"命令，下面的操作与方法一相同。

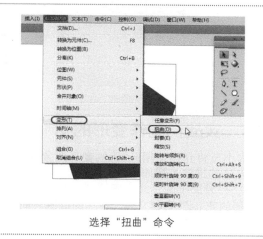

选择"扭曲"命令

5.6.2 封套对象

使用"封套"命令也可以将图形变形，其操作步骤如下。

步骤1 继续上节的操作，在工具箱中单击"选择工具" ，选中在舞台中需要封套的对象。

步骤2 在菜单栏中选择"修改|变形|封套"命令，在图形上会显示封套变形控制框，会在框上看到好多点，将鼠标指针放到任意一个点上进行制作，制作出需要的形状。

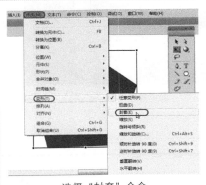

选择"封套"命令

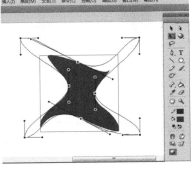

封套　　　　　　　　　　　利用封套扭曲

> **提示:**
> "封套"功能不能修改元件、位图、视频对象、声音、渐变、对象组或文本。如果所选的多种内容包含以上任意选项，则只能扭曲形状对象，要修改文本，首先要将文字转换成形状对象，然后才能使用封套扭曲文字。

5.6.3 跟踪变形点

单击"信息"面板上的"注册点/变形点"按钮 ，可以跟踪变形点，其具体的操作步骤如下。

步骤1 打开随书附带光盘中的"CDROM\素材\第5章\跟随变形点.fla"素材文件，在菜单栏中选择"窗口|信息"命令，弹出一个"信息"面板，在舞台区选择跟随变形点的对象。

步骤2 再单击"信息"面板上的"注册点/变形点"按钮 ，在"信息"面板中坐标网络右边的"X"和"Y"值将显示对象中心点的X和Y坐标。

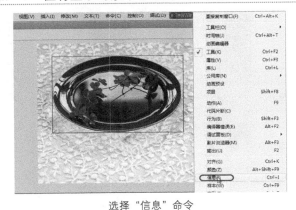

选择"信息"命令

"信息"面板

5.6.4 实战：制作变形的花

本小节将介绍使用Flash的变形对象来绘制变形的花，其中主要用到的工具有扭曲对象、封套对象等。具体的操作步骤如下。

步骤1 打开随书附带光盘中的"CDROM\素材\第5章\变形的花.fla"素材文件，在"时间轴"面板中选择"图层0"图层，在第20帧位置按F5键插入帧。

步骤2 在"时间轴"面板中选择"背景"图层，在第5帧位置按F6键插入关键帧。

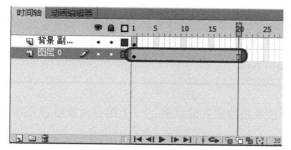

插入帧

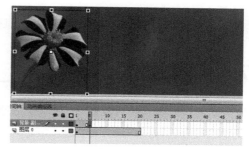

插入关键帧

步骤3　按Ctrl+B快捷键将图形分离，在菜单栏中选择"修改｜变形｜扭曲"命令，将舞台上的对象选中，将鼠标指针放置在显示框右边的那条边的中间点，往右移动，再次复制出一个对象，将鼠标指针放置在左边的那条边的中间，按住鼠标左键，往右边移动，直到原来的图像消失，在工具箱中单击"任意变形工具"█，选择扭曲出来的对象，将其进行调整变小，调到适当的位置。

步骤4　依此上面的方法操作，在第10帧按F6键插入关键帧，在菜单栏中选择"修改｜变形｜扭曲"命令，将舞台上的对象选中，将鼠标指针放置在显示框右边的那条边的中间点，往右移动，再次复制出一个对象，将鼠标指针放置在左边的那条边的中间，按住鼠标左键，往右边移动，直到原来的图像消失，再从"变形"命令中选择"封套"命令，将对象进行适当的调整，将对象变形。

调整对象

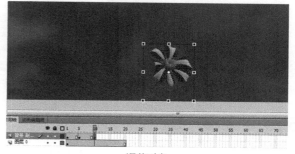

调整对象

步骤5　在第15帧上按F6键插入关键帧，下面的操作与步骤3一样，最后将对象运用"封套"命令再次进行调整。

步骤6　在第20帧上以同样的方法进行操作，运用"封套"命令进行调整。

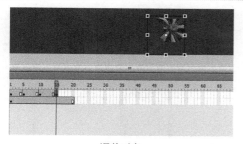

调整对象

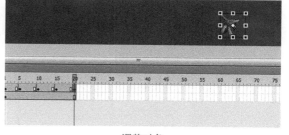

调整对象

步骤7　调整完后，按Ctrl+Enter快捷键测试影片，最后，按Ctrl+S快捷键保存即可。

最终效果

> **提示：**
> 在窗口下面有一个帧速率的参数，该参数越大，速度就越快，反之，帧速率的参数越小，速度就越慢。

5.7 排列图形对象

排列功能只对组合的对象有效，打散的矢量图形将被系统放置在最底层，一个组合对象被移至顶层后，仍然会放在打散的矢量图形之上。

5.7.1 移至顶层

打开随书附带光盘中的"CDROM\素材\第5章\016.fla"素材文件，在工具箱中单击"选择工具" ，右键单击要移动的对象，在弹出的快捷菜单中选择"排列|移至顶层"命令，就可以将对象移动到顶层。

打开素材　　　　　　选择"移至顶层"命令　　　　　　移至顶层

5.7.2 上移一层

继续上一小节的操作，在工具箱中单击"选择工具" ，在舞台上选中要上移的对象，在图形上右击鼠标，在弹出的快捷菜单中选择"排列|上移一层"命令，这时对象已经上移一层。

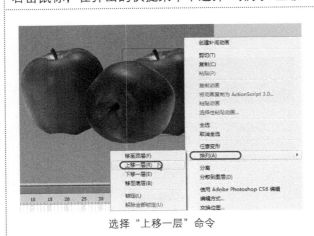

选择"上移一层"命令　　　　　　　　　　上移一层

5.7.3 下移一层

打开随书附带光盘中的"CDROM\素材\第5章\017.fla"素材文件，在工具箱中单击"选择工具" ，在舞台上选中需要下移的对象，在需要下移对象上右击鼠标，在弹出的快捷菜单中选择"排列|下移一层"命令，就可以将对象下移一层。

选择对象

下移一层

5.7.4 移至底层

继续上一小节的操作，在工具箱中单击"选择工具" ，在舞台上选中移动的对象，在对象上右击鼠标，在弹出的快捷菜单中选择"排列 | 移至底层"命令，就可以移动到底层。

选择对象

选择"移至底层"命令

移至底层

5.7.5 实战：制作爱动的猫

本例介绍在Flash中，通过排列图形对象来绘制爱动的猫，其中主要用到"移至顶层"、"上移一层"、"下移一层"、"移至底层"等操作命令。

步骤1 打开随书附带光盘中的"CDROM\素材\第5章\爱动的猫.fla"素材文件，在"时间轴"面板中选择"图层0"图层，在第40帧位置按F5键插入帧，将下面的帧速率设置为8。

步骤2 在"时间轴"面板中选择"图层7"图层，在第5帧位置按F6键插入关键帧。

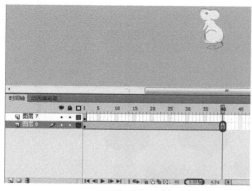
插入帧

插入关键帧

步骤3 在舞台中选择对象，在菜单栏中选择"修改 | 排列 | 移至顶层"命令。

步骤4 依此类推，分别在第10、15、20、25、30、35、40帧制作关键帧，再在其中将对象进行修改成"排列"命令里的"移至顶层"、"上移一层"、"下移一层"、"移至底层"等操作。

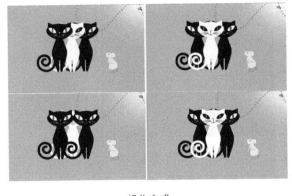

移至顶层 　　　　　　　　　　　　　　　　操作完成

提示：

调整的几个对象必须在一个图层里面，如果没有在一个图层里面，是没办法制作的，若是没有在一个图层里面就全部选中，按Ctrl+X快捷键进行剪切，再另建一个图层，按Ctrl+V快捷键进行粘贴，放置在一个图层进行制作。

5.8 对齐图形对象

在Flash CS6程序中有一个对齐命令，在菜单栏中选择"窗口 | 对齐"命令，在"对齐"面板中，单击"对齐"选项区中的按钮，可以使选中的对象在水平方向上向左对齐（以所选对象中最左侧的对象为基准）、向右对齐（以所选对象中最右侧的对象为基准）、水平中齐（以所选对象集合的垂直中线为基准）、在垂直方向上向上对齐（以所选对象中最上方的对象为基准）、向下对齐（以所选对象中最下面的对象为基准）或垂直中齐（以所选对象集合的水平中线为基准）。

5.8.1 对齐按钮

通过使用"垂直中齐"按钮可以对齐舞台中的对象，具体的操作步骤如下。

步骤1 打开随书附带光盘中的"CDROM\素材\第5章\018.fla"素材文件，在舞台选择对齐的对象，在菜单栏中选择"窗口 | 对齐"命令。

步骤2 在弹出的"对齐"面板中，勾选"与舞台对齐"复选框，在"对齐"选项区中单击"垂直中齐"按钮，操作完成。

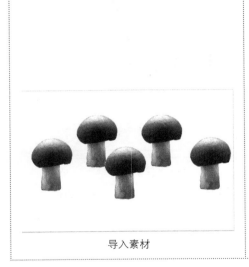

导入素材

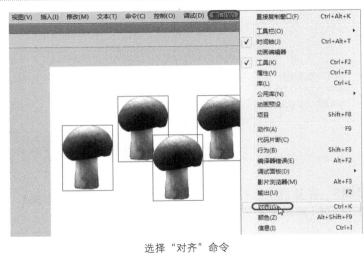

选择"对齐"命令

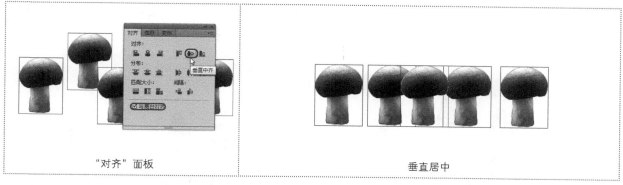

"对齐"面板　　　　　　　　　　　　　　　　　　　　垂直居中

5.8.2　分布对齐按钮

使用"水平居中分布"按钮可以将多行对象对齐，具体的操作步骤如下。

步骤1　继续上面的操作，在工具箱中单击"选择工具" ，在舞台中选中要对齐的对象，在菜单栏中选择"窗口 | 对齐"命令。

步骤2　在"对齐"面板中勾选"与舞台对齐"复选框，在"分布"选项区中单击"水平居中分布"按钮 。

导入素材

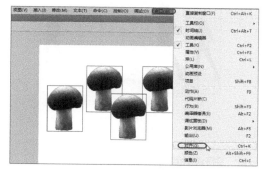

选择"对齐"命令

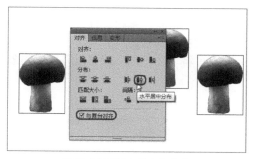

选择"水平居中分布"命令

水平居中分布

提示：

勾选"与舞台对齐"复选框，在选择对象后，可使对齐、分布、匹配大小、间隔等操作以舞台为基准。

5.8.3　匹配按钮

通过使用"匹配宽和高"按钮，可以将多个对象的宽和高对齐。具体的操作步骤如下。

步骤1　打开随书附带光盘中的"CDROM\素材\第5章\匹配按钮.fla"素材文件，在工具箱中单击"选择工具" ，在舞台中选中图形，在菜单栏中选择"窗口 | 对齐"命令。

步骤2 在"对齐"面板上,在"匹配大小"选项区中单击"匹配宽和高"按钮![],就可以将所选的图形对象匹配宽和高。

选中图形

选择"对齐"命令

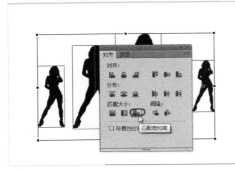

"对齐"面板

匹配宽和高

5.8.4 等间隔分布按钮

通过使用"水平平均间隔"按钮,可以将选中的对象等间隔距离分布,具体操作如下。

步骤1 打开随书附带光盘中的"CDROM\素材\第5章\等间隔分布按钮.fla"素材文件,在工具箱中单击"选择工具"![],在舞台区选择图形,在菜单栏中选择"窗口 | 对齐"命令。

步骤2 在"对齐"面板上在"间隔"选项区中单击"水平平均间隔"按钮![],就可以将所选对象在水平方向上平均间隔分布。

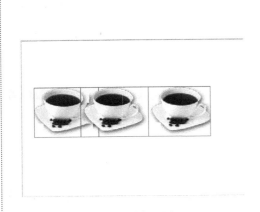

选择图形

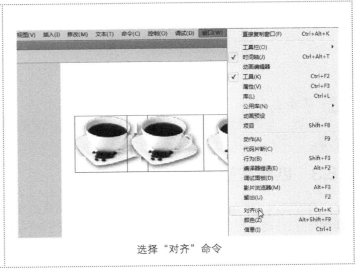

选择"对齐"命令

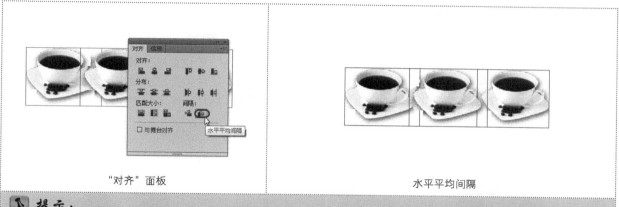

"对齐"面板　　　　　　　　　　　　　水平平均间隔

> **提示:**
> 在选择对象后,单击"间隔"选项区中的按钮,可以使各对象的水平间隔或垂直间隔相等。

5.9 合并对象

合并就是将几个对象合并在一起,这样方便用户的操作,下面介绍一下"联合"、"交集"、"打孔"等命令。

5.9.1 联合对象

打开随书附带光盘中的"CDROM\素材\第5章\联合对象.fla"素材文件,在舞台中选中两个需要联合的对象,在菜单栏中选择"修改|合并对象|联合"命令,就可以将选择图形合并成一个对象。

选择"联合"命令　　　　　　　　　　　　　联合

5.9.2 交集对象

通过使用"交集"命令,可以使两个对象相交,具体的操作步骤如下。
步骤1 打开随书附带光盘中的"CDROM\素材\第5章\交集对象.fla"素材文件,在舞台中用"椭圆工具"绘出一个圆形,运用选择工具选择两个重叠在一起的圆形。
步骤2 在菜单栏中选择"修改|合并对象|交集"命令,就可以创建两个圆形交集的对象。

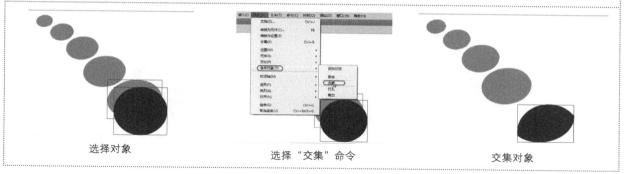

选择对象　　　　　　　　　选择"交集"命令　　　　　　　　　交集对象

5.9.3 打孔对象

通过使用"打孔"命令，可以绘制出两个图形的差集图形，具体的操作步骤如下。

步骤1 打开随书附带光盘中的"CDROM\素材\第5章\打孔对象.fla"素材文件，用工具箱中的"椭圆工具"，在舞台区绘制出一个圆形，再从旁边绘制出一个五角星图，使两个图形重叠在一起。

步骤2 在菜单栏中选择"修改 | 合并对象 | 打孔"命令，就可以在圆形对象上打一个孔。

| 绘出图形 | 选择"打孔"命令 | 打孔 |

提示：
选择"打孔"命令后，所删除的部分由所选对象与排在所选对象的前面对象的重叠部分所定义。

5.10 组合对象和分离对象

组合操作会涉及对象的并组与解组两部分操作。并组后的各对象可以被一起移动、复制缩放和旋转等，这样可以节约编辑时间。当需要对组合对象中的某个对象进行编辑时，可以先解组后再对其进行编辑。并组不仅发生在对象与对象之间，还可以发生在组与组之间。并组的操作步骤如下。

步骤1 打开随书附带光盘中的"CDROM\素材\第5章\组合对象.fla"素材文件，在舞台中选择需要组合的对象，按住Shift键可以进行多个对象的选择。

步骤2 在菜单栏中选择"修改 | 组合"命令，或者按Ctrl+G快捷键来将选择的对象进行组合。

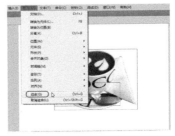

| 选择多个图形 | 选择"组合"命令 | 组合对象 |

解组对象： 选中组合过的对象，在菜单栏中选择"修改 | 取消组合"命令，或者按Ctrl+Shift+G快捷键来取消组合，解组之后的图形就可以单独移动了。

若是想调整一下组合图形内的子对象，可以双击组合对象，使文档编辑窗口进入组对象编辑状态，完成对单个对象的编辑后，单击"场景"按钮，就可以退出对象的编辑状态。

| 场景 | 双击图形后 |

5.11 操作答疑

前面对组织和管理图形对象进行了详细介绍，但是还是会在使用中出现一些问题，在这里我们将举出多个常见的问题进行解答，以方便读者学习以及巩固前面所学习的知识。

5.11.1 专家答疑

（1）如何将几个对象放置在一个图层里面？

答：先将图形全部选中，按Ctrl+X快捷键将图形进行剪切，然后新建一个图层，在新建图层里面，按Ctrl+V快捷键，将刚才的图形粘贴到新建的图层里面即可。

（2）在移动两个重叠在一起的对象的其中一个的时候，移动后会发现下面一个被覆盖的区域会被删除，该怎么办？

答：因为在移动对象时，根据对象的不同属性，会出现不同的情况，当出现这个情况的时候，需要将两个重叠在一起的图形进行组合，移动覆盖的对象后，会发现下面对象被覆盖的部分不会被删除。

（3）在对图形进行排列的时候，发现不管点哪个对象，进行排列时没有反应，该怎么办？

答：因为这几个图形没有在一个图层里面，需要将排列的图形放进一个图层，再去排列。

5.11.2 操作习题

1. 选择题

（1）在工具箱中，（　　　）命令可以对图形对象进行自由变换操作，包括旋转、倾斜、缩放和翻转图形对象。

A. 选择工具　　　　　　B. 部分选取工具　　　　　　C. 任意变形工具

（2）（　　　）命令在将图形进行变换按住Shift键的同时，图形对象会以45°角的倍数旋转。

A. 缩放对象　　　　　　B. 旋转对象　　　　　　C. 倾斜对象

2. 填空题

（1）在Flash CS6的_____模式下预览动画图形，可以完全呈现舞台上的所有内容，整个视图模式是默认的视图模式，使用该模式可能会降低显示速度，但效果是最好的。

（2）在Flash CS6中，使用_____模式预览动画图形，可以将打开的线条、形状和位图的锯齿消除，在该模式使用后，形状和线条的边缘在屏幕上将显示得更加平滑。

（3）单击_____面板中的图层右侧的帧，就可以选择当前选择帧图层上的所有对象。

3. 操作题

利用对图形对象变换的命令，制作一个变幻莫测的小老鼠。

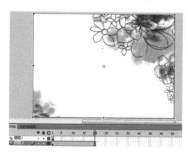
插入帧

插入关键帧并缩放

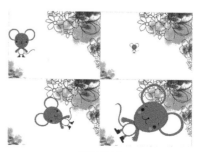
设置各帧

（1）打开随书附带光盘中的 "CDROM\素材\第5章\变幻莫测的老鼠.fla"素材文件，在"时间轴"面板中选择"图层0"图层，在第20帧位置按F5键插入帧。

（2）在"时间轴"面板中选择"图层1"图层，在第5帧位置按F6键插入关键帧，在菜单栏中选择"修改|变形|缩放"命令，移动到合适的位置。

（3）在"时间轴"面板中选择"图层1"图层，对第10帧、第15帧、第20帧等分别进行设置，可以在菜单栏中选择"修改|变形"中的"旋转与倾斜"、"缩放"、"水平翻转"、"垂直翻转"等命令，将各个帧中的图形进行设置。在面板下面有一个帧速率的参数，该参数越大，速度就越快，反之，帧速率的参数越小，速度就越慢，可以将帧速率设置为8。

第6章

选取和填充图形颜色

本章重点:

    本章主要讲解在Flash CS6中如何使用纯色、渐变色、图案为图形填充颜色,并详细介绍相关工具的使用方法。

学习目的:

    本章与混色器、滴管和颜色等工具紧密相关,通过本章的学习可以了解笔触颜色和填充颜色相关工具的用法。

参考时间:50分钟

主要知识	学习时间
6.1 管理调色面板	6分钟
6.2 选区颜色	10分钟
6.3 运用工具填充和描边图形	10分钟
6.4 使用按钮填充	8分钟
6.5 使用面板填充	10分钟
6.6 渐变和位图填充	6分钟

6.1 管理调色面板

读者可以根据自己的需要，调整"颜色"面板中的颜色，本节将介绍在Flash中如何使用"颜色"面板等内容。

6.1.1 打开"颜色"面板

首先需要做的是打开面板，本小节将介绍如何在Flash中打开"颜色"面板，具体操作步骤如下。

步骤1 启动Flash软件，新建Flash文件，在菜单栏中选择"窗口 | 颜色"命令。　**步骤2** 执行该操作后，可以弹出"颜色"面板。

选择"颜色"命令

"颜色"面板

6.1.2 打开"样本"面板

可以在"样本"面板中查看样本颜色，本小节将介绍如何在Flash中打开"样本"面板，具体操作步骤如下。

步骤1 启动Flash软件，新建Flash文件，在菜单栏中选择"窗口 | 样本"命令。　**步骤2** 执行该操作后，可以弹出"样本"面板。

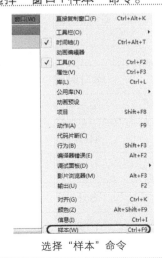

选择"样本"命令

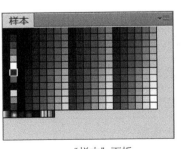

"样本"面板

6.1.3 复制颜色

在操作编辑图形时，会重复使用相同颜色，可以在"样本"面板中对颜色进行复制。本小节将介绍如何在Flash中复制颜色，具体操作步骤如下。

步骤1 启动Flash软件，新建Flash文件，在菜单栏中选择"窗口Ⅰ样本"命令，在弹出的"样本"面板中选择蓝色色块。	**步骤2** 将鼠标指针移动到下方灰色区域，鼠标指针呈 形状时单击鼠标，所选的颜色副本可被添加到面板中样本颜色的后面。
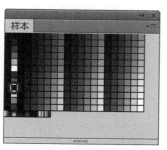 选择颜色	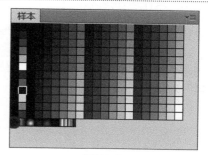 复制颜色

6.1.4 删除颜色

可以将不需要的颜色，在"样本"面板中将其删除。本小节将介绍如何在Flash中删除颜色，具体操作步骤如下。

步骤1 在"样本"面板的样本颜色中选择最后一行中的第一个蓝色色块。	**步骤2** 单击右上角下拉按钮 ，在弹出的下拉列表中选择"删除样本"选项，可以将选择的样本图形从"样本"面板中删除。
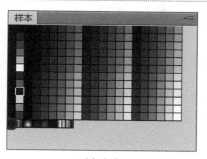 选择颜色	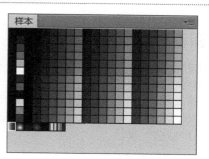 删除颜色

6.1.5 导出调色板

可以将选择好的颜色在面板中导出，本小节将介绍如何在Flash中导出调色板，具体操作步骤如下。

步骤1 启动Flash软件，新建Flash文件，在菜单栏中选择"窗口Ⅰ样本"命令，弹出"样本"面板，在样本颜色中选择蓝色色块，复制蓝色到样本颜色下方。	**步骤2** 在"样本"面板中，单击右上角的下拉按钮 ，在弹出的下拉列表中选择"保存颜色"选项，在弹出的"导出色样"对话框中设置文件名为"123"。
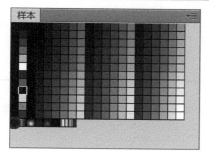 添加样本颜色	 "导出色样"对话框

步骤3 单击"保存"按钮，可以导出调色板。

6.1.6 加载调色板

可以将需要的颜色在调色板中加载，加载完成后即可使用添加的颜色，本小节将介绍如何在Flash中加载调色板，具体操作步骤如下。

步骤1 启动Flash软件，新建Flash文件，在菜单栏中选择"窗口 | 样本"命令，弹出"样本"面板，在右上角单击下拉按钮 ，在弹出的下拉列表中选择"添加颜色"选项，弹出"导入色样"对话框。

步骤2 在"查找范围"的下拉列表中找到调色板的位置，将要导入的颜色板图标选中，然后单击"打开"按钮，即可加载调色板。

"导入色样"对话框

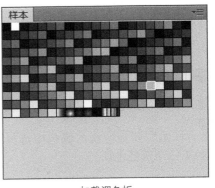

加载调色板

6.1.7 保存默认色板

在编辑颜色面板后，可以将编辑后的面板进行保存，以便下次使用。本小节将介绍如何在Flash中保存默认色板，具体操作步骤如下。

步骤1 继续上面的操作，单击面板右上角的下拉按钮 ，选项，在弹出的下拉列表中选择"保存为默认值"选项。

步骤2 在弹出的信息提示框中单击"是"按钮，可把当前颜色样本保存为默认色板。

选择"保存为默认值"选项

信息提示框

| 6.2 | 选取颜色

用户在选择图形颜色过程中，可以运用多种方式进行选择，本节将介绍如何在Flash中选取颜色。

6.2.1 运用"笔触颜色"按钮选取颜色

在选择图形颜色时，可以使用笔触工具选取所选中的颜色，本小节将介绍如何在Flash中运用"笔触颜色"按钮选取颜色，具体操作步骤如下。

步骤1　启动Flash软件，新建Flash文件，在工具箱中单击"笔触颜色" ⬚。	**步骤2**　弹出"颜色"面板，单击绿色色块即可选择绿色。	**步骤3**　工具箱中的"笔触颜色"按钮将会显示所选颜色。
单击"笔触颜色"按钮	#00FF00　Alpha:% 100 单击绿色色块	选择笔触颜色

6.2.2　运用"填充颜色"按钮选取颜色

　　用户在选择图形中颜色时，可以运用"填充颜色"按钮在相应位置选取颜色，本小节将介绍如何在Flash中运用"填充颜色"按钮选取颜色，具体操作步骤如下。

步骤1　在菜单栏中选择"文件|导入"命令，打开随书附带光盘中"CDROM\素材\第6章\小猪.jpg"素材文件。	**步骤2**　在工具箱中单击"填充颜色" ⬚。
 导入素材文件	 单击"填充颜色"按钮
步骤3　弹出"颜色"面板后，鼠标指针呈 ✐ 形状，把鼠标指针移动到舞台中。	**步骤4**　单击鼠标后，选择鼠标指针处的颜色。工具箱中的"填充颜色"按钮将显示所选的颜色。
 定位鼠标	 "填充颜色"按钮

6.2.3　运用"滴管工具"选取颜色

　　还可利用"滴管工具"选取图形中的颜色，本小节将介绍如何在Flash中运用"滴管工具"选取颜色，具体操作步骤如下。

步骤1　在菜单栏中选择"文件|导入"命令，导入随书附带光盘中"CDROM\素材\第6章\小狗.jpg"素材文件。在工具箱中单击"滴管工具" ✐，把鼠标指针移动到舞台中的图像上，鼠标指针呈 ✐ 形状，把鼠标指针移动到合适的位置。	 定位鼠标

步骤2 单击鼠标,在"属性"面板的"填充颜色"色块上显示"滴管工具"所取的颜色。

显示所选颜色

6.2.4 实战:运用"颜色"对话框选取颜色

在实际操作中,可以通过运用"颜色"对话框来选取颜色,本小节将介绍如何在Flash中通过使用"颜色"对话框来选取颜色,具体操作步骤如下。

步骤1 启动Flash软件,新建Flash文件,在工具箱中单击"笔触颜色"，弹出"颜色"面板,选择右上角的"颜色拾取"按钮。

步骤2 弹出"颜色"对话框,在右侧的方形颜色区域上单击鼠标选择颜色。

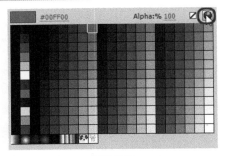

定位鼠标

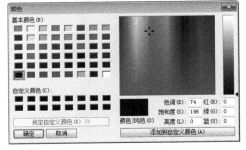

单击鼠标

步骤3 把鼠标指针移动到最右边的小三角滑块中,向下拖动鼠标。

步骤4 移动到合适位置后松开鼠标左键,在下方的"颜色丨纯色"矩形色块上显示选取的颜色。

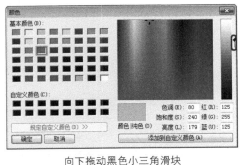

向下拖动黑色小三角滑块

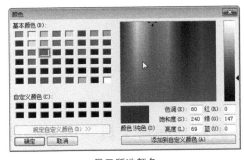

显示所选颜色

6.2.5 实战:运用"颜色"面板选取颜色

用户根据需求还可以在"颜色"面板中选取图形的颜色,本小节将介绍如何在Flash中运用"颜色"面板选取图形中的颜色,具体操作步骤如下。

步骤1 启动Flash软件,新建Flash文件,按Alt+Shift+F9快捷键,弹出"颜色"面板。

步骤2 在"颜色"面板中单击右侧颜色区域的绿色下方,再把鼠标移动到右侧的黑色小三角滑块上,向下拖动鼠标。

"颜色"面板

拖动鼠标

显示所选颜色

步骤3　移动到适当位置后松开鼠标，面板上方的"笔触颜色"按钮和下端的矩形色块可显示所选的颜色。

6.3 运用工具填充和描边图形

　　利用填充与描边可以为图像制作出漂亮的边框，也可以制作出一些美丽的图形，本节将介绍在Flash中运用工具填充和描边图形的方法。

6.3.1 运用墨水瓶工具描边图形

　　当对图形描边时，可选择"墨水瓶工具"，本小节将介绍如何在Flash中运用"墨水瓶工具"描边图形，具体操作步骤如下。

步骤1　在菜单栏中选择"文件 | 打开"命令，打开随书附带光盘中"CDROM\素材\第6章\6.3.1.fla"素材文件。在工具箱中单击"墨水瓶工具" ，在"属性"面板中设置"属性颜色"为红色，把鼠标指针移动到五角星中。

步骤2　单击鼠标后，可把图形进行描边。

打开素材文件

描边五角星

6.3.2 运用颜料桶工具填充图形

　　填充所选的图形时，也可以运用"颜料桶工具"给图形填充颜色，本节将介绍如何在Flash中运用"颜料桶工具"填充图形，具体操作步骤如下。

步骤1　在菜单栏中选择"文件 | 打开"命令，打开随书附带光盘中"CDROM\素材第6章\6.3.2.fla"素材文件。

步骤2　在工具箱中单击"颜料桶工具" ，在"属性"面板中设置"填充颜色"为黄色，在舞台中单击白色五角星区域，可以将所选区域填充为黄色。

打开素材文件

填充五角星

6.3.3 运用滴管工具填充颜色

在图形中用"滴管工具"拾取要填充的颜色，然后在所需填充的区域进行颜色填充。本小节将介绍如何在Flash中运用"滴管工具"填充颜色，具体操作步骤如下。

步骤1 在菜单栏中选择"文件 | 导入"命令，导入随书附带光盘中"CDROM\素材\第6章\6.3.3.fla"素材文件。

步骤2 在工具箱中单击"滴管工具"按钮，把鼠标指针移动到舞台中，鼠标指针呈 形状，然后把鼠标指针移到图形中黑色区域，鼠标指针呈 形状。

导入素材文件

选择颜色

步骤3 单击鼠标，鼠标指针呈 形状，把鼠标移动到白色区域。

步骤4 单击鼠标后，可把白色区域中的填充颜色设置为滴管选取的颜色。

定位鼠标

填充颜色

6.3.4 运用渐变变形工具修改填充颜色

若要调整渐变颜色的渐变方向，可以运用渐变变形工具进行调节，本小节将介绍如何在Flash中运用渐变变形工具修改填充颜色，具体操作步骤如下。

步骤1 在工具箱中单击"矩形选框工具" ，然后在舞台中绘制一个矩形，等于舞台大小。

步骤2 在菜单栏中选择"颜色"命令，在弹出的"颜色"面板中单击右方的下拉按钮，在下拉列表中选择"线性渐变"，选择灰白色渐变效果。

绘制的矩形

"颜色"工具面板

步骤3 运用选择工具将舞台选中，在工具箱中单击"颜料桶工具" ，将鼠标指针移动到舞台中单击，即可出现渐变效果。

步骤4 在工具箱中单击"渐变变形工具" ，选择舞台上的矩形，在矩形上显示渐变控制线。把鼠标指针移动到右上角的圆形控制点中，鼠标指针变为 形状。

渐变效果

选择控制点

步骤5 向左下角拖动鼠标，移动到右侧控制线下端位置时松开鼠标左键，可修改渐变填充效果。

修改后填充效果

6.3.5 实战：使用"渐变填充"绘制可爱的房子

在实际操作中，可以将图形进行相应的渐变填充，优化图片效果，本小节将介绍如何在Flash中使用"渐变填充"绘制可爱的房子，具体操作步骤如下。

步骤1 在菜单栏中选择"文件 | 打开"命令，打开随书附带光盘中"CDROM\素材\第6章\6.3.5.fla"素材文件。

步骤2 运用线性渐变填充，打开"颜色"面板，将房子中的屋顶、四扇窗户以及门均填充为红白渐变色。

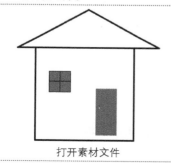

打开素材文件

渐变色效果

6.4 使用按钮填充

在填充图形时，Flash软件中有多种填充按钮，可以提高工作效率，本节将介绍如何在Flash中使用填充按钮进行颜色填充的方法。

6.4.1 使用"笔触颜色"按钮填充颜色

用户可修改图形线条的笔触颜色，设置引人注目的图形特效，本小节将介绍如何在Flash中使用"笔触颜色"按钮填充颜色，具体操作步骤如下。

步骤1 在菜单栏中选择"文件 l 打开"命令，打开随书附带光盘中"CDROM\素材\第6章\6.4.1.fla"素材文件。	**步骤2** 按Ctrl+A快捷键，选择舞台中所有的图形，在工具箱中单击"笔触颜色" ，在弹出的"颜色"面板中选择红色。	**步骤3** 执行该操作后，可把所选的图形轮廓填充为红色。
 打开素材文件	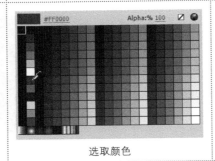 选取颜色	 填充图形轮廓颜色

6.4.2 使用"填充颜色"按钮填充颜色

将图形填充动人的色彩，可以运用"填充颜色"按钮进行操作。本小节将介绍如何在Flash中使用"填充颜色"按钮填充颜色，具体操作步骤如下。

步骤1 在菜单栏中选择"文件 l 打开"命令，打开随书附带光盘中"CDROM\素材\第6章\6.4.2.fla"素材文件。运用"选择工具"在舞台中选择图形。	**步骤2** 在工具箱中单击"填充颜色" ，在弹出的"颜色"面板中选择黄色，可把所选图形填充为黄色。
 打开素材文件	 填充颜色

6.4.3 使用"黑白"按钮填充颜色

将图像转换为黑白颜色格式时，可以选用最快捷的"黑白"按钮。本小节将介绍如何在Flash中使用"黑白"按钮填充颜色，具体操作步骤如下。

步骤1 在菜单栏中选择"文件|打开"命令,打开随书附带光盘中"CDROM\素材\第6章\6.4.3.fla"素材文件。	步骤2 按Ctrl+A快捷键,选择舞台中所有图形的对象,在工具箱中单击"黑白" ,可用黑白色填充所选图形。	步骤3 在工具箱中单击"交换颜色" ,可把所选图形的轮廓色和填充色进行交换。
 打开素材文件	 黑白色填充图形	 交换颜色

6.4.4 使用"无颜色"按钮填充颜色

选择图形后,可以选择"无颜色"按钮将填充的颜色删除。本小节将介绍如何在Flash中使用"无颜色"按钮,具体操作步骤如下。

步骤1 在菜单栏中选择"文件|打开"命令,打开随书附带光盘中"CDROM\素材\第6章\6.4.4.fla"素材文件。	步骤2 按Ctrl+A快捷键,选择舞台中所有图形对象,在工具箱中单击"填充颜色" ,在弹出的"颜色"面板中把鼠标指针移到"无颜色"按钮上。	步骤3 单击鼠标后,可把所选图形的"填充颜色"设置为无色。
 打开素材文件	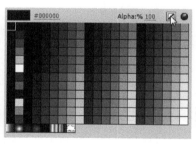 定位鼠标	 无填充颜色

6.5 使用面板填充

使用面板填充颜色的方式有3种,本节将讲解在Flash中如何使用面板填充颜色。

6.5.1 使用"属性"面板填充颜色

选择图形后,用户可以利用"属性"面板填充颜色,本小节将介绍如何在Flash中使用"属性"面板填充颜色,具体操作步骤如下。

步骤1 在菜单栏中选择"文件|打开"命令,打开随书附带光盘中"CDROM\素材\第6章\6.5.1.fla"素材文件。	步骤2 在舞台中用"选择工具"选择心形,然后在其"属性"面板中单击"颜色",鼠标指针呈 形状,把鼠标指针移动到舞台中的心形上。	步骤3 单击鼠标后,可把所选心形的"填充颜色"设置为红色。

| 打开素材文件 | 定位鼠标 | 填充颜色 |

6.5.2 使用"颜色"面板填充颜色

将图像白色区域选择后，可用"颜色"面板进行颜色填充，本小节将介绍如何在Flash中使用"颜色"面板填充颜色，具体操作步骤如下。

| **步骤1**　在菜单栏中选择"文件 | 打开"命令，打开随书附带光盘中"CDROM\素材\第6章\6.5.2.fla"素材文件。 | **步骤2**　在舞台中选择心形，按Alt+Shift+F9快捷键，在"颜色"面板中设置颜色为红色（颜色参考值为FF0004）。 | **步骤3**　执行该操作后，可把所选心形的填充色设为红色。 |

打开素材文件

"颜色"面板

填充颜色

6.5.3 使用"样本"面板填充颜色

在需要添加填充颜色的区域内，可以使用"样本"面板进行颜色填充，本小节将介绍如何在Flash中使用"样本"面板填充颜色，具体操作步骤如下。

| **步骤1**　在菜单栏中选择"文件 | 打开"命令，打开随书附带光盘中"CDROM\素材\第6章\6.5.3.fla"素材文件。 | **步骤2**　在舞台中选择心形，按Shift+F9快捷键，在"样本面板"中设置颜色为红色。 | **步骤3**　执行该操作后，可把所选心形的填充色设为红色。 |

打开素材文件

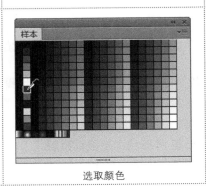

选取颜色

填充颜色

6.5.4 实战：填充可爱的猪头

利用前面介绍的颜色填充方法，可以将可爱的猪头进行面部填充，本小节将介绍在Flash中如何填充可爱的猪头，具体操作步骤如下。

步骤1 在菜单栏中选择"文件|打开"命令，打开随书附带光盘中"CDROM\素材\第6章\6.5.4.fla"素材文件。运用"选择工具"，选择舞台中猪头脸部区域。	**步骤2** 在"颜色"面板中设置颜色为浅粉红色（颜色参考值为FFCCCC）。	**步骤3** 执行该操作后，可把所选区域的填充色设为浅粉红色。
 打开素材文件	 打开"颜色"面板	 填充颜色

6.6 渐变和位图填充

在图像编辑过程中，可以利用渐变和位图填充对图像涂色，本节将介绍如何在Flash中使用渐变填充和位图填充。

6.6.1 线性渐变填充

在绘制的图形中，用户可根据自己的实际需要进行线性渐变的填充，本小节将介绍如何在Flash中应用线性渐变填充，具体操作步骤如下。

步骤1 在菜单栏中选择"文件|打开"命令，打开随书附带光盘中"CDROM\素材\第6章\6.6.1.fla"素材文件。	**步骤2** 在舞台中选择椭圆形，按Alt+Shift+F9快捷键，在"颜色"面板中单击"类型"下拉按钮，在下拉列表中选择"线性渐变"选项。
 打开素材文件	 选择"线性渐变"选项

步骤3 执行该操作后，"颜色"面板中的矩形颜色区域会出现两个色块，用鼠标单击右侧色块，色块中的小三角会变为实心。

步骤4 设置颜色为绿色并按Enter键确认，可把右侧设置为绿色。使用同样的方法，将左侧的色块颜色设置为黄色。

渐变色块

设置色块颜色

步骤5 执行该操作后，舞台中的椭圆形颜色可变为黄绿渐变色。

渐变填充效果

6.6.2 放射状渐变填充

在调整图像的填充时，可将其设置为放射状渐变填充，本小节将介绍如何在Flash中应用放射状渐变填充，具体操作步骤如下。

步骤1 在菜单栏中选择"文件 | 打开"命令，打开随书附带光盘中"CDROM\素材\第6章\6.6.2.fla"素材文件。

打开素材文件

步骤2 在舞台中选择椭圆形的深红色区域，按Alt+Shift+F9快捷键，单击"颜色"面板中的"类型"下拉按钮，在下拉列表中选择"径向渐变"选项可以把椭圆形的红色区域设置为放射状。

放射状填充颜色

6.6.3 位图填充

若将填充区域内加入想要的图像，可以运用位图填充来完成，本小节将介绍如何在Flash中应用位图填充，具体操作步骤如下。

步骤1 在菜单栏中选择"文件 | 打开"命令，打开随书附带光盘中"CDROM\素材\第6章\6.6.3.fla"素材文件。

步骤2 在"库"面板中选择"烟花.jpg"，按Alt+Shift+F9快捷键，在"颜色"面板中的"类型"下拉列表中选择"位图填充"选项，可以将选择的位图填充到所选的矩形中。

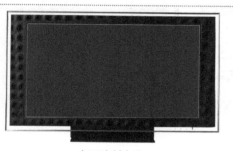

打开素材文件

位图填充

6.7 操作答疑

在学习选取和填充图形颜色内容的过程中经常会遇到疑问，在这里将举出常见问题并对其进行详细解答。并在后面追加多个练习题，以方便读者学习以及巩固前面所学的知识。

6.7.1 专家答疑

（1）在操作放射状渐变填充时，为什么在Flash CS6版本中没有"放射状渐变"此选项？

答：在Flash CS6中渐变的类型只有两种：线性渐变和径向渐变，径向渐变常常被称为放射状渐变，因此将放射状进行渐变填充时，可选择"径向渐变"选项。

（2）在使用位图填充时，若在"库"面板中没有导入的位图，如何应用位图填充？

答：可以在"类型"的下拉列表中选择"位图填充"选项，然后在弹出的"导入"对话框中选择位图，所选的位图将导入到库中，该位图也会被自动填充到舞台对象中。

6.7.2 操作习题

1. 选择题

（1）在Flash中，运用（　　　）工具可以进行填充色的变形。

A.任意变形工具　　　　B.径向渐变　　　　C.渐变变形工具

（2）在下列工具按钮中，（　　　）项是"墨水瓶工具"按钮。

A.　　　　　　　　　　B.　　　　　　　　　　C.

2. 填空题

（1）"颜色"面板的快捷键是＿＿＿＿＿＿＿＿。

（2）在面板填充时可以使用＿＿＿＿＿＿面板填充颜色、＿＿＿＿＿＿面板填充颜色、＿＿＿＿＿＿面板填充颜色。

（3）在Flash中若要将轮廓线换为其他颜色，可以使用＿＿＿＿＿＿按钮填充颜色。

（4）运用＿＿＿＿＿＿工具，可以选取图形中的颜色。

3. 操作题

填充矩形图形。

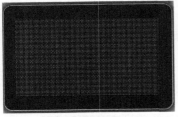  

选择矩形区域　　　　　　　　　填充灰白渐变　　　　　　　　　位图填充

（1）打开素材文件，选择矩形区域。

（2）运用所选的渐变填充，打开"颜色"面板，将所选区域填充灰白渐变。

（3）选择灰白渐变区域后，在"库"面板中选择"水滴.jpg"图片，打开"颜色"面板，将矩形用位图填充。

第 **7** 章

创建与编辑文本

本章重点：

    本章将介绍在Flash中创建文本、设置文本属性、编辑文本、对齐文本、变形文本、制作文本特效等知识。

学习目的：

    使用Flash不仅可以创建各种各样的矢量图，通过本章的学习可以使读者掌握创建不同风格文字对象的方法。

参考时间：38分钟

主要知识	学习时间
7.1 创建文本对象	2分钟
7.2 设置文本属性	10分钟
7.3 编辑文本	10分钟
7.4 对齐文本	8分钟
7.5 变形文本	8分钟

7.1 创建文本对象

使用Flash可以创建不同风格的文字对象，如点文本、段落文本、静态文本、动态文本、滚动文本等多种类型。

7.1.1 创建点文本

本小节主要学习创建点文本，创建点文本是在舞台中输入文本,然后对其进行设置。创建点文本的具体操作步骤如下。

步骤1 按Ctrl+R快捷键，在弹出的对话框中导入"CDROM\素材\第7章\001.jpg"文件，使用"任意变形工具" ▦ 进行调整。

步骤2 在工具箱中单击"文本工具" T ，在"属性"面板中设置"系列"为"黑体"，"大小"为20、"颜色"为白色。

步骤3 在舞台中单击鼠标，在弹出的文本框中输入文字，并使用同样的方法输入其他文字。

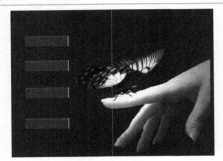

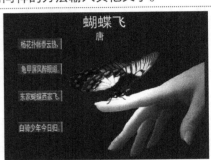

| 导入的素材文件 | 属性面板 | 创建文字后的效果 |

7.1.2 创建段落文本

本小节主要学习创建段落文本，创建段落文本是在舞台中输入一段文字、居中、设置文字和大小，具体操作步骤如下。

步骤1 按Ctrl+R快捷键，在弹出的对话框中导入"CDROM\素材\第7章\002.jpg"文件，使用"任意变形工具" ▦ 进行调整。

步骤2 在工具箱中单击"文本工具" T ，在"属性"面板中设置"系列"为"黑体"，"大小"为20、"颜色"为白色。

步骤3 在舞台中按住鼠标进行拖曳，在弹出的文本框中输入文字，并使用同样的方法输入其他文字。

| 导入的文件 | 设置文字属性 | 填充段落的文件 |

7.1.3 创建静态文本

本小节主要学习创建静态文本，创建静态文本是在舞台中输入静态文字，可以对文字进行设置，具体操作步骤如下。

在默认情况下，使用"文本工具" T 创建的文本框为静态文本框，静态文本框创建的文本在影片播放过程中是不会改变的。要创建静态文本框，首先选择文本工具，然后在舞台上拉出一个固定大小的文本框，或者在舞台上单击鼠标进行文本的输入。绘制好的静态文本框没有边框。

步骤1 不同类型的文本框的"属性"面板不太相同，这些属性的异同也体现了不同类型文本框之间的区别。

步骤2 按Ctrl+R快捷键，在弹出的对话框中导入"CDROM\素材\第7章\003.jpg"文件，使用"任意变形工具" 进行调整。在工具箱中单击"文本工具" T ，在"属性"面板中将"文本类型"设置为"静态文本"，设置"系列"为"黑体"，"大小"为50、"颜色"为白色。

文本框属性面板

打开的素材

属性面板

步骤3 在舞台中单击鼠标，在弹出的文本框中输入"欣欣向荣"文字，按Esc键退出文字编辑状态，即可完成静态文本的创建。

输入文字后的效果

7.1.4 创建动态文本

创建动态文本可以在舞台中输入动态文字，也可以在影片制作过程中输入。除此之外，用户还可以对文本的字体、大小等进行相应的设置。

使用动态文本框创建的文本是可以变化的。动态文本框中的内容可以在影片制作过程中输入，也可以在影片播放过程中设置动态变化，通常的做法是使用ActionScript对动态文本框中的文本进行控制，这样就大大增加了影片的灵活性。

要创建动态文本框，首先要在舞台上拉出一个固定大小的文本框，或者在舞台上单击鼠标进行文本的输入，接着从文本框的"属性"面板中的"文本类型"下拉列表中选择"动态文本"选项。绘制好的动态文本框会有一个黑色的边界。

创建动态文本的具体操作步骤如下。

文本框属性面板

步骤1 启动Flash CS6程序，在开始界面中选择"ActionScript 2.0"选项，按Ctrl+R快捷键，在弹出的对话框中导入"CDROM\素材\第7章\004.jpg"文件，使用"任意变形工具" 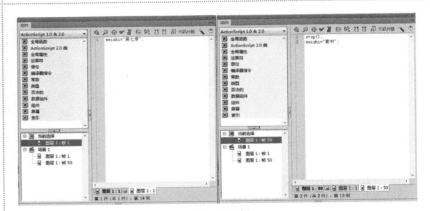 进行调整。

步骤2 在工具箱中单击"文本工具" T ，在"属性"面板中设置"文本类型"为"动态文本"，"大小"为30，"颜色"为白色。

选择"ActionScript 2.0"选项

导入的素材文件

"属性"面板

步骤3 在舞台的合适位置，创建一个动态的文本框。在"属性"面板的"选项"选项区中设置"变量"为"weizhi"。

属性面板

步骤4 在"时间轴"面板中选择"图层1"图层的第1帧，在菜单栏中选择"窗口｜动作"命令，在弹出的"动作"面板中添加动作脚本。在"时间轴"面板的"图层1"图层中选择第50帧，插入关键帧，在"动作"面板中添加动作脚本。

"动作"面板

步骤5 然后按Ctrl+Enter快捷键测试影片。

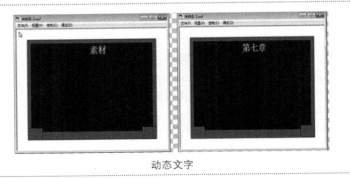

动态文字

7.1.5 创建输入文本

本小节主要学习创建输入文本，输入文本也是应用比较广泛的一种文本类型，用户可以在影片播放过程中即时地输入文本，一些用Flash制作的留言簿和邮件收发程序都大量使用了输入文本。

创建输入文本框，首先在舞台上拉出一个固定大小的文本框，或者在舞台上单击鼠标进行文本的输入，在"属性"面板中的"文本类型"下拉列表中选择"输入文本"选项。具体操作步骤如下。

"属性"面板

步骤1　按Ctrl+R快捷键，在弹出的对话框中导入"CDROM\素材\第7章\005.jpg"文件，使用"任意变形工具" 进行调整。

步骤2　在工具栏中单击"文本工具" ，在"属性"面板中设置"文本类型"为"输入文本"，"系列"为"黑体"，"大小"为30，"颜色"为黑色，单击"在文本周围显示边框"按钮 。

设置文字属性

导入的素材文件

步骤3　将鼠标指针移至舞台区文本右侧的适当位置，鼠标指针呈 形状向右拖曳鼠标，即可创建一个文本框。

步骤4　在"密码"文本右侧再创建一个文本框，选择"密码"右侧的文本框，在"属性"面板的段落选项区中设置"行为"为"密码"。

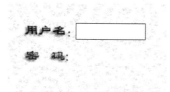

创建文本框

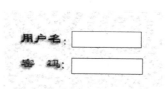

创建输入文本框

"属性"面板

步骤5　在"属性"面板中单击"嵌入"按钮，在弹出的对话框中勾选"大写"、"小写"、"数字"复选框，单击"确定"按钮即可嵌入字体。

步骤6　然后按Ctrl+Enter快捷键测试影片。

"字体嵌入"对话框

输入文本框

7.1.6　实战：创建滚动文本

本小节主要学习创建滚动文本，滚动文本适用于文字多的文本，在舞台中创建滚动文本，具体操作步骤如下。

步骤1　按Ctrl+R快捷键，在弹出的对话框中导入"CDROM\素材\第7章\006.jpg"文件，使用"任意变形工具" 📷 进行调整。	**步骤2**　使用"文本工具"在舞台中输入文字，选中输入的文本，在"属性"面板中将文本类型设置为"动态文本"，将"系列"设置为"黑体"，将"大小"设置为19，将"颜色"设置为白色。

导入的素材文件

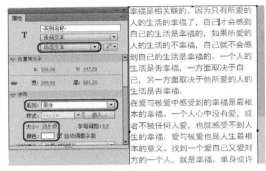

输入文字

步骤3　在该文本框中右击鼠标，在弹出的快捷菜单中选择"可滚动"命令，双击文本，显示文本控制框。向上拖动控制框中间的控制点至合适位置。	**步骤4**　在菜单栏中选择"窗口丨组件"命令，在弹出的面板中选择"User Interface丨UIScrollBar"选项，按住鼠标将其拖曳至文本框的右侧。

调整文本框的大小

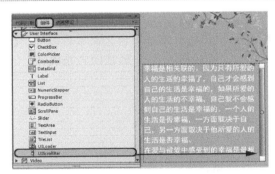

添加组件

步骤5　添加完成后，按Ctrl+Enter快捷键预览效果。

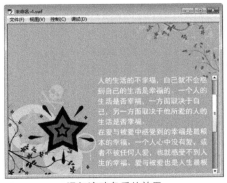

添加滚动条后的效果

7.1.7　实战：创作文本对象

本小节主要学习创作文本对象，创作文本可以在舞台中输入不同的字体和大小，使文字更美观更有立体感，具体操作步骤如下。

步骤1 启动Flash CS6，按Ctrl+N快捷键，在弹出的对话框中选择"ActionScript 3.0"选项。

步骤2 按Ctrl+R快捷键，在弹出的对话框中导入"CDROM\素材\第7章\背景.jpg"文件，使用"任意变形工具" 进行调整。

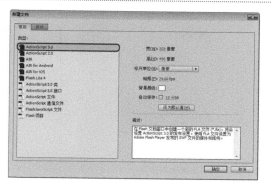

选择"ActionScript 3.0"选项

导入的素材文件

步骤3 在工具箱中单击"文本工具" **T**，在舞台中单击鼠标，在弹出的文本框中输入文字。

步骤4 选中输入的文字，在"属性"面板中将"系列"设置为"方正行楷简体"，将"大小"设置为47，将"颜色"设置为白色，然后调整文本框的大小。

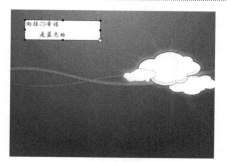

输入文字

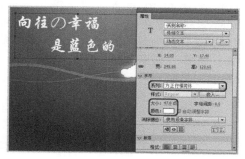

设置文字属性

7.2 设置文本属性

在Flash中，用户可以根据需要设置文本属性，具体操作步骤如下。

步骤1 启动Flash CS6，按Ctrl+R快捷键，在弹出的对话框中导入"CDROM\素材\第7章\love.jpg"文件，使用"任意变形工具" 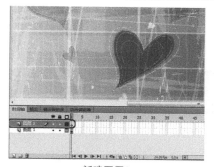进行调整。

步骤2 在"时间轴"面板中单击"新建图层"按钮，新建"图层2"图层。

导入的素材文件

新建图层2

步骤3 在工具箱中单击"文本工具" **T**，在舞台中单击鼠标，在弹出的文本框中输入文字，选中输入的文字，在"属性"面板中将"系列"设置为"汉仪娃娃篆简"，将"大小"设置为82，将"字母间距"设置为8，将"颜色"设置为白色。

步骤4 设置完成后，将"属性"面板关闭，查看完成后的效果。

设置文本属性

设置后的效果

7.2.1 设置文本字体

本小节主要学习设置文本字体，在舞台中输入文字，对文字的字体进行更改，具体操作步骤如下。

步骤1 按Ctrl+R快捷键，在弹出的对话框中导入"CDROM\素材\第7章\007.jpg"文件，选择舞台区中的文本图像。选择"任意变形工具" ⊞ 进行调整。	**步骤2** 在"属性"面板的"字符"选项组中单击"系列"右侧的下拉按钮，在弹出的下拉列表中选择"文鼎CS长美黑"选项。	**步骤3** 在舞台中单击鼠标，在弹出的文本框中输入文字。

导入的素材文件

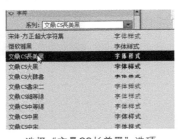

选择"文鼎CS长美黑"选项

输入文字后的效果

7.2.2 设置文本字号

本小节主要学习设置文本字号，在舞台中输入文字，更改文字的字号大小，具体操作步骤如下。

步骤1 按Ctrl+R快捷键，在弹出的对话框中导入"CDROM\素材\第7章\008.jpg"文件。	**步骤2** 使用"文本工具"在舞台中输入文字，选中输入的文字，在"属性"面板中的"字符"选项区中将"系列"设置为"汉仪魏碑简"，将"大小"设置为82，将"颜色"设置为白色。

导入的素材文件

设置完的文件

7.2.3　设置文本样式

本小节主要学习设置文本样式，在舞台中输入文字设置文字的样式，使文字的样式进行更改，具体操作步骤如下。

步骤1　按Ctrl+R快捷键，在弹出的对话框中导入"CDROM\素材\第7章\009.jpg"文件，选择"任意变形工具" 进行调整。

步骤2　使用"文本工具"在舞台中输入文字，在菜单栏中选择"文本 | 样式 | 仿斜体"命令，执行该操作后，即可完成文本样式的设置。

打开的文件

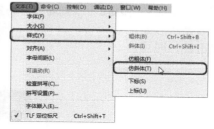
选择"仿斜体"命令

设置后的效果

7.2.4　设置文本颜色

本小节主要学习设置文本颜色，在舞台中输入文字，在"属性"，"颜色"面板中更改颜色，具体操作步骤如下。

步骤1　按Ctrl+R快捷键，在弹出的对话框中导入"CDROM\素材\第7章\010.jpg"文件，并调整素材文件的大小，使用"文本工具"在舞台中输入文字。

步骤2　在"属性"面板中单击"字符"选项区中的"颜色"右侧的色块，在弹出的"颜色"面板中选择蓝色，即可完成颜色的设置。

打开的文件

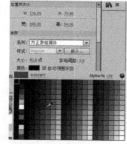
颜色面板

设置颜色的效果

7.2.5　设置文本上标

本小节主要学习设置文本上标，在有些文本中会有一些数字，或数字的几次方等，可以使用文本上标等，具体操作步骤如下。

步骤1　按Ctrl+R快捷键，在弹出的对话框中导入"CDROM\素材\第7章\011.jpg"文件。

步骤2　选择"文本工具" ，在文件上输入"62+36=98"文本。

导入的素材文件

输入文字后的效果

步骤3 按Ctrl+B快捷键将文本打散。	**步骤4** 选择需要上标的"2"文本。
 打散的文本	 选择上标的文本
步骤5 在"属性"面板中"字符"选项区中单击"可选"按钮 ，使其呈高亮状态显示，单击右侧的"切换上标"按钮 ，即可设置文本为上标。	**步骤6** 根据需要对场景中的数字进行更改。
 "属性"面板	 设置文本为上标

7.2.6 设置文本下标

本小节主要学习设置文本下标，在有些文本中会出现数字，为数字设置下标，具体操作步骤如下。

步骤1 按Ctrl+R快捷键，在弹出的对话框中导入"CDROM\素材\第7章\011.jpg"文件。

步骤2 在打开的素材文件上，输入"2H2+02-2H20"文本。

步骤3 按Ctrl+B快捷键将文本打散。

 选择的文件	 设置文本的文件	 打散的文件

步骤4 按Shift键选择需要下标的文本。

步骤5 在"属性"面板中"字符"选项区中单击"可选"按钮 ，使其呈高亮状态显示，单击右侧的"切换下标"按钮 ，即可设置文本为下标。

步骤6 这样就设置成了文本下标文件。

 选择下标的文字	 "属性"面板	 设置文本为下标

7.2.7 设置文本缩进

　　本小节主要学习设置文本缩进，将在舞台中输入的文字进行缩进，具体操作步骤如下。

步骤1 按Ctrl+R快捷键，在弹出的对话框中导入"CDROM\素材\第7章\012.jpg"文件，选择"任意变形工具" ▓ 进行调整。

步骤2 使用"文本工具"在素材文件上输入一段文字，并进行调整。

导入的素材文件

输入文字

步骤3 在"属性"面板中的"段落"选项区中单击"右对齐"按钮，然后设置"缩进"为80。

步骤4 操作完成后，即可将段落向右缩进。

"段落"面板

设置文本为右缩进

7.2.8 设置文本行距

　　本小节主要学习设置文本行距，在舞台中调整文本的行距，具体操作步骤如下。

步骤1 按Ctrl+R快捷键，在弹出的对话框中导入"CDROM\素材\第7章\012.jpg"文件，选择"任意变形工具" ▓ 进行调整。

步骤2 使用"文本工具"在素材文件上输入一段文字，并进行调整。

导入的素材文件

输入文字

步骤3 在"属性"面板中设置"行距"为 13。

"属性"面板

步骤4 执行该操作后，即可完成设置。

设置后的效果

7.2.9 设置文本边距

本小节主要学习设置文本边距，具体操作步骤如下。

步骤1 按Ctrl+R快捷键，在弹出的对话框中导入"CDROM\素材\第7章\012.jpg"文件，使用"任意变形工具" 进行调整。

步骤2 使用"文本工具"在素材文件上输入一段文字，并进行调整。

导入的文件

输入的文字

步骤3 在"属性"面板中设置"左边距"为 50，"右边距"设置为40。

步骤4 执行该操作后，即可设置文本边距。

设置边距

设置后的效果

7.3 编辑文本

如果要编辑文本，可在编辑文本之前，用文本工具单击要进行处理的文本框（将其突出显示），然后对它进行插入、删除、改变字体和颜色等操作。由于输入的文本都是以组为单位的，所以用户可以使用选择工具或变形工具对其进行移动、旋转、缩放和倾斜等简单的操作。

7.3.1 选择文本

　　本小节主要学习选择文本，使用"文本工具"选择输入的文字，具体操作步骤如下。

步骤1　按Ctrl+R快捷键，在弹出的对话框中导入"CDROM\素材\第7章\013.jpg"文件，选择"任意变形工具"进行调整。

步骤2　在文本框中输入"Flash"文字，选择"任意变形工具"进行调整。

导入的素材文件

输入的文字

步骤3　在工具箱中单击"文本工具" T ，将鼠标指针放到"Flash"文本的右端，鼠标指针呈 I 形状。

步骤4　从右端拖曳鼠标至左端，释放鼠标左键，即可选择文本。

选择文本

选择文本

7.3.2 移动文本

　　如果要编辑文本对象中的个别文字，移动文本等，其操作步骤如下。

　　首先在工具箱中选择选择工具或者文本工具，然后将鼠标指针移动到舞台上，双击将要修改的文本块，就可将其置于文本编辑模式下。如果用户选取的是文本工具，则只需要单击将要修改的文本块，就可将其置于文本编辑模式下。这样用户就可以通过对个别文字的选择，来编辑文本块中的单个字母、单词或段落了，在文本编辑模式下，对文本进行修改即可。

步骤1　按Ctrl+R快捷键，在弹出的对话框中导入"CDROM\素材\第7章\013.jpg"文件，选择"任意变形工具"进行调整。

步骤2　使用"文本工具"在导入的素材文件上输入"第七章"文字。

导入的素材文件

输入的文字

步骤3　选择工具箱中的"选择工具"，选择要移动的文本。

步骤4　向下拖动鼠标即可移动文本。

移动对象

移动后的文本

7.3.3 切换文本类型

本小节主要学习切换文本类型，可以对文本进行切换，切换成别的文本，具体操作步骤如下。

步骤1 按Ctrl+R快捷键，在弹出的对话框中导入"CDROM\素材\第7章\014.jpg"文件，选择"任意变形工具"  进行调整。

步骤2 在打开的文件上输入"切换文本类型"文本。

导入的素材文件

输入的文字

步骤3 在"属性"面板中单击文本类型右侧的下拉按钮，在弹出的下拉列表中选择"动态文本"选项。

步骤4 操作完成后，即可将所选的文本类型切换成动态类型。

"属性"面板

设置后的效果

7.3.4 检查拼写文本

本小节主要学习检查拼写文本，如果要对输错的文本进行更改，具体操作步骤如下。

步骤1 按Ctrl+R快捷键，在弹出的对话框中导入"CDROM\素材\第7章\015.jpg"文件，选择"任意变形工具"  进行调整。

步骤2 在打开的文件中输入"Flash sucaidaqizhang"文字。

导入的素材文件

输入的文字

步骤3 在菜单栏中选择"文本 | 拼写设置"命令。

步骤4 在弹出的"拼写设置"对话框中进行设置。单击"确定"按钮，完成设置。

选择"拼写设置"命令

"拼写设置"对话框

步骤5 选择菜单栏中的"文本 | 检查拼写"命令。

步骤6 在弹出的对话框中单击"忽略"按钮，然后再在"更改为"文本框中输入要更改后的内容。

选择"检查拼写"命令

"检查拼写"对话框

步骤7 输入完成后，单击"更改"按钮，即可完成对文本的更改。

更改拼写错误

7.3.5 查找和替换文本

本小节主要学习查找和替换文本，如果输入的文本错得较多，可以使用查找和替换文本进行更改所有的错的文字，具体操作步骤如下。

步骤1 按Ctrl+R快捷键，在弹出的对话框中导入"CDROM\素材\第7章\016.jpg"文件，选择"任意变形工具" 进行调整。

步骤2 使用"文本工具"在导入的素材文件上输入文字。

打开的文件

输入的文字

步骤3 选择菜单栏中的"编辑｜查找和替换"命令。

步骤4 打开"查找和替换"面板，在上面的文本框中输入"璋"文字，在"替换为"文本框中输入"章"字。

选择"查找和替换"命令

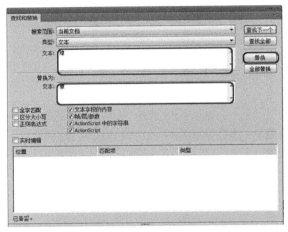

"查找和替换"面板

步骤5 单击"替换"按钮即可完成替换。

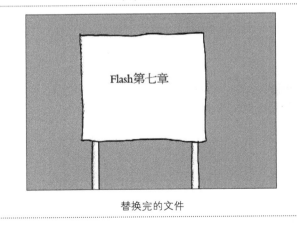

替换完的文件

7.3.6 填充打散文本

本小节主要学习填充打散文本，打散舞台中的文本，进行填充，具体操作步骤如下。

步骤1 打开随书附带光盘中的"CDROM\素材\第7章\016.jpg"文件，如果图片过大，选择"任意变形工具" ![icon] 进行调整。

步骤2 新建一个"图层2"图层，在上面输入文字。

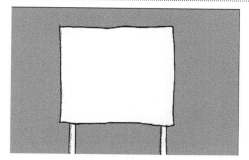

打开的文件

输入的文字

步骤3　选择菜单栏中的"修改 | 分离"命令将文字分离为多个文本。

步骤4　再选择"修改 | 分离"命令，将文字全部打散。

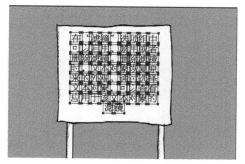

打散的文字

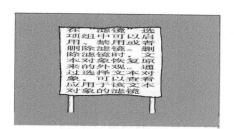

全部打散的文字

步骤5　按Alt+ Shift+F9快捷键，弹出"颜色"面板，在"类型"下拉列表中，选择"位图填充"选项。

步骤6　即可用位图填充打散的文本。

"颜色"面板

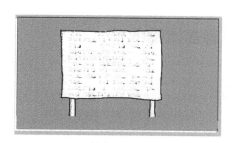

填充的文本

7.3.7　设置文本超链接

　　本小节主要学习设置文本超链接，选择舞台中的文字，在"属性"面板中设置超链接，具体操作步骤如下。

步骤1　打开随书附带光盘中的"CDROM\素材\第7章\017.jpg"文件，如果图片过大，选择"任意变形工具" 进行调整。

步骤2　在打开的文件上输入"百度"文字。

打开的文件

输入的文字

步骤3 在"属性"面板中"选项"中设置"链接"为"http://www.baidu.com",目标为"_blank"。

步骤4 操作完成后,文本下方显示下划线,即可完成文件的超链接。

"属性"面板

设置属性后

步骤5 按Ctrl+Enter快捷键测试影片,将鼠标指针移至文本上方,鼠标指针呈手形,单击鼠标即可打开百度搜索页面。

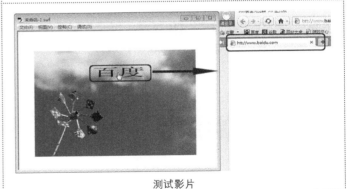

测试影片

7.3.8 添加滤镜效果

滤镜是可以应用到对象的图形效果。用滤镜可以实现斜角、投影、发光、模糊、渐变发光、渐变模糊和调整颜色等多种效果。

步骤1 按Ctrl+R快捷键,在弹出的对话框中导入"CDROM\素材\第7章\018.jpg"文件,如果图片过大,选择"任意变形工具" 进行调整。

步骤2 在文件上输入"第七章素材"文字。

打开的文件

输入的文字

步骤3 单击"属性"面板中的"添加滤镜"按钮![按钮图标],在下拉列表中选择"投影"选项。	**步骤4** 在"投影"面板中进行相应设置。
 选择"投影"选项	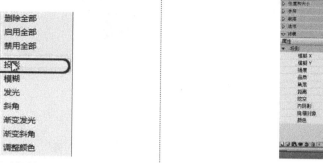 投影设置
步骤5 操作完成后即可为文本添加滤镜。	 添加滤镜效果

| 7.4 | 对齐文本

本节主要学习文本的对齐使用,对齐文本可以对文字进行左对齐、右对齐、居中对齐等设置。

7.4.1 左对齐文本

本小节主要学习左对齐文本,具体操作步骤如下。

步骤1 在菜单栏中选择"文件	导入	导入到舞台"命令,在弹出的对话框中导入随书附带光盘中的"CDROM\素材\第7章\019.jpg"素材图片,如果图片过大,选择"任意变形工具"![图标]进行调整。	**步骤2** 使用"文本工具"![T] 在舞台中输入一段文字,并调整其字体、大小和颜色等。
 导入的素材图片	 输入文字
步骤3 在菜单栏中选择"文本	对齐	左对齐"命令。	**步骤4** 即可左对齐文本。

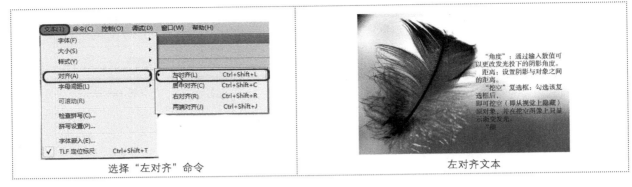

选择"左对齐"命令 　　　　　　　　　　　　　　左对齐文本

7.4.2　居中对齐文本

　　本小节主要学习居中对齐文本，具体操作步骤如下。

　　继续上面的操作，选择输入的文字，在菜单栏中选择"文本 | 对齐 | 居中对齐"命令。即可居中对齐所选文字。

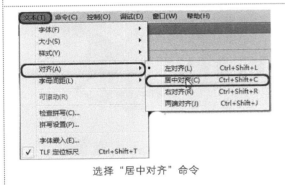

选择"居中对齐"命令

居中对齐文字

7.4.3　右对齐文本

　　本小节主要学习右对齐文本，具体操作步骤如下。

　　继续上面的操作，选择输入的文字，在菜单栏中选择"文本 | 对齐 | 右对齐"命令。即可右对齐所选文字。

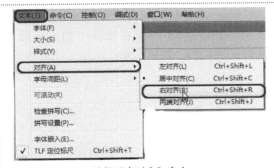

选择"右对齐"命令

右对齐文字

7.4.4　两端对齐文本

　　本小节主要学习两端对齐文本，具体操作步骤如下。

　　继续上面的操作，选择输入的文字，在菜单栏中选择"文本 | 对齐 | 两端对齐"命令。即可两端对齐所选文字。

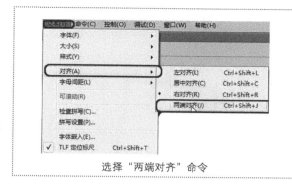

选择"两端对齐"命令

两端对齐文字

| 7.5 | 变形文本

本节主要学习变形文本，在舞台中可以进行旋转文本、倾斜文本、缩放文本等操作。

7.5.1　缩放文本

本小节主要学习缩放文本，选中舞台中的文字进行缩放，具体操作步骤如下。

步骤1　在菜单栏中选择"文件｜导入｜导入到舞台"命令，在弹出的对话框中导入随书附带光盘中的"CDROM\素材\第7章\020.jpg"素材图片，如果图片过大，选择"任意变形工具" 📐 进行调整。

步骤2　使用"文本工具" T 在舞台中输入文字，并调整其字体、大小和颜色等。

导入的素材图片

输入的文字

步骤3　使用"任意变形工具" 📐 选择输入的文字，然后将鼠标指针移动到右上角的控制点上，此时鼠标指针为 ↙ 形状，单击鼠标左键并向左下角拖曳鼠标。

步骤4　拖曳至适当位置处松开鼠标左键，即可缩放文本。

缩放文字

缩放后的文字

7.5.2　旋转文本

本小节主要学习旋转文本，选中舞台中的文字，在舞台中进行旋转，具体操作步骤如下。

步骤1 继续上面的操作，使用"任意变形工具" 适当调整文字大小，然后将鼠标指针移动到右上角控制点的上方，此时鼠标指针为 ∩ 形状。	**步骤2** 单击鼠标左键并向下拖动鼠标，即可旋转文本。
 移动鼠标	 旋转后的文字

7.5.3 倾斜文本

本小节主要学习倾斜文本，具体操作步骤如下。

步骤1 在菜单栏中选择"文件｜导入｜导入到舞台"命令，在弹出的对话框中导入随书附带光盘中的"CDROM\素材\第7章\021.jpg"素材图片，如果图片过大，选择"任意变形工具" 进行调整。	**步骤2** 使用"文本工具" T 在舞台中输入文字，并调整其字体、大小和颜色等，然后旋转输入的文字。
 导入的素材文件	 输入并旋转文字
步骤3 使用"任意变形工具" 选择输入的文字，然后将鼠标指针移动到下边框的中间控制点上，此时鼠标指针为 ⇥ 形状。	**步骤4** 然后单击鼠标左键并向右拖动鼠标，即可倾斜文本。
 移动鼠标	 倾斜后的效果

7.5.4 将文本转换为图形

本小节主要学习将文本转换为图形的方法，具体操作步骤如下。

步骤1 继续上面的操作，选择输入的文字，然后在菜单栏中选择"修改｜分离"命令。	**步骤2** 执行该操作后，即可分离文本。

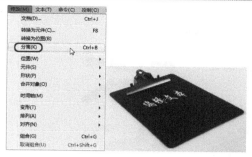
选择"分离"命令

分离文本

步骤3 再次选择"修改 | 分离"命令，即可转换为矢量化文本。

转换为矢量化文本

| 7.6 | 操作答疑

　　本章主要学习了文本的创建、编辑和变形、对齐文本等，但还是会在使用中出现一些问题，在这里将举出多个常见的问题进行解答，以方便读者学习以及巩固前面所学习的知识。

7.6.1 专家答疑

　　（1）如何创建动态文本？

　　答：在工具箱中选择"文本工具" **T**，在"属性"面板中设置"文本类型"为"动态文本"。

　　（2）如何查找和替换文本？

　　答：选择菜单栏中的"编辑 | 查找和替换"命令，即可查找和替换文本。

　　（3）怎样设置文本属性？

　　答：按Ctrl+F3快捷键即可弹出"属性"面板，在"属性"面板中即可设置文本属性。

7.6.2　操作习题

1. 选择题

　　（1）选择文本让文本居中对齐的快捷键是（　　　）。

　　A.Ctrl+Shift+T　　　　B.Ctrl+Shift+C　　　C. Ctrl+Shift+P

　　（2）如果让文字成立体效果，在滤镜中的（　　　）可以形成。

　　A .模糊　　　　　　B.渐变发光　　　　　C.投影

2. 填空题

　　（1）在"属性"面板中的"＿＿＿＿＿＿"按钮里有投影、模糊、渐变发光等。

　　（2）选择菜单栏中的"＿＿＿＿＿＿"命令可以让文本居中对齐。

　　（3）使用＿＿＿＿＿＿和＿＿＿＿＿＿可以移动文本。

3. 操作题

使用"任意变形工具"对文本进行缩放、旋转、倾斜、放大,并给文字设置投影。

| 输入文本 | 选择文本 | 添加投影 | 对文本进行操作 |

(1)打开Flash CS6程序,选择"文本工具"在舞台中输入文字。

(2)选择"任意变形工具"选择文字。

(3)选择文字,在"属性"面板中,单击"滤镜"中的"投影"即可添加投影。

(4)对文字进行缩放、旋转、倾斜、放大。

第**8**章

在Flash中使用图像文件

本章重点:

本章主要讲解在Flash中导入图像文件的方法,并对其进行各种编辑操作的方法。

学习目标:

掌握导入图像文件、编辑、填充、修改和压缩图像的方法。

参考时间:39分钟

主要知识	学习时间
8.1 导入图像文件	1分钟
8.2 编辑位图图像	10分钟
8.3 填充位图图像	10分钟
8.4 修改位图图像	8分钟
8.5 压缩位图	10分钟

8.1 导入图像文件

在制作动画的时候需要导入外部文件，如一张JPG文件的背景图片。本节学习导入JPG、PNG、FreeHand、AI、PSD文件的操作方法。

8.1.1 导入JPG图像文件

在一般情况下，导入比较多的背景图片都是jpg格式的文件，其具体操作步骤如下。

步骤1 在菜单栏中选择"文件｜导入｜导入到舞台"命令，或者按Ctrl+R快捷键，即可打开"导入"对话框，在该对话框中选择"CDROM\素材\第8章\001.jpg"文件。	**步骤2** 然后单击"打开"按钮，即可将选择图像导入到舞台中。

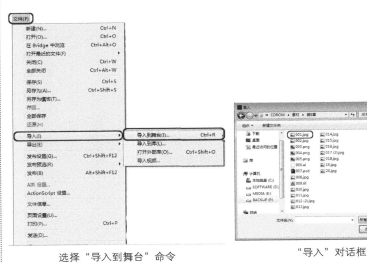

选择"导入到舞台"命令　　　　"导入"对话框　　　　导入的图片

8.1.2 导入PNG文件

除了在Flash中导入JPG格式的素材文件，PNG素材文件也是常用的一种格式文件。

Fireworks软件生成的PNG格式文件可以作为平面化图像或可编辑对象导入Flash中。将PNG文件作为平面化图像导入时，整个文件（包括所有矢量图）会进行栅格化，或转换为位图图像。将PNG文件作为可编辑对象导入时，该文件中的矢量图会保留为矢量格式。将PNG文件作为可编辑对象导入时，可以选择保留PNG文件中存在的位图、文本和辅助线。

如果将PNG文件作为平面化图像导入，则可以从Flash中启动Fireworks，并编辑原始的PNG文件（具有矢量数据）。当成批量导入多个PNG文件时，只需选择一次导入设置，Flash对于一批中的所有文件使用同样的设置。可以在Flash中编辑位图图像，方法是将位图图像转换为矢量图或将位图图像分离。

导入Fireworks PNG文件的操作步骤如下。

步骤1 启动Flash软件，按Ctrl+R快捷键，在弹出的对话框中选择随书附带光盘中的"CDROM\素材\第8章\002.jpg"文件，单击"打开"按钮。	**步骤2** 再次按Ctrl+R快捷键，在"导入"对话框中导入"003.png"、"004.png"、"005.png"文件，单击"打开"按钮。

"导入"对话框

导入的PNG文件

如果导入的是图像序列中的某一个文件，则Flash会自动将其识别为图像序列，如果导入序列中的其他图像单击"是"按钮，如果不导入则单击"否"按钮即可。

如果将一个图像序列导入Flash中，那么在场景中显示的只是选中的图像，其他图像则不会显示。如果要使用序列中的其他图像，可以在菜单栏中选择"窗口｜库"命令，或者按Ctrl+L快捷键，打开"库"面板，在其中选择需要的图像。

图像序列信息提示框

"库"面板

提示：

如果将PNG文件作为平面化图像导入，则可以从Flash中启动Fireworks，并编辑原始的PNG文件（具有矢量数据）。当成批量导入多个PNG文件时，只需选择一次导入设置，Flash对于一批中的所有文件使用同样的设置。可以在Flash中编辑位图图像，方法是将位图图像转换为矢量图或将位图图像分离。

8.1.3　导入FreeHand文件

Flash可以导入和导出FreeHand软件生成的AI格式文件。当AI格式的文件导入Flash中后，可以像其他Flash对象一样进行处理。

用户可以将FreeHand文件（版本10或更低版本）直接导入Flash中。FreeHand是导入到Flash中的矢量图形的最佳选择，因为这样可以保留FreeHand层、文本块、库元件和页面，并且可以选择要导入的页面范围。如果导入的FreeHand文件为CMYK颜色模式，则Flash会将该文件转换为RGB模式。

向Flash中导入FreeHand文件时，需要遵循以下几项原则。

当要导入的文件有两个重叠的对象，而用户又想将这两个对象保留为单独的对象时，可以将这两个对象放置在FreeHand的不同层中，然后在"FreeHand导入"对话框中选择"图层"。如果将一个层上的多个重叠对象导入到Flash中，重叠的形状将在交集点处分割，就像在Flash中创建的重叠对象一样。

当导入具有渐变填充的文件时，Flash最多支持一个渐变填充中有8种颜色。如果 FreeHand文件包具有多于8种颜色的渐变填充时，Flash会创建剪辑路径来模拟渐变填充，剪辑路径会增大文件的大小。要想减小文件的大小，应在FreeHand中使用具有8种或更少颜色的渐变填充。

当导入具有混合对象的文件时，Flash会将混合中的每个步骤导入为一个单独的路径。因此，FreeHand文件中包含的步骤越多，Flash中的导入文件将变得越大。

如果导入文件中包含具有方头的笔触，Flash会将它转换为圆头。

如果导入文件中具有灰度图像，则Flash会将该灰度图像转换为RGB图像。这种转换会增大导入文件的大小。

导入FreeHand文件的操作步骤如下。

用户可以通过按Ctrl+R快捷键打开"导入"对话框，在该对话框中选择要导入的FreeHand文件。单击"打开"按钮，打开"FreeHand导入"对话框，用户可以根据需要在该对话框中进行设置。

"FreeHand导入"对话框中的各项参数说明如下。

页面（"映射"组内）：选择"景"单选按钮会将FreeHand文件中的每个页面都转换为Flash文件中的一个场景。选择"帧"单选按钮会将FreeHand文件中的每个页面转换为Flash文件中的一个关键帧。

图层：选择"图层"单选按钮会将FreeHand文件中的每个层都转换为Flash文件中的一层。选择"关键帧"单选按钮会将FreeHand文件中的每个层都转换为Flash文件中的一个关键帧。选择"平面化"单选按钮会将FreeHand文件中的所有层都转换为Flash文件中的单个平面化的层。

页面：选择"全部"单选按钮将导入FreeHand文件中的所有页面。在"自"和"至"中输入页码，将导入页码范围内的FreeHand文件。

选项：选中"包括不可见图层"复选框将导入FreeHand文件中的所有层（包括可见层和隐藏层）。选中"包括背景图层"复选框会随FreeHand文件一同导入背景层。选中"维持文本块"复选框会将FreeHand文件中的文本保持为可编辑文本。

设置完成后，单击"确定"按钮，即可将FreeHand文件导入Flash中。

8.1.4 导入AI文件

本小节主要学习导入AI格式文件，具体操作步骤如下。

步骤1 新建一个空白文档，按Ctrl+R快捷键打开"导入"对话框，选择随书附带光盘中的"CDROM\素材\第8章\006.ai"文件。	**步骤2** 单击"打开"按钮，在弹出的"将006.ai"导入到舞台"对话框中取消勾选不需要导入的图层。
 选择素材文件	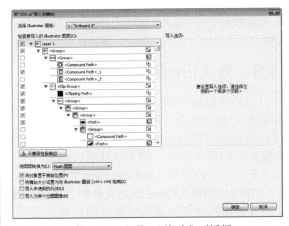 "将"006.ai"导入到舞台"对话框
步骤3 单击"确定"按钮，即可将该素材文件导入到舞台中。	 导入后的效果

"将"006.ai"导入到舞台"对话框中的各个选项的功能如下。

❶ **将图层转换为**：选择"Flash图层"选项会将Illustrator文件中的每个层都转换为Flash文件中的一个层。选择"关键帧"选项会将Illustrator文件中的每个层都转换为Flash文件中的一个关键帧。选择"单一Flash图层"选项会将Illustrator文件中的所有层都转换为Flash文件中的单个平面化的层。

❷ **将对象置于原始位置**：在Photoshop或Illustrator文件中的原始位置放置导入的对象。

❸ **将舞台大小设置为与Illustrator画板相同**：导入后，将舞台尺寸和Illustrator的画板设置成相同的大小。

❹ **导入未使用的元件**：导入时将未使用的元件一并导入。

❺ **导入为单个位图图像**：导入为单一的位图图像。

在打开的对话框中勾选将舞台大小设置为与Illustrator画板相同复选框后，单击"确定"按钮，即可将AI格式文件导入Flash中。

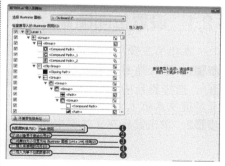

"将"006.ai"导入到舞台"对话框

8.1.5　导入PSD文件

Photoshop产生的PSD文件，也可以导入Flash中，并可以像其他Flash对象一样进行处理，导入PSD格式文件的操作方法如下。

步骤1　选择菜单栏中的"文件 | 打开"命令，在弹出的对话框中选择随书附带光盘中的"CDROM\素材\第8章\007.psd"文件。单击"打开"按钮，弹出一个检查对话框。

打开文件

将"……"导入到舞台对话框

该对话框中的一些参数选项，与导入AI格式文件时打开的对话框是相同的，下面介绍几个不同的参数选项。

❶**将图层转换为**：选择"Flash图层"选项会将Photoshop文件中的每个层都转换为Flash文件中的一个层。选择"关键帧"选项会将Photoshop文件中的每个层都转换为Flash文件中的一个关键帧。

❷**将图层置于原始位置**：在Photoshop文件中的原始位置放置导入的对象。

❸**将舞台大小设置为与Photoshop画布大小相同**：导入后，将舞台尺寸和Photoshop的画布设置成相同的大小。

步骤2　设置完成后，单击"确定"按钮，即可将PSD文件导入到Flash中。并使用"任意变形工具" ![图标] 调整素材的大小。

导入的PSD文件

8.2 | 编辑位图图像

本小节主要介绍位图的多种编辑操作。如位图的属性设置，位图与矢量图的转换，更换位图背景及修改位图颜色等。

8.2.1 设置位图图像

本小节主要学习在舞台中设置位图图像的属性，具体操作步骤如下。

步骤1 导入随书附带光盘中的"CDROM\素材\第8章\008.jpg"文件，在工具箱中选择"选择工具" ，选择舞台中的位图。在"属性"面板中单击"宽度值和高度值锁定在一起"按钮，将鼠标指针移至宽度文本框上。

步骤2 单击鼠标在文本框中输入550，按Enter键进行确认，即可完成位图属性的设置。

导入的文件

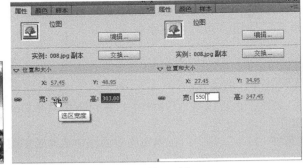
"属性"面板

调整后的图像

8.2.2 转换位图为矢量图

本小节主要学习转换位图，在Flash中可以将位图转换为矢量图。Flash矢量化位图的方法是先预审组成位图的像素，将近似的颜色划在一个区域，然后在这些颜色区域的基础上建立矢量图，但是用户只能对没有分离的位图进行转换。尤其对色彩少、没有色彩层次感的位图，即非照片的图像运用转换功能，会收到最好的效果。如果对照片进行转换，不但会增加计算机的负担，而且得到的矢量图比原图还大，结果会得不偿失，具体操作步骤如下。

步骤1 导入随书附带光盘中的"CDROM\素材\第8章\020.jpg"文件。

步骤2 选择新导入的素材文件，在菜单栏中选择"修改 | 位图 | 转换位图为矢量图"命令，弹出"转换位图为矢量图"对话框，在该对话框中将"颜色阈值"设置为100。

步骤3 设置完成后单击"确定"按钮，即可将位图转换为矢量图。

打开的文件

设置参数

将图像转换为矢量图

"转换位图为矢量图"对话框中的各项参数功能如下。

❶**颜色阈值**：设置位图中每个像素的颜色与其他像素的颜色在多大程度上的不同可以被当作是不同颜色。范围是1～500之间的整数，数值越大，创建的矢量图就越小，但与原图的差别也越大；数值越小，颜色转换越多，与原图的差别越小。

❷**最小区域**：设定以多少像素为单位来转换成一种色彩。数值越低，转换后的色彩与原图越接近，但是会浪费较多的时间，其范围为1～1000。

❸**角阈值**：设定转换成矢量图后，曲线的弯度要达到多大的范围才能转化为拐点。

❹**曲线拟合**：设定转换成矢量图后曲线的平滑程度，包括"像素"、"非常紧密"、"紧密"、"一般"、"平滑"和"非常平滑"等选项。

> **提示：**
> 并不是所有的位图转换成矢量图后都能减小文件的大小。将图像转换成矢量图后，有时会发现转换后的文件比原文件还要大，这是由于在转换过程中，要产生较多的矢量图来匹配它。

8.2.3 去除位图背景

本小节主要学习去除位图背景，具体操作步骤如下。

导入随书附带光盘中的"CDROM\素材\第8章\010.jpg"文件，使用前面介绍的方法将其转换为矢量图，在舞台中按住Shift键单击背景，让背景处于选择状态，然后按Delete键可去除位图的背景。

导入的图片　　　　　转换为矢量图　　　　　选择背景区域　　　　　删除背景的文件

8.2.4 修改位图的颜色

本小节主要学习修改位图的颜色，具体操作步骤如下。

步骤1 导入随书附带光盘中的"CDROM\素材\第8章\011.jpg"文件，选择舞台上的位图，将其转换为矢量图，然后选择其背景。

步骤2 在工具箱中单击"填充颜色"按钮 ，在弹出的"颜色"面板中选择想改的颜色进行填充。

  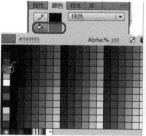 

导入的文件　　　　　转换为矢量图　　　　　"颜色"面板　　　　　填充颜色的文件

8.2.5 实战：运用外部编辑器编辑图像

步骤1 新建一个空白文档，然后导入随书附带光盘中的"CDROM\素材\第8章\012.jpg"文件，选择舞台中的图像。

步骤2 单击"属性"面板中的"编辑"按钮，打开Photoshop程序。

步骤3 在Photoshop程序中对图像进行编辑。保存图像，关闭Photoshop程序即可完成运用外部编辑器编辑所选图像的操作。

导入的文件

进入Photoshop程序

编辑图像

编辑后的效果

8.3 填充位图图像

本节主要学习填充位图、修改填充位图颜色的应用和操作方法。

8.3.1 填充位图

下面学习填充位图的方法，具体操作步骤如下。

步骤1 导入随书附带光盘中的"CDROM\素材\第8章\013.jpg"文件，选择舞台区的位图，转换为矢量图，在舞台空白位置单击鼠标，选择光盘空白处进入选取，使位图处于选择状态。

步骤2 选择工具箱中"颜料桶工具"，打开"颜色"面板，单击"填充颜色"按钮，设置"类型"为位图填充，通过单击"导入"按钮，可以在弹出的对话框中添加多个位图，然后单击选择添加的位图，即可将其填充至选择区域。

导入的文件

填充位图

8.3.2 修改填充效果

本小节主要学习在舞台中修改填充效果的操作方法，具体操作步骤如下。

步骤1 导入随书附带光盘中的"CDROM\素材\第8章\014.jpg"文件。	**步骤2** 选择"修改|位图|转换位图为矢量图"命令，将其转换为矢量图。	**步骤3** 单击空白舞台，再单击光盘里面的图像，进入选区，按Delete键进行删除。如有小的没删除，可以放大进行删除。
导入的文件	 转换为矢量图	删除背景后的文件

步骤4 选择工具箱中"颜料桶工具" 🪣 ，打开"颜色"面板，单击"填充颜色"按钮 🪣 ，设置"类型"为"位图填充"，单击"导入"按钮，在弹出的对话框中选择随书附带光盘中的"CDROM\素材\第8章\003.png"素材文件，然后使用导入的小熊文件进行填充。

填充后的文件

8.4 修改位图图像

本节主要学习旋转图像、变形图像、分离位图、转换位图的操作方法。

8.4.1 旋转图像

下面将介绍旋转图像的方法，具体操作步骤如下。

步骤1 启动Flash软件，新建一个空白的Flash文件，按Ctrl+R快捷键，在弹出的对话框中选择随书附带光盘中的"CDROM\素材\第8章\015.jpg"素材文件，单击"打开"按钮，即可将选择的素材文件添加至舞台中。

步骤2 使用"任意变形工具"选择位图，将鼠标指针移至变形控制框左上角上，鼠标指针呈 ↻ 形状，向下拖曳鼠标至合适位置后释放鼠标左键，即可旋转图像。

导入的文件

旋转后的文件

8.4.2 变形图像

本小节主要学习变形图像，在舞台中对文件的变形方法，具体操作步骤如下。

启动Flash软件，新建一个空白的Flash文件，按Ctrl+R快捷键，在弹出的对话框中导入随书附带光盘中的"CDROM\素材\第8章\016.jpg"文件，运用"任意变形工具" ▦ 选择舞台区的图像，显示变形控制框。将鼠标指针移至变形控制框线上，鼠标指针呈 ⇆ 形状，向右拖曳鼠标至合适位置后松开，即可变形图像。

导入的文件

变形后的图像

8.4.3 实战：分离位图

分离位图会将图像中的像素分散到离散的区域中，可以分别选中这些区域并进行修改。当分离位图时，可以使用Flash绘画和涂色工具修改位图。通过使用 "套索工具" 🔲 中的 "魔术棒" 🪄 工具可以选择已经分离的位图区域。其实分离位图就是前面讲到的将位图转换为矢量图的特例。

将位图导入到Flash后，可以将不必要的背景色去掉，具体操作步骤如下。

步骤1 启动Flash软件，新建一个空白的Flash文件，按Ctrl+R快捷键，在弹出的对话框中导入随书附带光盘中的"CDROM\素材\第8章\017.jpg"文件，在舞台中选择刚导入的位图文件，在菜单栏中选择"修改 | 分离"命令，或按Ctrl+B快捷键，将选择的位图进行分离。

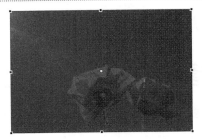

导入的文件   分离后的文件

步骤2 在工具箱中单击"套索工具"然后单击 "魔术棒设置" ![按钮]按钮，弹出"魔术棒设置"对话框，将"阈值"设置为10，设置完成后单击"确定"按钮，在工具箱中选择 "魔术棒"工具 ![图标]，在舞台中背景处多次单击，选择舞台中的背景，全部选择完成后按Delete键删除背景。

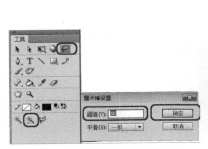

"魔术棒设置"对话框   选中背景的文件   删除背景后的效果

8.4.4 裁切位图

本小节主要学习裁切位图的方法，具体操作步骤如下。

步骤1 启动Flash软件，新建一个空白的Flash文件，按Ctrl+R快捷键，在弹出的对话框中导入随书附带光盘中的"CDROM\素材\第8章\018.jpg"文件，选择舞台的位图，选择菜单栏中的"修改	分离"命令，打散位图。	**步骤2** 在按住Ctrl键的同时将鼠标指针移至右侧的中间控制点上，鼠标指针呈 ▷ 形状，向下拖曳鼠标。	**步骤3** 拖曳至合适位置后释放鼠标左键即可裁切位图。
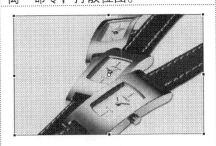		
打散的位图	拖曳鼠标	裁切后的文件

8.5 | 压缩位图

往往大多数人认为导入的图像尺寸会随着图片在舞台中的缩小而减小，其实这是错误的想法，导入图像的尺寸和缩放的比例毫无关系。如果要减小导入图像的尺寸就必须对图像进行压缩，操作如下。

步骤1 在菜单栏中选择"文件 | 导入 | 导入到舞台"命令，打开"导入"对话框，在该对话框中选择随书附带光盘中的"CDROM\素材\第8章\19.jpg"文件，单击"打开"按钮，即可将图像导入到舞台中。在"库"面板中找到导入的图像素材，在该图像上单击鼠标右键，在弹出的快捷菜单中选择"属性"命令。

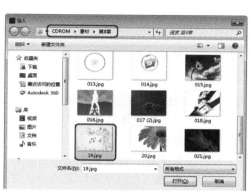

打开的文件

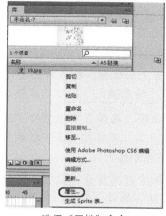

选择"属性"命令

步骤2 弹出"位图属性"对话框，勾选"允许平滑"复选框，可以消除图像的锯齿，从而平滑位图的边缘，其他参数保持不变。

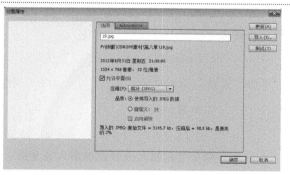

"位图属性"对话框

提示：

用户可以在"品质"选项组中选择"自定义"单选按钮，然后在文本框中输入品质数值，最大可设置为100。设置的数值越大得到的图形的显示效果就越好，而文件占用的空间也会相应增大。

设置完成后单击"测试"按钮，可查看当前设置的JPEG品质，原始文件及压缩后文件的大小，图像的压缩比率。

提示：

对于具有复杂颜色或色调变化的图像，如具有渐变填充的照片或图像，建议使用"照片（JPEG）"压缩方式。对于具有简单形状和颜色较少的图像，建议使用"无损（PNG/GIF）"压缩方式。

设置完成后单击"确定"按钮即可完成素材的编辑。

8.6 | 操作答疑

本章主要学习应用并设置图像文件，但是还是会在使用中出现一些问题，在这里将举出多个常见的问题进行解答，以方便读者学习以及巩固前面所学习的知识。

8.6.1 专家答疑

（1）如何设置位图图像，填充位图？

答：运用"选择工具" 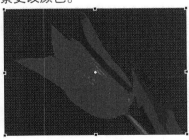选择舞台区中的位图。在"属性"面板中，单击"宽度值和高度值锁定在一起"按钮，将鼠标指针移至宽度文本框上，单击鼠标在文本框中输入数字，按Enter键进行确认，即可完成设置位图图像。

选择舞台区的位图，转换为矢量化位图，在舞台空白位置单击鼠标，再选择光盘空白的位置进入选取，使位图处于选择状态，选择工具箱中"颜料桶工具"，选择属性"颜色"面板，单击"填充颜色"按钮，设置"类型"为"位图填充"，在下方列表框中选择要填充的位图，将鼠标指针移至舞台图像上，单击黑色区域，可将光盘内区域填充为位图。

（2）怎样修改位图颜色和裁切位图？

答：选择舞台上的位图，转换为矢量化位图，在舞台空白位置单击鼠标，移至位图所改颜色进行选取，在工具箱中选择"填充颜色"按钮，在弹出的"颜色"面板中选择想改的颜色进行填充。

选择舞台的位图，选择菜单栏中的"修改 | 分离"命令，打散位图，按住Ctrl键同时将鼠标指针移至右侧的中间控制点上，鼠标指针呈 形状向下拖曳鼠标，至合适位置后释放鼠标左键即可裁切位图。

（3）如何压缩图像？

答：导入一张素材到舞台，在"库"面板中找到导入的图像素材，在该图像上单击鼠标右键，在弹出的快捷菜单中选择"属性"命令，打开"位图属性"对话框，勾选"允许平滑"复选框，可以消除图像的锯齿，从而平滑位图的边缘，其他参数保持不变，即可完成压缩图像。

8.6.2 操作习题

1. 选择题

（1）打开"属性"面板的快捷键是（ ）。

A.Ctrl+F3　　　　　B.Ctrl+F5　　　　　C.Ctrl+F8

（2）选择舞台区的图像，单击"属性"面板中的"（ ）"按钮，打开Photoshop程序。

A.交换　　　　　B.编辑　　　　　C.位置和大小

2. 填空题

（1）选择菜单栏中的_____命令可以把文件转换位图为矢量图。

（2）在工具栏中选择_____工具可对文件进行缩放和倾斜，放大。

3. 操作题

为文件背景更改颜色。

选择背景　　　　　　　　　　　　　　　填充效果

（1）导入随书附带光盘中的"CDROM\素材\第8章\021.jpg"文件，利用"选择工具"选择位图，并将其转换为矢量图，在舞台空白位置单击鼠标，按Shift键单击背景，让背景处于选择状态。

（2）在工具箱中单击"填充颜色"，在弹出的"颜色"面板中选择需要的颜色进行填充。

第 9 章

在动画中使用音频和视频

本章重点：

　　本章主要讲解在Flash CS6中使用音频和视频动画的方法。在Flash中可以为影片加入声音，并进行声音的编辑、优化和输出，为Flash影片添加视频以及编辑视频的知识。

学习目的：

　　掌握在Flash影片中添加音频与视频的方法，以及对其进行编辑与优化的方法。

参考时间：70分钟

主要知识	学习时间
9.1　导入声音文件	1分钟
9.2　为对象加入声音	10分钟
9.3　管理声音	10分钟
9.4　编辑声音	8分钟
9.5　设置声音属性	10分钟
9.6　优化和输出声音	6分钟
9.7　视频文件	6分钟
9.8　编辑视频文件	8分钟
9.9　操作答疑	11分钟

9.1 | 导入声音文件

编辑Flash后，可导入一段动听的音乐，得到优美的音乐效果，本节将介绍在Flash中如何导入声音文件等方法。

9.1.1 导入声音文件

在Flash中，用户可以将音频文件导入到舞台或库，下面将介绍如何在Flash中导入音频文件。

步骤1 新建一个Flash文档，在菜单栏中选择"文件|导入|导入到库"命令。

步骤2 在弹出的对话框中选择随书附带光盘中的"CDROM\素材\第9章\音乐.mp3"文件。

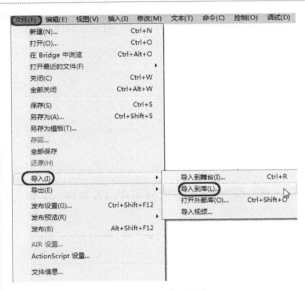

选择"导入到库"命令

选择音频文件

步骤3 单击"打开"按钮，将选中的"音乐.mp3"文件导入到"库"面板中，在"预览"显示框中即可观察到音频的波形。

步骤4 在"库"面板中的"预览"显示框中单击"播放"按钮 ▶，在"库"面板中可以试听导入的音乐的效果。

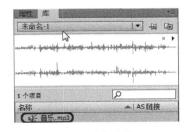

导入的音频文件

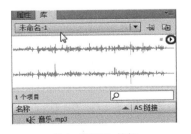

单击"播放"按钮

步骤5 在"时间轴"面板中选择"图层1"图层，在第35帧单击鼠标右键，在弹出的快捷菜单中选择"插入帧"命令。

步骤6 在"库"面板中选择导入的"音乐.mp3"文件，将它拖曳到舞台中。

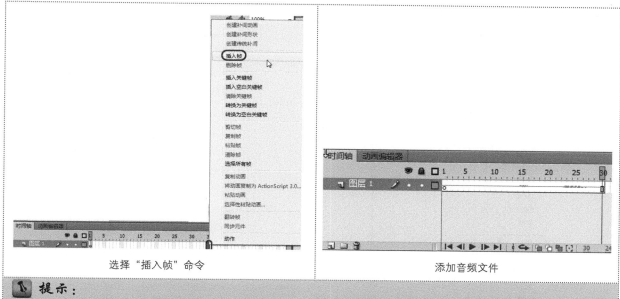

选择"插入帧"命令

添加音频文件

提示：
　　在菜单栏中选择"文件 | 导入 | 导入到舞台"命令，在弹出的对话框中选择要导入的音频文件，再单击"打开"按钮，可将音频文件导入。

9.1.2　查看声音属性

　　在Flash中，在编辑声音文件时可以查看声音属性，下面介绍如何在Flash中查看声音属性。

步骤1　按Ctrl+R快捷键，在弹出的对话框中导入随书附带光盘中的"CDROM\素材\第9章\音乐.mp3"素材文件。在"库"面板中运用鼠标右击声音文件，在弹出的快捷菜单中选择"属性"命令。

步骤2　即可在弹出的"声音属性"对话框中查看声音属性。

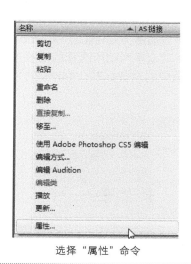

选择"属性"命令

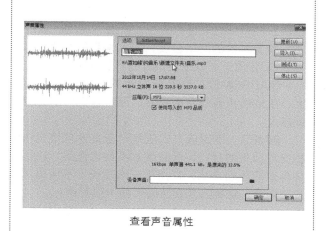

查看声音属性

9.1.3　压缩声音

　　在Flash中，用户可以将音频文件压缩，下面介绍如何在Flash中压缩音频文件。

　　在"库"面板中选择一个音频文件，单击鼠标右键，在弹出的快捷菜单中选择"属性"命令，弹出"声音属性"对话框，单击"压缩"右侧的下拉按钮，可以弹出压缩选项。

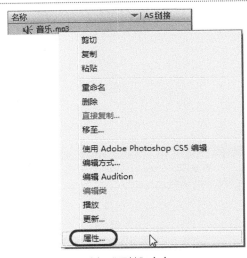

选择"属性"命令

"声音属性"对话框

❶默认：这是Flash CS6提供的一个通用的压缩方式，可以对整个文件中的声音用同一个压缩比进行压缩，而不用分别对文件中不同的声音进行单独的属性设置，从而避免了不必要的麻烦。

❷ADPCM：常用于压缩诸如按钮音效、事件声音等比较简短的声音，选择该项后，其下方将出现新的设置选项。

ⓐ预处理：如果勾选"将立体声转换为单声道"复选框，就可以自动将混合立体声（非立体声）转化为单声道的声音，文件大小相应减小。

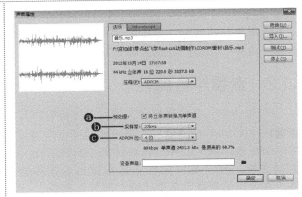

"声音属性"对话框

ⓑ采样率：可在此选择一个选项以控制声音的保真度和文件大小。较低的采样率可以减小文件大小，但同时也会降低声音的品质。5kHz的采样率只能达到人们说话声的质量；11kHz的采样率是播放一小段音乐所要求的最低标准，同时11kHz的采样率所能达到的声音质量为1/4的CD（Compact Disc）音质；22kHz的采样率的声音质量可达到一般的CD音质，也是目前众多网站所选择的播放声音的采样率，鉴于目前的网络速度，建议读者采用该采样率作为Flash动画中的声音标准；44kHz的采样率是标准的CD音质，可以达到很好的听觉效果。

ⓒADPCM位：设置编码时的比特率。数值越大，生成的声音的音质越好，而声音文件的容量也就越大。

❸MP3：使用该方式压缩声音文件可使文件体积变成原来的1/10，而且基本不损害音质。这是一种高效的压缩方式，常用于压缩较长且不用循环播放的声音，这种方式在网络传输中很常用。

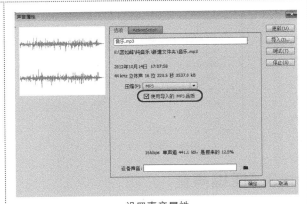

设置声音属性

❹Raw：选择这种压缩方式后，其下方会出现如图所示的选项。

❺语音：选择该项后，则会选择一个适合于语音的压缩方式导出声音。

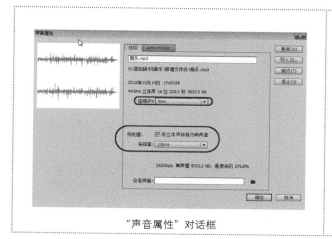

"声音属性"对话框

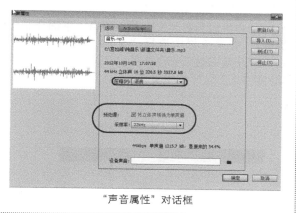

"声音属性"对话框

9.2 | 为对象加入声音

为自己在实际操作中的例子加入声音效果,本节介绍在Flash中如何为对象以及影片加入声音等方法。

9.2.1 为按钮加入声音

在Flash中,用户可以为按钮加入声音,下面介绍如何在Flash中为按钮加入声音。

步骤1 在菜单栏中选择"文件 | 打开"命令,打开随书附带光盘中"CDROM\素材\第9章\9.2.1.fla"素材文件,使用"选择工具"在舞台区选择"PLAY"按钮。

步骤2 双击"PLAY"按钮,可以对按钮进行编辑,在"时间轴"面板中"图层2"图层的第2帧和第3帧插入空白关键帧后选择第2帧。

打开素材文件

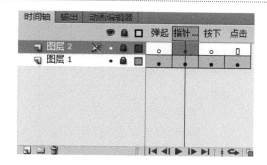

插入空白关键帧

步骤3 在"属性"面板的"声音"选项区中单击"名称"右侧的下拉按钮,在弹出的下拉列表中选择"音乐.mp3",设置"同步"为"事件"。

步骤4 执行该操作后,即可为按钮加入声音,使用Ctrl+Enter快捷键,可以测试按钮声音。

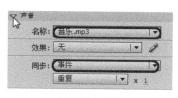

设置声音属性

为按钮加入声音

9.2.2 为影片加入声音

用户可以为影片文件加入声音，下面介绍如何在Flash中为影片加入声音。

步骤1 在菜单栏中选择"文件丨打开"命令，打开随书附带光盘中的"CDROM\素材\第9章\9.2.2.fla"素材文件。	**步骤2** 在"时间轴"面板中选择"音乐"图层的第1帧。

打开素材文件

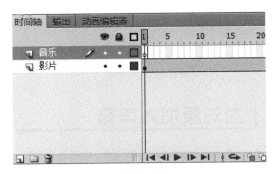

选择第1帧

步骤3 在"属性"面板中的"声音"选项区中设置"名称"为"音乐.wav"，"同步"为"数据流"。	**步骤4** 执行该操作后，可为影片加入声音，按Ctrl+Enter快捷键，测试影片的声音效果。

设置声音属性

为影片加入声音

9.3 管理声音

可以对Flash中的声音文件进行编辑管理，本节介绍在Flash中声音的选择、复制、删除、播放、停止等方法。

9.3.1 选择声音

在Flash中可以选择声音，下面介绍如何在Flash中选择声音。

步骤1 在菜单栏中选择"文件丨导入丨导入到库"命令，导入随书附带光盘中"CDROM\素材\第9章\音乐.wav"素材文件。在"库"面板中把鼠标指针移动到"音乐.wav"文件上。	**步骤2** 单击鼠标后，可选择声音。

定位鼠标

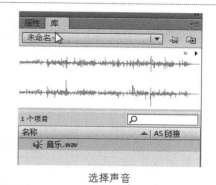

选择声音

> **提示：**
> 选择声音后，"库"面板中的显示框中会出现声音的波形图形。

9.3.2　复制声音

在Flash"库"面板中若需多个相同声音文件，可以复制声音，减少不必要的步骤，下面介绍如何在Flash中复制声音。

步骤1　继续上面的操作，打开"库"面板，选择音频文件，右击鼠标，在弹出的快捷菜单中选择"复制"命令。	**步骤2**　新建Flash文件，在"库"面板的空白处单击鼠标右键，在弹出的快捷菜单中选择"粘贴"命令，即可完成声音的复制。
 选择"复制"命令	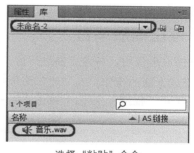 选择"粘贴"命令

> **提示：**
> 在Flash中可以互相复制元件，节省时间，提高工作效率。

9.3.3　删除声音

在实际操作过程中，用户可将"库"面板中多余的声音文件删除，下面将介绍如何在Flash中删除声音。

步骤1　继续上面的操作，在"库"面板中选择要删除的声音文件。	**步骤2**　按Delete键，即可删除所选声音。
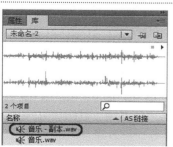 选择声音	 删除声音

> **提示：**
> 在"库"面板中选择将要被删除的声音文件，单击鼠标右键，在弹出的快捷菜单中选择"删除"命令，可以将所选的声音文件进行删除。

9.3.4 播放声音

用户要想在编辑前试听播放声音，可在Flash中选择声音文件进行播放试听，下面介绍如何在Flash中播放声音。

步骤1 按Ctrl+R快捷键，在弹出的对话框中导入随书附带光盘中的"CDROM\素材\第9章\音乐.mp3"素材文件，在"库"面板中选择"声音.mp3"文件。

步骤2 用鼠标单击声音波形右上角的"播放"按钮，即可播放所选声音。

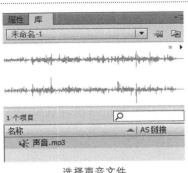

选择声音文件

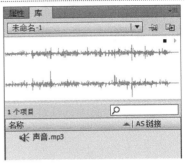

播放声音

9.3.5 停止播放声音

用户播放声音后，可停止播放声音，下面介绍如何在Flash中停止播放声音。

步骤1 继续上面的操作，在"库"面板中，选择声音文件，单击"播放"按钮▶播放声音。

步骤2 单击"停止播放"按钮■，即可停止播放声音。

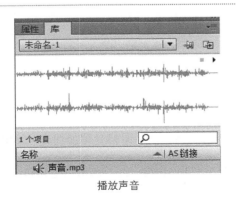

播放声音

停止播放声音

9.3.6 实战：查看声音帧数

在Flash"时间轴"面板中可查看声音的帧数，下面介绍如何在Flash中查看声音帧数。

步骤1 在菜单栏中选择"文件 | 导入 | 导入到舞台"命令，在弹出的对话框中导入随书附带光盘中的"CDROM\素材\第9章\音乐.mp3"素材文件。在"时间轴"面板中选择"图层1"图层第30帧，并按F6键插入关键帧，然后选择第1帧。

步骤2 在"属性"面板的"声音"选项区中，将"名称"设置为"音乐.mp3"，单击"效果"右侧的"编辑声音封套"按钮✐，在弹出的"编辑封套"对话框中即可查看声音帧数。

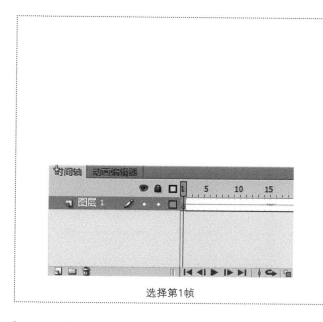

选择第1帧

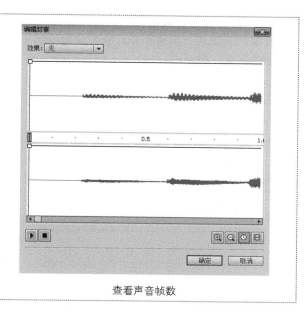

查看声音帧数

9.4 | 编辑声音

Flash软件提供了编辑声音的功能,在动画制作中,用户可以对声音文件进行各种设置,本节介绍在Flash中如何编辑声音等各项内容。

9.4.1 设置循环播放声音

在Flash中可以设置循环播放声音,下面介绍如何在Flash中循环播放声音。

步骤1 在菜单栏中选择"文件 | 导入 | 导入到舞台"命令,在弹出的对话框中导入随书附带光盘中的"CDROM\素材\第9章\音乐.mp3"素材文件。在"时间轴"面板中选择"图层1"图层第30帧,并按F6键插入关键帧,然后选择第1帧。

步骤2 在"属性"面板的"声音"选项区中单击"同步"下拉按钮,在弹出的下拉列表中选择"循环"选项,可将声音设置为循环播放。

查看关键帧

设置循环播放

9.4.2 放大声音

将声音放大,用户可在Flash中设置"编辑封套"对话框,即可放大声音,达到满意的效果,下面介绍如何在Flash中放大声音。

步骤1 在"属性"面板的"声音"选项区中单击"效果"右侧的"编辑声音封套"按钮，即可弹出"编辑封套"对话框。

步骤2 把鼠标指针移动到左侧上方的方形控制柄上，向上拖曳鼠标到最上方。将下方的方形控制柄拖曳到最上方，单击"确定"按钮，即可放大声音。

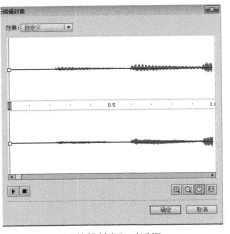

"编辑封套"对话框

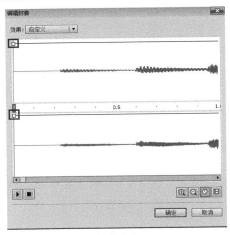

放大声音

> **提示：**
> 在"编辑封套"对话框中，上方方框中显示左声道声音波形，下方方框中显示右声道声音波形。拖动各个方形的控制柄可以进行调节部分声音段的音量大小。

9.4.3 减小声音

若要将声音缩小，可在相应的设置中进行缩小声音的调节，下面介绍如何在Flash中减小声音。

步骤1 在"时间轴"面板中选择"图层1"图层的第1帧。在"属性"面板的"声音"选项区中单击"效果"右侧的"编辑声音封套"按钮。

步骤2 弹出"编辑封套"对话框。将鼠标指针移到左侧上方的方形控制柄上，向下拖曳鼠标到最下方。将下方的方形控制柄拖曳到最下方，单击"确定"按钮，可以缩小声音。

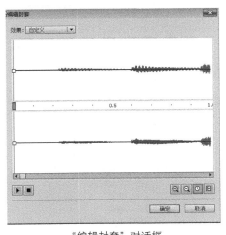

"编辑封套"对话框

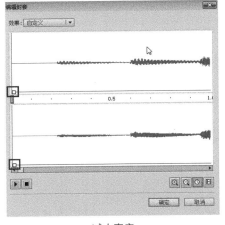

减小声音

9.4.4 截取声音

如果想要音频文件中的某一部分时，可利用截取声音的方法进行。在Flash中截取声音的具体操作步骤如下。

步骤1 在"属性"面板的"声音"选项区中单击"效果"右侧的"编辑声音封套"按钮,弹出"编辑封套"对话框。

步骤2 连续两次单击右下角的"缩小"按钮,缩小声音波形显示。

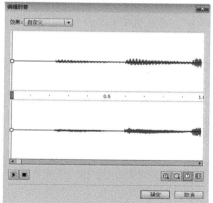

"编辑封套"对话框

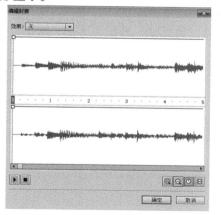

缩小声音波形显示

步骤3 将鼠标指针移动到水平右侧的控制条上,并向左拖曳鼠标。

步骤4 将其拖曳到合适位置后释放鼠标左键,将鼠标左侧的控制条向右拖曳到更合适的位置,单击"确定"按钮,可以截取声音。

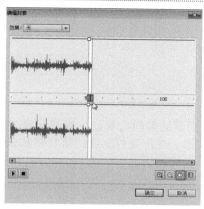

拖曳控制条

9.4.5 运用sound对象控制声音

如果想要控制声音动画,可以在声音属性中进行相应的设置,下面介绍如何在Flash中运用sound对象控制声音。

步骤1 在"库"面板中运用鼠标右键单击声音元件,在弹出的快捷菜单中选择"属性"命令,即可弹出"声音属性"对话框。

步骤2 在对话框中选择"ActionScript"选项卡,勾选"为ActionScript导出"复选框,设置"标识符"为"sound"。

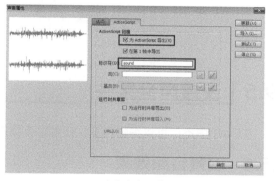

"声音属性"对话框   命名声音元件

步骤3 单击"确定"按钮,即可运用sound对象控制声音。

9.4.6 自定义声音

用户可在Flash中根据自己的需要，在"编辑封套"对话框中进行自定义声音设置，下面介绍如何在Flash中自定义声音。

步骤1 在"时间轴"面板中选择"图层1"图层的第1帧。在"属性"面板的"声音"选项区中单击"效果"右侧的"编辑声音封套"按钮，打开"编辑封套"对话框。

步骤2 单击"缩小"按钮，缩小声音波形显示。将鼠标指针移动到上方声音控制线第50秒的位置单击鼠标，出现方形控制柄，把上下两条声音控制线最左端的控制柄拖曳到最下方。

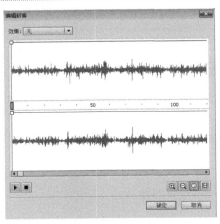

"编辑封套"对话框

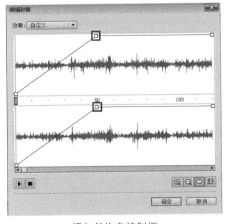

添加并拖曳控制柄

步骤3 把滚动条向右移动，在显示框中出现声音的末端波形，在声音控制线的第15秒和最后一秒处各添加一个控制柄。

步骤4 把上下两条声音控制线最右端的控制柄拖曳到最下方，单击"确定"按钮，可完成自定义声音的设置。

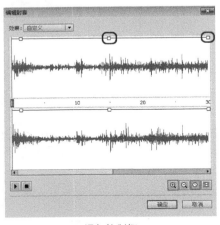

添加控制柄

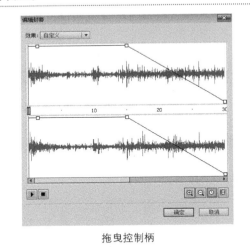

拖曳控制柄

9.5 设置声音属性

在Flash中不仅可以编辑声音，还可以为编辑完成的声音设置音频效果等属性。

9.5.1 设置音频效果

在Flash中可将声音设置为多种效果，使编辑的文件在声音效果的伴随下显得具有感染力，下面介绍如何在Flash中设置声音效果。

在音频层中任意选择一帧（含有声音数据的），并打开"属性"面板。用户可以在"效果"下拉列表中选择一种效果。

❶左声道：只用左声道播放声音。

❷右声道：只用右声道播放声音。

❸向右淡出：声音从左声道转换到右声道。

❹向左淡出：声音从右声道转换到左声道。

❺淡入：音量从无逐渐增加到正常。

❻淡出：音量从正常逐渐减小到无。

❼自定义：选择该选项后，可以打开"编辑封套"对话框，通过使用编辑封套自定义声音效果。

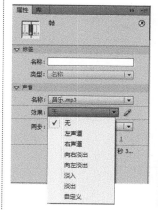

音频的"属性"面板

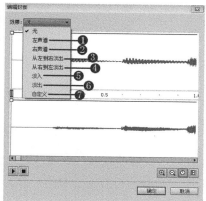

"编辑封套"对话框

提示：

除此之外，用户还可以在"属性"面板中单击"编辑声音封套"按钮，同样也可以打开"编辑封套"对话框。

步骤1　启动Flash CS6，在菜单栏中选择"文件 | 导入 | 导入到库"命令，在弹出的对话框中选择随书附带光盘中的"CDROM\素材\第9章\音乐.mp3"素材文件。

步骤2　单击"打开"按钮，将选中的"音乐.mp3"文件导入到"库"面板中。

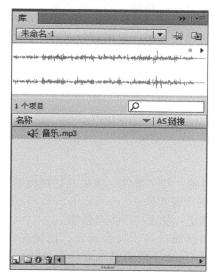

导入到"库"面板

选择素材文件

步骤3　在"库"面板中选择"音乐.mp3"文件，按住鼠标将它拖曳到舞台中，即可将其添加到"图层1"图层中。

步骤4　选择"图层1"图层中的任意一帧，按Ctrl+F3快捷键打开"属性"面板，单击"效果"右侧的下拉按钮，在弹出的下拉列表中选择"淡出"选项，执行该操作后，即可为该音频文件添加效果。

添加声音文件至图层中

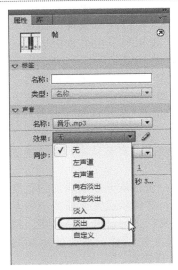

为音频文件添加效果

9.5.2 音频同步设置

在Flash音频编辑时，用户可设置音频同步，同步中有4个选项，下面介绍各个选项的含义以及如何设置音频效果，操作步骤如下。

如果要将声音与动画同步，用户可以在关键帧处设置音频开始播放和停止播放等，在"属性"面板的"同步"下拉列表中可以选择音频的同步类型。

事件：该选项可以将声音和一个事件的发生过程同步。事件声音在它的起始关键帧开始显示时播放，并独立于时间轴播放完整个声音，即使SWF文件停止也继续播放。当播放发布的SWF文件时，事件和声音也同步进行播放。事件声音的一个实例就是当用户单击一个按钮时播放的声音。如果事件声音正在播放，而声音再次被实例化（例如用户再次单击按钮），则第一个声音实例继续播放，而另一个声音实例也开始播放。

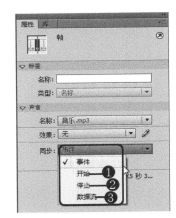

"同步"下拉列表

❶**开始：**与"事件"选项的功能相近，但是如果原有的声音正在播放，使用"开始"选项后则不会播放新的声音实例。

❷**停止：**使指定的声音静音。

❸**数据流：**用于同步声音，以便在Web站点上播放。选择该项后，Flash将强制动画和音频流同步。如果Flash不能流畅地运行动画帧，就跳过该帧。与事件声音不同，音频流会随着SWF文件的停止而停止。而且，音频流的播放时间绝对不会比帧的播放时间长。当发布SWF文件时，音频流会混合在一起播放。

一般情况下，如果在一个较长的动画中引用很多音频文件，就会造成文件过大。为了避免这种情况发生，可以使用音频重复播放的方法，在动画中重复播放一个音频文件。

在"属性"面板的"循环次数"文本框中输入一个值，可以指定音频循环播放的次数，如果要连续播放音频，可以选择"循环"，以便在一段持续时间内一直播放音频。

下面将介绍如何设置音频的同步方式，操作步骤如下。

步骤1　在"时间轴"面板中选择音频的任意一帧，按Ctrl+F3快捷键打开"属性"面板，单击"同步"右侧的下拉按钮，在弹出的下拉列表中选择"开始"。 **步骤2**　单击"同步"下方的下拉按钮，在弹出的下拉列表中选择"循环"选项，设置完成后，按Ctrl+Enter快捷键可以试听设置后的效果。	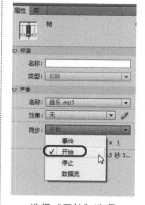 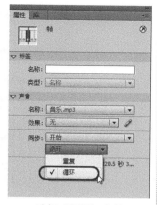 选择"开始"选项　　　　选择"循环"选项

9.5.3　实战：替换声音

当用户想要将声音换为其他类型时，可在"库"面板中替换声音，可以得到替换的声音，下面介绍如何在Flash中替换声音。

步骤1　在菜单栏中选择"文件｜导入｜导入到库"命令，导入随书附带光盘中的"CDROM\素材\第9章"中的"音乐.mp3"和"音乐-2.wav"素材文件。	**步骤2**　在"属性"面板的"声音"选项区中单击"名称"右侧的下拉按钮，在弹出的下拉列表中选择"音乐-2.wav"选项。	**步骤3**　执行该操作后，即可替换声音。
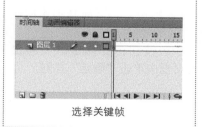 选择关键帧	 选择声音	 替换声音

9.6 ｜优化和输出声音

可以将所选择的声音文件，在Flash中进行优化，也可输出声音文件，本节介绍如何中Flash中优化和输出声音等方法。

9.6.1　优化声音

在已经导入的文件中，在"声音设置"和"发布设置"对话框中进行声音优化，达到优化声音的效果，下面介绍如何在Flash中优化声音。

步骤1　在菜单栏中选择"文件｜导入｜导入到舞台"命令，导入随书附带光盘中的"CDROM\素材\第9章\音乐.wav"素材文件。在菜单栏中选择"文件｜打开"命令，弹出"发布设置"对话框。	**步骤2**　在弹出的"发布设置"对话框中设置"音频流"。

"发布设置"对话框

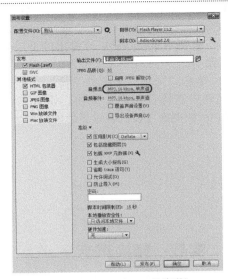

单击"Mp3，16kbps，单声道"

步骤3 在"声音设置"对话框中设置"比特率"为64kbps，"品质"为"最佳"，单击"确定"按钮。

步骤4 返回到"发布设置"对话框，单击"确定"按钮，即可优化声音。

"声音设置"对话框

9.6.2 输出声音

可以将优美动听的音频文件，在制作后输出存放至合适位置，即可输出声音，下面介绍如何在Flash中输出声音。

步骤1 在菜单栏中选择"文件 | 导入 | 导入到舞台"命令，导入随书附带光盘中的"CDROM\素材\第9章\音乐.wav"素材文件。在菜单栏中选择"文件 | 导出 | 导出影片"命令，在弹出的"导出影片"对话框中选择"WAV音频（*.wav）"选项，设置"文件名"为"影片第1集"。

步骤2 单击"保存"按钮，在弹出的"导出Windows WAV"对话框中单击"确定"按钮。

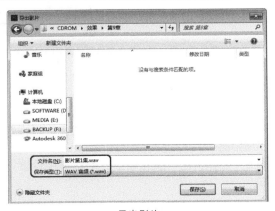

导出影片

"导出Windows WAV"对话框

| 9.7 | 视频文件

在 Flash中使用视频之前，需要了解以下重要信息。

Flash支持动态影片的导入功能，根据导入视频文件的格式和方法的不同，开始Flash只可以播放特定视频格式（FLV、F4V 和 MPEG 视频等格式）。使用单独的应用程序或者附带程序，将其他视频格式转换为 FLV 和 F4V格式。本节将介绍在Flash中如何导入视频文件等方法。

9.7.1 导入视频文件

在实际操作时，可进行导入视频文件，下面介绍如何在Flash中导入视频文件，操作步骤如下。

步骤1 启动Flash软件，新建一个Flash文档。在菜单栏中选择"文件|导入|导入视频"命令。	**步骤2** 执行该操作后，在打开的"导入视频"对话框中单击"文件路径"右侧的"浏览"按钮。

选择"导入视频"命令

"导入视频"对话框

步骤3 单击后，即可弹出"打开"对话框，在该对话框中选择导入的视频文件"影片.avi"。	**步骤4** 导入完成后，单击"打开"按钮，返回到"导入视频"对话框中，单击"下一步"按钮，弹出"设定外观"界面，在"外观"下拉列表中选择所需要的视频外观。

选择视频文件

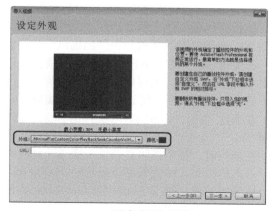
"设定外观"界面

步骤5 单击"下一步"按钮，在弹出的"完成视频导入"界面中单击"完成"按钮。	**步骤6** 执行该操作后，即可将选中的视频文件导入到舞台中。

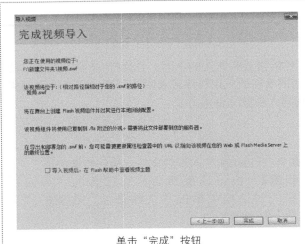

单击"完成"按钮

将视频导入至舞台中

9.7.2　在 Flash 文件内嵌入视频文件

　　可以将视频文件在Flash中进行嵌入，下面介绍如何向Flash中嵌入视频文件，得到嵌入视频效果，具体操作步骤如下。

　　当嵌入视频文件时，所有视频文件数据都将添加到 Flash文件中。这导致 Flash文件和以后生成的 SWF 文件具有比较大的文件大小。视频被放置在时间轴上，可以在此查看在时间轴帧中显示的单独视频帧。每个视频帧都是由时间轴中的一个帧表示，因此视频剪辑和 SWF 文件的帧速率必须设置为相同的速率。如果对 SWF 文件和嵌入的视频剪辑使用不同的帧速率，视频播放将不一致。

注意：

　　若要使用可变的帧速率，可以使用渐进式下载或 Flash Media Server 流式加载视频。在使用这些方法中的任何一种导入视频文件时，FLV 或 F4V 文件都是自包含文件，它的运行帧频与该 SWF 文件中包含的所有其他时间轴帧频都不同。

　　对于播放时间少于 10 秒的较小视频剪辑，嵌入视频的效果最好。 如果正在使用播放时间较长的视频剪辑，可以考虑使用渐进式下载的视频，或者使用 Flash Media Server 传送视频流。嵌入的视频的局限如下。

　　如果生成的 SWF 文件过大，可能会遇到问题。下载和尝试播放包含嵌入视频的大 SWF 文件时，Flash Player 会保留大量内存，这可能会导致 Flash Player 失败。

　　较长的视频文件（长度超过 10 秒）通常在视频剪辑的视频和音频部分之间存在同步问题。一段时间以后，音频轨道的播放与视频的播放之间开始出现差异，导致不能达到预期的收看效果。

　　若要播放嵌入在 SWF 文件中的视频，必须先下载整个视频文件，然后再开始播放该视频。如果嵌入的视频文件过大，则可能需要很长时间才能下载完整个 SWF 文件，然后才能开始播放。

　　导入视频剪辑后，便无法对其进行编辑。必须重新编辑和导入视频文件。

　　在通过 Web 发布 SWF 文件时，必须将整个视频都下载到观看者的计算机上，然后才能开始视频播放。

　　在运行时，整个视频必须放入播放计算机的本地内存中。

　　导入的视频文件的长度不能超过 16000 帧。

　　视频帧速率必须与 Flash Professional 时间轴帧速率相同。设置 Flash Professional 文件的帧速率以匹配嵌入视频的帧速率。

步骤1　启动Flash CS6，新建一个空白的Flash文档，在菜单栏中选择"文件	导入	导入视频"命令。	**步骤2**　执行该操作后，即可弹出"导入视频"对话框，单击"浏览"按钮，在弹出的对话框中选择"视频素材.flv"视频文件。

选择"导入视频"命令

选择视频文件

步骤3　单击"打开"按钮，在"导入视频"对话框中选中"在SWF中嵌入FLV并在时间轴中播放"单选按钮。

步骤4　在弹出的"嵌入"界面中将"符号类型"设置为"嵌入的视频"，并勾选其下方的3个复选框。

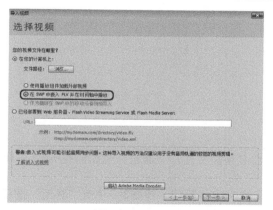

"导入视频"对话框

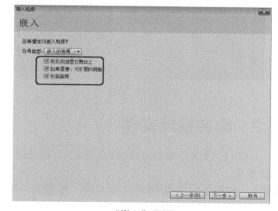

"嵌入"界面

步骤5　设置完成后，单击"下一步"按钮，即可弹出"完成视频导入"界面，在该界面中单击"完成"按钮。

步骤6　执行该操作后，即可将选中的视频嵌入至Flash文件中，在"时间轴"面板中拖曳时间线即可查看效果，或按Enter键预览效果。

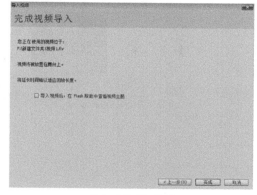

单击"完成"按钮

预览效果

9.8 | 编辑视频文件

可让用户对视频随心所欲地进行个性化编辑，制作专属自己的视频，本节将介绍在Flash中如何编辑视频文件等方法。

9.8.1 查看视频属性

若要查看视频的属性时，可在Flash属性对话框中查看视频属性的设置，下面介绍如何查看视频属性。

步骤1 在菜单栏中选择"文件丨导入丨导入到舞台"命令，导入随书附带光盘中的"CDROM\素材\第9章\视频素材.flv"素材文件。	**步骤2** 在"库"面板中运用鼠标右击视频元件，在弹出的快捷菜单中选择"属性"命令，在弹出的"视频属性"对话框中即可查看视频文件的属性。
 打开素材文件	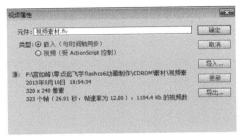 查看视频属性

9.8.2 命名视频文件

用户若想保存制作的视频文件时，可根据相应设置命名视频文件，下面将介绍如何在Flash中命名视频文件。

步骤1 在菜单栏中选择"文件丨导入丨导入到舞台"命令，导入随书附带光盘中的"CDROM\素材\第9章\视频素材.flv"素材文件。	**步骤2** 在"库"面板中运用鼠标右击"素材"视频文件，在弹出的快捷菜单中选择"属性"命令，在打开的"视频属性"对话框中设置"元件"名称为"视频素材01.flv"。	**步骤3** 单击"确定"按钮，即可命名视频文件。
 打开素材文件	 "视频属性"对话框	 命名视频文件

9.8.3 命名视频实例

命名视频实例时，可根据相应设置，在Flash中设置命名视频实例，下面将介绍如何在Flash中命名视频实例。

步骤1 在菜单栏中选择"文件	导入	导入到舞台"命令，导入随书附带光盘中的"CDROM\素材\第9章\视频素材.flv"素材文件。	**步骤2** 在"属性"面板中设置名称为"car"，按Enter键确认，即可命名视频实例。
 打开素材文件	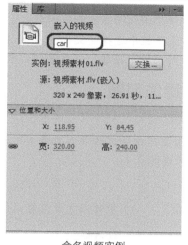 命名视频实例

9.8.4 实战：替换视频文件

若在一个舞台中出现多个视频文件，用户可以将视频进行交换，在Flash中可以替换视频文件，下面将介绍如何在Flash中替换视频文件。

步骤1 在菜单栏中选择"文件	导入	导入到舞台"命令，导入随书附带光盘中的"CDROM\素材\第9章"的"视频01.flv"和"视频02.flv"素材文件。运用选择工具在舞台区选择视频。	**步骤2** 在"属性"面板中单击"交换"按钮，在弹出的"交换视频"对话框中选择"视频01"选项。	**步骤3** 单击"确定"按钮，即可替换视频文件。
 打开素材文件	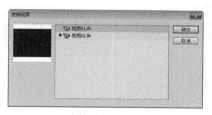 "交换视频"对话框	 替换视频文件

> **提示：**
> 在舞台中运用鼠标单击右键，在弹出的快捷菜单中选择"交换视频"命令，可以进行视频交换。

9.9 操作答疑

平时做题可能会遇到很多疑问，在这里将举出多个常见问题并对其进行一一解答。并在后面追加多个习题，以方便读者学习以及巩固前面所学的知识。

9.9.1　专家答疑

（1）MID格式的音乐怎样导入到Flash里？

答：Flash不支持这种格式，部分音乐是MID格式的，所以只能转换为wav或mp3格式，才能应用于Flash中。

（2）在Flash ActionScript 3.0中标示符为什么不能用？

答：因为ActionScript 3.0不支持这种功能，必须换用ActionScript 1.0和ActionScript 2.0以及更高的版本。

（3）Flash中如何导入flv视频？

答：在菜单栏中选择"文件｜导入｜导入视频"命令，然后选择导入的视频文件，选择"在SWF中嵌入FLV并在时间轴中播放"单选按钮，单击"下一步"按钮，即可完成导入视频。

9.9.2　操作习题

1.　选择题

（1）若要将视频文件导入到舞台，除了直接选择菜单栏中的"文件｜导入｜导入视频"命令，还可以使用的快捷键是（　　　　）。

A.Ctrl+C　　　　　　　　　　B.Ctrl+R　　　　　　　　　　C.Ctrl+O

（2）在（　　　）中可以更改设置元件名称。

A．"视频属性"对话框　　　　　　　　　B．"元件属性"对话框

2.　填空题

（1）＿＿＿＿＿＿＿＿方式压缩声音文件可使文件体积变成原来的1/10，而且基本不损害音质。

（2）在"声音属性"面板中的＿＿＿＿＿＿＿选项中可以设置"循环"播放。

3.　操作题

在视频中导入音乐文件。

导入视频

替换视频

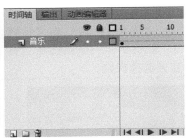
添加音乐

（1）将素材中的动画视频导入。

（2）替换视频02文件。

（3）导入一段音乐文件，放入视频中。

第10章

创建和管理图层

本章重点：

本章主要讲解在Flash中创建、选择、编辑与管理图层等内容的方法。

学习目的：

图层是Flash动画制作中不可缺少的内容，掌握图层的相关知识与操作，是Flash动画制作的重要内容。

参考时间：50分钟

主要知识	学习时间
10.1　创建图层和图层文件夹	2分钟
10.2　选择图层	10分钟
10.3　编辑图层	10分钟
10.4　图层显示状态	8分钟
10.5　管理图层	10分钟
10.6　运用引导层	10分钟

| 10.1 | 创建图层和图层文件夹

本节主要讲在Flash中创建图层和图层文件夹等内容的操作方法。

10.1.1 创建图层

为了内容组织的使用，同时也为了方便制作动画，往往需要添加新的图层，在创建图层的时候，需要首先选中一个图层。再单击"时间轴"面板底部的"新建图层"按钮，就可以创建新的图层。

创建图层还可以通过以下两种方式。

方法一: 选中一个图层，在菜单栏中选择"插入 | 时间轴 | 图层"命令，即可创建新的图层。
方法二: 选中一个图层，单击鼠标右键，在弹出的快捷菜单中选择"插入图层"命令，即可创建新的图层。

> **提示:**
> 每新建一个Flash文件时，系统都会自动新建一个"图层1"图层，用户可以根据需要创建新图层，新建的图层会自动排列在所选图层的上方。

10.1.2 创建图层文件夹

要创建图层文件夹，最简单的方法是选中一个图层或文件夹，然后单击"图层"面板上的"插入图层文件夹"按钮，创建的新文件夹将会出现在所选图层或文件夹的上面。

创建图层文件夹还可以通过以下两种方式。

方法一: 选中一个图层或文件夹，在菜单栏中选择"插入 | 时间轴 | 图层文件夹"命令，即可创建图层文件夹。
方法二: 选中一个图层或文件，单击鼠标右键，在弹出的快捷菜单中选择"插入文件夹"命令，即可创建图层文件夹。

| 10.2 | 选择图层

动画的制作少不了在图层间创建关联，但是在创建图层间的关联关系的时候，首先应该选择图层。选择图层的具体操作步骤如下。

步骤1 导入随书附带光盘中的"CDROM\素材\第10章\001.jpg"素材文件，如果文件过大可以使用"任意变形"工具 进行调整。	**步骤2** 选择"选择工具" 单击导入的素材即可选择图层。
 导入的文件	 选择图层

10.2.1 选择单个图层

打开一幅素材后，将鼠标指针移动到"时间轴"面板中需要选中的图层，单击鼠标就可以将图层选中。也可以将鼠标指针放置在舞台区的对象上，就可以选中该图层。

步骤1 导入随书附带光盘中的"CDROM\素材\第10章\002.jpg"文件,如果文件过大可以使用"任意变形"工具  进行调整。	**步骤2** 使用"选择工具"  在"时间轴"面板中单击"图层1"图层的第1帧即可选中单个图层。

导入的文件

选中单个图层

10.2.2 选择多个连续图层

打开一幅素材后,将鼠标指针移动到"时间轴"面板需要选中的图层中,单击鼠标,在按住Shift键的同时去选中另一个图层,即可选中多个图层。

步骤1 导入随书附带光盘中的"CDROM\素材\第10章\003.psd"文件,选择"时间轴"面板中的"图层2"图层。	**步骤2** 然后在按住Shift键的同时选择"图层1"图层,即可选择多个连续图层。

选择"图层2"图层

选择多个连续图层

10.2.3 实战:选中多个间隔图层

本小节主要学习在"时间轴"面板中选中间隔图层的操作方法,具体操作步骤如下。

步骤1 导入随书附带光盘中的"CDROM\素材\第10章\004.psd"文件,如果文件过大可以使用"任意变形"工具  进行调整。	**步骤2** 选择"图层4"图层,在按住Ctrl键的同时,选择"图层2"图层和"背景"图层,即可选择多个间隔的图层。

导入的文件

选择多个间隔的图层

|10.3| 编辑图层

本节主要学习复制图层、删除图层、重命名图层、调整图层顺序、更改图层高度、指定图层的操作方法。

10.3.1 复制图层

在制作Flash程序时，可以将图层中的所有对象复制下来，粘贴到不同的图层中，操作步骤如下。

步骤1 导入随书附带光盘中的"CDROM\素材\第10章\005.jpg"文件，如果文件过大可以使用"任意变形" ▦工具进行调整。	**步骤2** 选择"图层1"图层的第1帧，并单击鼠标右键，在弹出的快捷菜单中选择"复制帧"命令。	**步骤3** 新建一个图层，在新建的图层的第1帧右击鼠标，在弹出的快捷菜单中选择"粘贴帧"命令，即可复制图层。
 导入的文件	 选择"复制帧"命令	 复制图层

10.3.2 删除图层

本小节主要学习在"时间轴"面板中删除图层的操作方法，具体操作步骤如下。

步骤1 导入随书附带光盘中的"CDROM\素材\第10章\005.jpg"文件。	**步骤2** 选择"图层1"图层，单击"时间轴"面板中的"删除"按钮▥即可删除图层。
 导入的文件	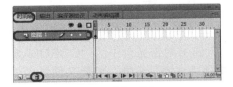 单击"删除"按钮

10.3.3 重命名图层

本小节主要学习在"时间轴"面板中重命名图层的操作方法，具体操作步骤如下。

步骤1 导入随书附带光盘中的"CDROM\素材\第10章\006.jpg"文件，如果文件过大可以使用"任意变形"工具▦进行调整。	**步骤2** 然后在"时间轴"面板中双击"图层1"图层名称。	**步骤3** 在文本框中输入"背景"，输入完成后，按Enter键确认即可。

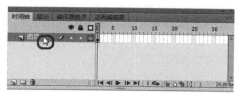

导入的文件　　　　　　　双击"图层1"图层　　　　　　重命名图层

10.3.4　调整图层顺序

本小节主要学习调整图层顺序，在"时间轴"面板中调整图层顺序的操作方法，具体操作步骤如下。

步骤1　导入随书附带光盘中的"CDROM\素材\第10章\007.psd"文件。	**步骤2**　选择"图层1"图层，按住鼠标左键直接拖动即可移动图层。	**步骤3**　将图层移动至"图层3"图层上之后释放鼠标左键，便可调整图层的顺序。

导入的文件　　　　　　　选择"图层1"图层　　　　　　移动的图层

10.3.5　更改图层高度

本小节主要学习在"时间轴"面板中更改图层高度的操作方法，具体操作步骤如下。

步骤1　导入随书附带光盘中的"CDROM\素材\第10章\007.psd"文件，如果文件过大可以使用"任意变形"工具　进行调整。

步骤2　右击"图层1"图层，在弹出的快捷菜单中选择"属性"命令。在弹出的"图层属性"对话框中将"图层高度"设置为200%。

步骤3　单击"确定"按钮，即可更改"图层1"图层高度。

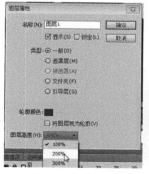

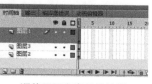

导入的文件　　　　选择"属性"命令　　　　设置"图层高度"　　　调整图层高度后的效果

10.3.6 实战：制作眨眼的小兔子

本实战主要通过图层和关键帧的使用，来制作眨眼的小兔子。

步骤1 导入随书附带光盘中的"CDROM\素材\第10章\008.png"文件，适当地调整图片的大小，在"图层1"图层的第39帧处插入帧。

步骤2 新建"图层2"图层，在第10帧位置插入关键帧，在舞台中兔子的左眼处绘制一个圆形，并将填充颜色设置为兔子皮肤的颜色，然后删除第16帧至第39帧之间的所有帧。

步骤3 选择第15帧，在舞台中选择绘制的圆，复制该对象。然后新建一个图层，在第32帧位置插入关键帧，在菜单栏中选择"编辑 | 粘贴到当前位置"命令。

打开的文件

删除多余帧

选择"粘贴到当前位置"命令

步骤4 执行该操作后即可将复制的对象粘贴到相应的位置。

步骤5 按Ctrl+Enter快捷键可测试效果。

粘贴后的效果

测试效果

10.4 图层显示状态

本节主要学习显示图层、隐藏图层、显示图层轮廓、更改图层轮廓的操作方法。

10.4.1 显示图层

在做Flash程序时，难免会将一些图层进行隐藏，那如何将图层再次显示出来，具体操作步骤如下。

步骤1 导入随书附带光盘中的"CDROM\素材\第10章\009.jpg"文件，如果文件过大可以使用"任意变形"工具进行调整。

步骤2 在"时间轴"面板中，单击"图层1"图层右侧的眼睛图标下方的按钮即可隐藏文件。

步骤3 再次单击 按钮即可显示文件。

导入的文件

隐藏文件

显示文件

10.4.2 显示图层轮廓

本小节主要学习在"时间轴"面板中显示图层轮廓的方法，具体操作步骤如下。

步骤1 导入随书附带光盘中的"CDROM\素材\第10章\010.jpg"文件，如果文件过大可以使用"任意变形"工具进行调整。	**步骤2** 在"时间轴"面板中，将鼠标指针移至"图层1"图层右侧的显示图层轮廓按钮上。	**步骤3** 单击鼠标左键即可显示图层的轮廓。
 导入的文件	 移动鼠标	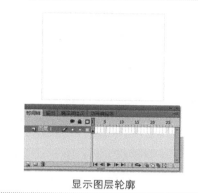 显示图层轮廓

10.4.3 更改图层轮廓颜色

本小节主要学习在"时间轴"面板中更改图层轮廓颜色的方法，具体操作步骤如下。

步骤1 导入随书附带光盘中的"CDROM\素材\第10章\010.jpg"文件。

步骤2 选择"时间轴"面板中的"图层1"图层，并单击鼠标右键，在弹出的快捷菜单中选择"属性"命令。

步骤3 弹出"图层属性"对话框，将"轮廓颜色"设置为黑色。

步骤4 设置完成后单击"确定"按钮，即可完成对轮廓颜色的更改。

导入的文件

选择"属性"命令

设置颜色

更改后的颜色

10.4.4 实战：制作淋雨的兔子

本实战主要运用图层、关键帧和新建元件等知识，来制作淋雨的兔子。

步骤1 导入随书附带光盘中的"CDROM\素材\第10章\019.jpg"文件。	**步骤2** 按Ctrl+F8快捷键，在弹出的对话框中输入名称为"雨滴"，将"类型"设置为"影片剪辑"。
 导入的文件	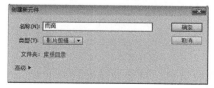 新建元件

步骤3 单击"确定"按钮，在新建元件舞台上，把比例放大400%，选择"椭圆工具"，绘制一个椭圆。

绘制的椭圆

步骤4 用"选择工具"来调整圆为雨滴形状。选择"颜色"面板，设置"类型"为"线性渐变"，填充颜色由白色到浅蓝色。

调整的雨滴

步骤5 然后再创建一个名称为"运动雨滴"的影片剪辑。

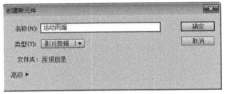

新建"运动雨滴"元件

步骤6 选择"图层1"图层的第1帧，在"库"面板中把"雨滴"元件拖到"图层1"图层上。

拖到"图层1"

步骤7 右击"图层1"图层在弹出的快捷菜单中选择"添加传统运动引导层"命令。

添加运动引导层

步骤8 在引导层上绘制一条直线。

绘制的直线

步骤9 选择引导图层的第1帧，把雨滴挪到直线的上方起点。在第45帧处插入帧。

调整雨滴

步骤10 选择"图层1"图层的第5帧右击，在弹出的快捷菜单中选择"插入关键帧"命令。

选择"插入关键帧"命令

步骤11 选择雨滴，把雨滴调整到最下方。

步骤12 右击关键帧，在弹出的快捷菜单中选择"创建传统补间命令"。

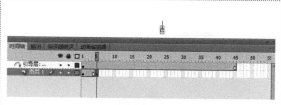

调整的雨滴

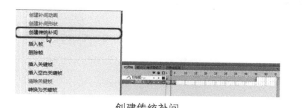

创建传统补间

步骤13 在"时间轴"面板中新建多个图层复制"图层1"图层到其他图层,并打乱其排序顺序及位置。

步骤14 返回"场景1",选中"库"面板中的"运动雨滴"元件,拖到场景中。

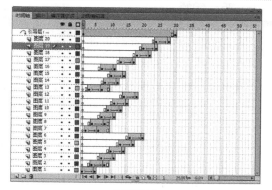

复制的帧

库面板

步骤15 拖入多个"运动雨滴"元件到场景中,然后调整其位置。

步骤16 按Ctrl+Enter快捷键测试影片。

拖入的雨滴

最终效果

10.4.5 实战:制作品牌动画

本实战主要通过图层和关键帧的使用,来简单地讲解一下品牌动画的制作。

步骤1 导入随书附带光盘中的"CDROM\素材\第10章\016.jpg"文件。

步骤2 新建一个"图层2"图层,在"图层2"的第1帧输入"选择森兴,选择品牌"文字。

导入的文件

输入的文字

步骤3 选择文字，在菜单栏选择"修改 | 分离"命令。

选择"分离"命令

步骤4 分离后的文字。

分离后的文字

步骤5 在"图层1"的第40帧处插入帧。

插入的关键帧

步骤6 按住Ctrl键选中"图层2"的第5、10、15、20、25、30、35、40帧。

选中的帧

步骤7 右击在弹出的快捷菜单中选择"插入关键帧"命令。

选择"插入关键帧"命令

插入的关键帧

步骤8 在"图层2"图层的第1帧选中文字按Delete键删除。

删除的文字

步骤9 在第5帧处删除"择森兴，选择品质"7个字。

删除的文字

步骤10 在第10帧处删除"森兴，选择品质"6个字。

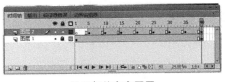

删除的文字

步骤11 依次在第15、20、25、30、35帧处删除文字。即可完成对文字的设置。

设置好的文字图层

步骤12　新建"图层3"，选择"文件|导入|导入到舞台"命令，在弹出的对话框中选择随书光盘中CDROM\素材\第10章\017.jpg文件"。	步骤13　在"图层3"图层的第1帧，将中心点拖曳至右下角，使用"任意变形工具"把文件缩放到合适的大小即可。
 打开的文件	 缩放的文件

步骤14　在"图层3"图层的第40帧处插入关键帧，把文件放大到合适的位置即可。

步骤15　右击"图层3"图层的关键帧，在弹出的快捷菜单中选择"创建传统补间"命令。

步骤16　按Ctrl+Enter快捷键测试影片。

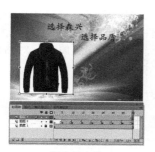
放大的文件

创建传统补间动画

完成的效果

10.5 管理图层

本节主要学习锁定图层、解锁图层、设置图层属性、将对象分散到图层、删除图层文件夹的操作方法。

10.5.1 锁定图层

锁定图层可以将某些图层锁定，这样便可以防止一些已编辑好的图层被意外修改。在图层被锁定以后，就暂时不能对该层进行各种编辑了。与隐藏图层不同的是，锁定图层上的图像仍然可以显示。

步骤1　导入随书附带光盘中的"CDROM\素材第10章\011.jpg"文件，适当调整素材文件的大小。	步骤2　单击"时间轴"面板中的🔒按钮即可锁定图层。
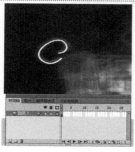 导入的文件	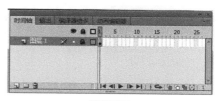 锁定图层

10.5.2 解锁图层

本小节主要学习在"时间轴"面板中解锁图层的操作方法，具体操作步骤如下。

步骤1 导入随书附带光盘中的"CDROM\素材\第10章\011.jpg"文件，如果文件过大可以使用"任意变形"工具 进行调整。

步骤2 单击"时间轴"面板中的 按钮即可锁定图层。

步骤3 再次单击即可解锁图层。

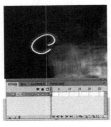
导入的文件

锁定图层

解锁图层

10.5.3 设置图层属性

本小节主要学习设置图层属性，在"时间轴"面板中设置图层属性的使用方法，具体操作步骤如下。

步骤1 导入随书附带光盘中的"CDROM\素材\第10章\013.psd"文件，适当调整图像文件的大小。

步骤2 右击心所在的图层，在弹出的快捷菜单中选择"属性"命令，弹出"图层属性"对话框，设置"轮廓颜色"为绿色，并勾选"将图层视为轮廓"复选框。

步骤3 单击"确定"按钮即可完成图层属性设置。

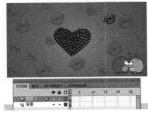
导入的文件

选择"属性"命令

"图层属性"对话框

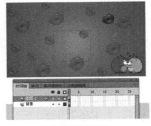
设置图层属性

10.5.4 将对象分散到图层

本小节主要学习将对象分散到图层，在舞台中怎样将文本分散到图层中的使用方法，具体操作步骤如下。

步骤1 导入随书附带光盘中的"CDROM\素材\第10章\014.jpg"文件。

步骤2 在文件上输入"1234"数字，选择"修改|分离"命令进行分离。

导入的文件

分离后的数字

步骤3 右击数字，在弹出的快捷菜单中选择"分散到图层"命令。	步骤4 即可将所选对象分散到图层。
 选择"分散到图层"命令	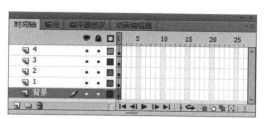 分散到图层

10.5.5 删除图层文件夹

本小节主要学习删除图层文件夹，具体操作步骤如下。

步骤1 导入随书附带光盘中的"CDROM\素材\第10章\014.jpg"文件，如果文件过大可以使用"任意变形"工具 ![tool] 进行调整。在"时间轴"面板中新建一个图层文件夹。	步骤2 单击面板中的"删除"按钮 ![btn] ，即可删除图层文件夹。

打开的文件

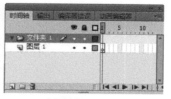
新建图层文件夹

删除图层文件夹

10.5.6 实战：利用"分散到图层"命令制作跳动的文字

使用"分散到图层"命令和插入关键帧等设置跳动的文字。

步骤1 导入随书附带光盘中的"CDROM\素材\第10章\015.jpg"文件，如果文件过大可以使用"任意变形"工具 ![tool] 进行调整。	步骤2 选择"文本工具"，在"属性"面板中，将"系列"设置为方正琥珀简体，"大小"设置为36，颜色设置为橙色。在舞台上输入"跳动文字"。

导入的文件

输入的文字

步骤3 选中文字，选择"修改丨分离"命令，即可将选择的文字分离。	步骤4 然后右击弹出快捷菜单，选择"分散到图层"命令，即可分散到各个图层中。

分离的文字

选择"分散到图层"命令

分散到图层

步骤5 将"图层1"移动到最底层并将其命名为"背景",在第45帧处插入帧,快捷键F5插入帧。

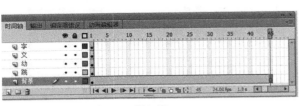

插入帧

步骤6 选择"跳"图层,选中第1帧,向后拖到第5帧处释放鼠标。

拖到第5帧

步骤7 在"跳"图层的第6帧位置按F6键插入关键帧,向上移动"跳"字的位置。

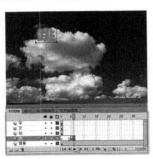

第6帧插入关键帧

步骤8 在第7帧位置插入关键帧,移动"跳"字至开始的位置即可。

第7帧插入关键帧

步骤9 在第45帧处插入帧即可。

在第45帧处插入帧

步骤10 选择"动"图层,将第1帧关键帧移动至第8帧处释放即可。

拖到第8帧的效果

步骤11 在第9帧处创建关键帧,移动"动"字的位置。

第9帧处插入帧

步骤12 在第10帧处创建关键帧,移动"动"字至开始的位置即可。

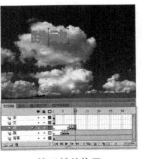

第10帧的位置

步骤13 在45帧处插入帧即可。

在第45帧插入帧

步骤14 选择"文"图层，将第1帧拖动到第11帧处释放鼠标即可。

拖到11帧处的效果

步骤15 在第12帧处插入关键帧，调整"文"字位置。

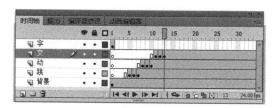

第12帧处插入的关键帧

步骤16 在第13帧处插入关键帧，将"文"字调整到原来的位置即可。

第13帧处插入关键帧

步骤17 在第45帧处插入帧即可。

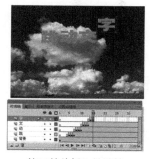

在第45帧插入帧

步骤18 选择"字"图层。将第1帧拖到第14帧处释放鼠标。

拖到14帧处的效果

步骤19 在"字"图层的第15帧位置插入关键帧，将"字"字向上挪一点即可。

第15帧处插入关键帧

步骤20 在"字"图层的第16帧处插入关键帧，将"字"字调整至原来的位置即可。

在第16帧处插入关键帧

步骤21 在"字"图层第45帧处插入帧即可完成跳动文字。	**步骤22** 按Ctrl+Enter快捷键即可测试跳动的文字。
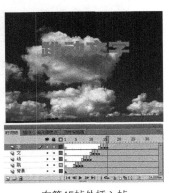 在第45帧处插入帧	 完成的跳动文字

|10.6| 运用引导层

本节主要学习创建普通引导层、创建运动引导层、转换普通引导层、取消与运动引导层的操作方法。

10.6.1 创建普通引导层

如果想将普通引导层改为普通图层，只需要再次在图层上单击鼠标右键，从弹出的快捷菜单中选择"引导层"命令即可。引导层有着与普通图层相似的图层属性，因此，可以在普通引导层上进行前面讲过的任何针对图层的操作，如锁定、隐藏等。

步骤1 打开Flash CS6程序，新建一个文件。
步骤2 右击"时间轴"面板中的"图层1"图层，在弹出的快捷菜单中选择"引导层"命令。
步骤3 操作完成后即可创建普通引导层。

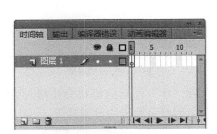
新建的文件

选择"引导层"命令

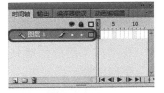
调整后的效果

10.6.2 创建运动引导层

本小节主要学习创建运动引导层，在"时间轴"面板中学习怎样创建运动引导层的方法，具体操作步骤如下。

步骤1 打开Flash CS6程序，新建一个文件。
步骤2 右击"时间轴"面板中的"图层1"图层，在弹出的快捷菜单中选择"添加传统运动引导层"命令。
步骤3 操作完成后即可添加传统运动引导层。

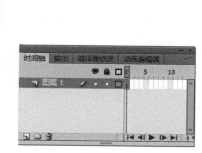
新建文件

选择"添加传统运动引导层"命令

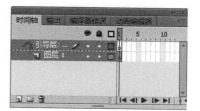
传统运动引导层

10.6.3 转换普通引导层为运动引导层

本小节主要学习转换普通引导层为运动引导层，在"时间轴"面板中学习怎样转换普通引导层为运动引导层的方法，具体操作步骤如下。

步骤1 打开Flash CS6，新建一个空白的Flash文件。

步骤2 选择"图层1"图层并单击鼠标右键，在弹出的快捷菜单中选择"引导层"命令。

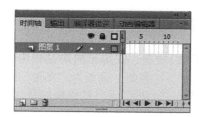
新建文件

选择"引导层"命令

步骤3 新建一个图层，并将其拖曳至"图层1"图层的下方，重命名为"圆"，使用"椭圆工具" 在舞台上绘制一个椭圆。

步骤4 选择"圆"图层，向上拖曳图层，"图层1"图层下方会显示黑色线条。

步骤5 释放后即可把普通图层转换为运动引导层。

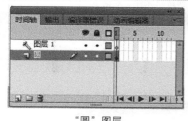
"圆"图层

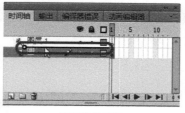
显示黑色线条

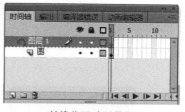
转换为运动引导层

10.6.4 取消与运动引导层的链接

本小节主要学习取消与运动引导层的链接，在"时间轴"面板中学习怎样取消与运动引导层的链接的方法，具体操作步骤如下。

步骤1 打开Flash CS6，新建一个空白的Flash文件。

步骤2 右击"图层1"图层，在弹出的快捷菜单中选择"添加传统运动引导层"命令。

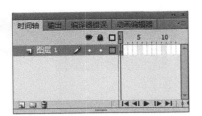

打开的文件

选择"添加传统运动引导层"命令

步骤3 选择"图层1"图层，向上拖曳到运动引导层的上方，此时会显示出黑色线条。	**步骤4** 释放鼠标即可取消与运动引导层的链接。

黑色线条

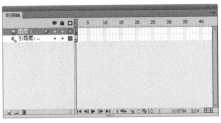

取消与引导层的链接

10.6.5 实战：制作引导线心形动画

运用引导线和新建元件和图层，制作一个心形动画。

步骤1 打开Flash CS6，新建一个空白的Flash文件。将舞台颜色设置为黑色。	**步骤2** 按Ctrl+F8快捷键，在弹出的对话框中将"名称"命名为"心形"。"类型"设置为"图形"，单击"确定"按钮，进入"心形"元件的编辑场景。

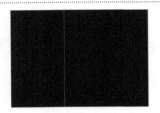

新建背景为黑色

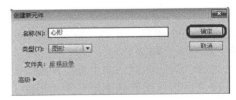

"创建新元件"对话框

步骤3 将场景放大至400%，在工具箱中选择"椭圆工具"，在舞台中绘制一个红色的圆，将"笔触颜色"设置为无。	**步骤4** 按住Ctrl键，拖曳圆再复制一个圆。

绘制的圆

复制的圆

步骤5 选择舞台中的两个圆，按Ctrl+B快捷键，将图形分离。然后使用"选择工具"  来调整成心形。

调整后的心形

步骤6 选择"颜料桶工具" ，打开"颜色"面板，颜色类型设为"径向渐变"。颜色设为由白色到红色。

颜色面板

步骤7 在心形上填充渐变颜色即可完成心形的操作。

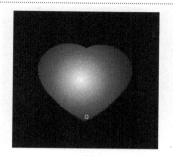
心形效果

步骤8 选择"插入｜新建元件"命令，插入一个新元件，命名为"心动"。"类型"为"影片剪辑"。

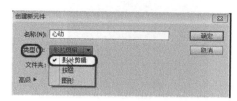
插入"心动"元件

步骤9 设置完成后单击"确定"按钮。选择"时间轴"面板的"图层1"右击图层，在弹出的快捷菜单中选择"添加传统运动引导层"命令。

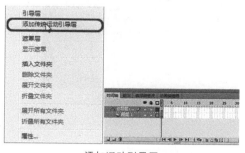
添加运动引导层

步骤10 将场景缩小至100%，选择"时间轴"上的引导层，绘制一个圆。将其填充颜色设置为无，笔触颜色设置为白色，笔触大小设置为1。

绘制的圆

步骤11 选中第一个圆，按住Ctrl键拖曳图进行复制。

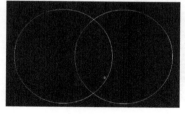
复制一个圆

步骤12 选中中间两条线，按Delete键进行删除。

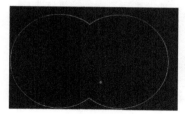
删除两条线

步骤13 使用"选择工具"  来调整成一心形。

调整的心形

步骤14 用"线条工具" ＼ 在心形的中间绘制一条直线。

绘制的直线

步骤15 选中心形的左半部分和直线，然后将其删掉，留下右半部分。

绘制的引导线

步骤16 选中引导线居中，在第165帧处插入帧。

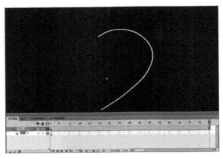

在第165帧处插入的帧

步骤17 把"心形"的元件，拖到"心动"元件的"图层1"上。

拖入的心形

步骤18 选中"图层1"图层的第1帧，把心形拖到引导线的起点位置。

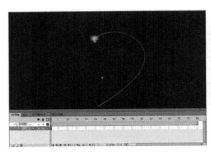

拖到的起点位置

步骤19 在"图层1"图层的第40帧处插入关键帧，把心拖到心形终点上。

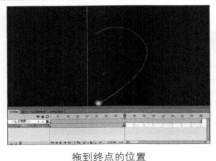

拖到终点的位置

步骤20 选择"图层1"图层并单击鼠标右键。在弹出的快捷菜单中选择"创建传统补间"命令。

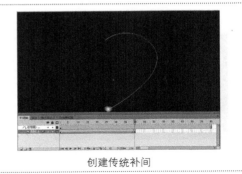

创建传统补间

步骤21 选中"图层1"图层的第1帧至第40帧。

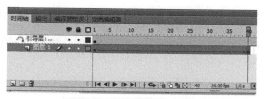

全选中的帧

步骤22 单击鼠标右键，在弹出的快捷菜单中选择"复制帧"命令。

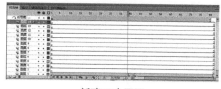

选择"复制帧"命令

步骤23 在43帧处右击，在弹出的快捷菜单中选择"粘贴帧"命令。

粘贴帧

步骤24 在"图层1"图层上方新建12个图层。

新建12个图层

步骤25 选中"图层1"图层所有的帧，单击鼠标右键。在弹出的快捷菜单中选择"复制帧"命令。

复制帧

步骤26 选择"图层3"的第5帧，单击鼠标右键，在弹出的快捷菜单中选择"粘贴帧"命令，这样就把第1层所有的帧都复制到图层3中。

复制过来的帧

步骤27 参照前面的步骤，把"图层1"所有的帧，复制到第3、4、5、6、7、8、9、10、11、12、13层的第10、15、20、25、30、35、40、45、50、55、60帧上。

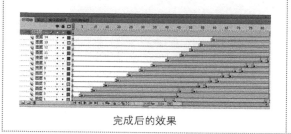

完成后的效果

步骤28 选择场景舞台，把"心动"元件拖到场景舞台。

选择场景

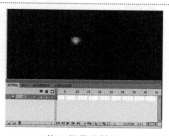

拖入场景的效果

步骤29 按Ctrl+Enter快捷键即可测试效果。

步骤30 选择"插入丨新建元件"命令，插入新元件，命名为"心动2"。

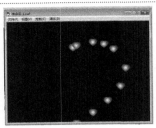

测试影片

新建元件

步骤31 选择新建引导层在第165帧处插入帧。复制"心动1"的引导线，在"心动2"处引导层中粘贴引导线。

步骤32 把"心形"拖入"心动2"中的"图层1"图层的第1帧处。

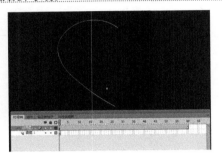

复制引导线

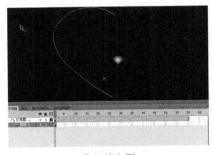

拖入的心形

步骤33 把心形挪到引导层起点位置。

步骤34 在"图层1"的第40帧处插入关键帧。

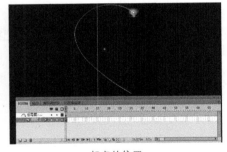

起点的位置

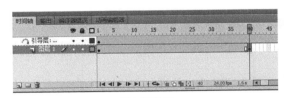

插入关键帧

步骤35 把"心形"移到终点处，右击"图层1"，在弹出的快捷菜单中选择"创建补间动画"命令。

步骤36 参照前面的步骤，复制帧到其他图层。

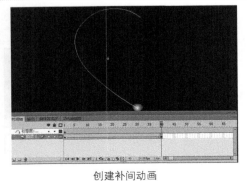

创建补间动画

做完的效果

步骤37　选择"场景1"，把"心动2"拖到"场景1"中，和"心动"重合。	**步骤38**　按Ctrl+Enter快捷键即可测试效果。
重合的元件	最终的效果

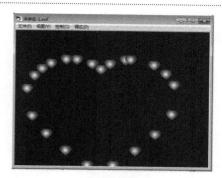

10.7　操作答疑

　　本章学习了对图层的应用和详细的操作步骤，但在实际操作当中还是会出现一些问题，下面就来解答一些问题，以方便读者学习以及巩固前面所学习的知识。

10.7.1　专家答疑

　　（1）如何选择单个图层、多个图层、间隔图层？

　　答：选择工具栏中的"选择工具"■单击一个图层即可选择单个图层，按住Ctrl键不放单击多个图层，即可选择多个图层，同样按住Ctrl键不放，选择一个图层再选择所有图层，随便哪一个，即可选择间隔图层。

　　（2）怎样对图层重命名和调整图层顺序、删除图层、隐藏图层？

　　答：选择"选择工具"■选择图层，右击在弹出的快捷菜单中选择"重命名"命令，即可对图层的名称进行更改，选择任意图层，对图层进行拖曳即可调整图层顺序，选择任意图层，右击在弹出的快捷菜单中选择"删除图层"命令，即可删除图层，单击"时间轴"面板中的"隐藏图层"按钮●即可隐藏图层。

　　（3）如何锁定图层、设置图层的属性和创建引导层？

　　答：单击"时间轴"面板中的"锁定图层"按钮🔒即可锁定图层，右击图层，在弹出的快捷菜单中选择"属性"命令，在弹出的"属性"面板中，即可设置属性，右击图层在弹出的快捷菜单中，选择"引导层"命令，即可创建引导层。

10.7.2　操作习题

1. 选择题

　　（1）导入素材的快捷是键（　　　）。

A. Ctrl+Z　　　　　　B. Ctrl+y　　　　　　C. Ctrl+R

　　（2）打开Flash CS6程序，新建一个文件，（　　　）工具可以对文件进行缩放、旋转、倾斜等操作。

A. 选择工具　　　　B.部分选取工具　　　　C.任意变形工具

2. 填空题

　　（1）在Flash CS6程序中，按＿＿＿＿＿＿＿＿键可以很快选择"时间轴"面板中的所有图层。

　　（2）选择文本工具输入文字，如果想给文字添加"滤镜"在＿＿＿＿＿＿＿＿面板中可以找到滤镜。

（3）在Flash CS6程序中，绘制一个矩形，为矩形填充渐变颜色，＿＿＿＿＿＿快捷键可以打开"颜色"面板。

3．操作题

使用传统运动引导层制作一个跳动的球。

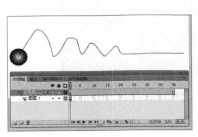 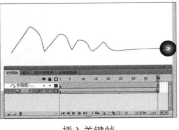 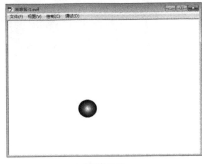

创建引导层　　　　　　　　　　插入关键帧　　　　　　　　　　测试影片

（1）选择"图层1"图层，右击"图层1"图层，在弹出的快捷菜单中选择"创建传统运动引导层"命令，在引导层中绘制一条曲线。在第40帧处插入帧。

（2）在"图层1"图层的第1帧绘制一个圆，把圆放到引导层曲线的起点上，在图层的第40帧处插入关键帧，把圆放到引导层终点上。

（3）在"图层1"图层的插入的关键帧中右击，在弹出的快捷菜单中选择"创建传统补间"命令，即可完成跳动的球。按Ctrl+Enter快捷键测试影片。

第11章

应用遮罩和场景

本章重点：

在Flash动画中，会包含多个场景，每个场景都要进行编辑，编辑场景时会在每个场景中出现多个图层。本章讲解Flash动画如何应用遮罩和场景的相关知识。

学习目的：

掌握创建、编辑、锁定与解锁遮罩层的方法；掌握遮罩动画的制作方法；掌握管理场景的方法。

参考时间：40分钟

主要知识	学习时间
11.1 场景遮罩层	7分钟
11.2 编辑遮罩层	13分钟
11.3 制作遮罩动画	13分钟
11.4 管理场景	7分钟

11.1 创建遮罩层

本节主要讲在Flash中创建遮罩层以及与普通遮罩层的关联。通过对其内容的学习及了解，熟练掌握遮罩动画的创建原理。

11.1.1 创建遮罩层

下面介绍在Flash中如何创建遮罩层，具体操作步骤如下。

步骤1 启动Flash软件，新建Flash文件，在"时间轴"面板中右击"图层1"图层，在弹出的快捷菜单中选择"遮罩层"命令。	**步骤2** 执行该操作后，可以创建遮罩层。
 选择"遮罩层"命令	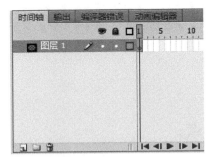 创建遮罩层

11.1.2 创建遮罩图层与普通图层的关联

下面将要介绍在Flash中如何创建遮罩层与普通图层的关联，具体操作步骤如下。

步骤1 在菜单栏中选择"文件|打开"命令，打开随书附带光盘中的"CDROM\素材\第11章\11.1.2.fla"素材文件。	**步骤2** 在"时间轴"面板中，用鼠标选择"六边形"图层。单击右键在弹出的快捷菜单中选择"遮罩层"命令。	**步骤3** 执行该操作后，可以创建遮罩层与普通图层的关联。
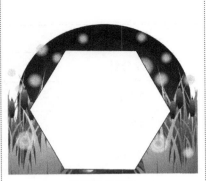 打开素材文件	 选择"遮罩层"命令	 创建遮罩图层与普通图层的关联

11.2 编辑遮罩层

遮罩层可以将与遮罩层相链接的图形中的图像遮盖起来。用户可以将多个层组合放在一个遮罩层下，以创建出多样的效果。

11.2.1 显示遮罩层

下面将要介绍在Flash中如何显示遮罩层，具体操作如下。

步骤1 在菜单栏中选择"文件 | 打开"命令，打开随书附带光盘中的"CDROM\素材\第11章\11.2 .1.fla"文件。

步骤2 在"时间轴"面板中用鼠标单击遮罩层右边的✖按钮，可以显示遮罩层。

打开素材文件

显示遮罩层

11.2.2 隐藏遮罩层

下面介绍在Flash中如何隐藏遮罩层，具体操作步骤如下。

步骤1 在菜单栏中选择"文件 | 打开"命令，打开随书附带光盘中的"CDROM\素材\第11章\11.2 .2.fla"素材文件。

步骤2 在"时间轴"面板中用鼠标单击遮罩层右边的 ● 按钮，可以隐藏图形。

打开素材文件

隐藏遮罩层

11.2.3 锁定遮罩层

下面介绍在Flash中如何锁定遮罩层，具体操作步骤如下。

步骤1 在菜单栏中选择"文件 | 打开"命令，打开随书附带光盘中的"CDROM\素材\第11章\11.2.3.fla"素材文件。

步骤2 在"时间轴"面板中用鼠标单击遮罩层右边的第二个 ● 按钮，可以锁定遮罩层。

打开素材文件

锁定遮罩层

11.2.4 解锁遮罩层

下面介绍在Flash中如何解锁遮罩层，具体操作步骤如下。

步骤1 在菜单栏中选择"文件｜打开"命令，打开随书附带光盘中的"CDROM\素材\第11章\11.2.4.fla"素材文件。

步骤2 在"时间轴"面板中用鼠标单击遮罩层右边的 🔒 按钮，可以解锁遮罩层。

打开素材文件

解锁遮罩层

11.2.5 取消遮罩层

下面介绍在Flash中如何取消遮罩层，具体操作步骤如下。

步骤1 在菜单栏中选择"文件｜打开"命令，打开随书附带光盘中的"CDROM\素材\第11章\11.2.5.fla"素材文件。

步骤2 在"时间轴"面板中用鼠标右键单击"图层2"图层，在弹出的快捷菜单中选择"遮罩层"命令，可以取消遮罩层。

打开遮罩层

取消遮罩层

> 📌 **提示：**
> 选择遮罩层，单击鼠标右键，在弹出的快捷菜单中选择"属性"命令（或在菜单栏中选择"修改｜时间轴｜图层属性"命令），在弹出的"图层属性"对话框中选择"类型"中的"一般"选项，单击"确定"按钮即可。

11.2.6 实战：取消遮罩层与被遮罩层关联

下面介绍在Flash中如何取消遮罩层与被遮罩层关联，具体操作步骤如下。

步骤1 在菜单栏中选择"文件｜打开"命令，打开随书附带光盘中的"CDROM\素材\第11章\11.2.6.fla"素材文件。将鼠标指针移动至"时间轴"面板的"图层1"图层上。

步骤2 按住鼠标左键的同时，将"图层1"图层向上拖曳，此时"图层2"图层上方会出现一条黑色线条。

步骤3 释放鼠标后可以取消遮罩层与被遮罩层之间的关联。

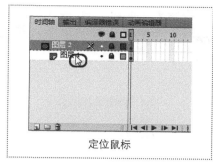

定位鼠标

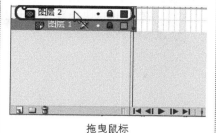

拖曳鼠标

取消遮罩层与被遮罩层的关联

|11.3| 制作遮罩动画

本节主要讲在Flash中制作遮罩动画的方法。

11.3.1 上下层同时运动遮罩动画

下面介绍在Flash中如何制作上下层同时运动遮罩动画，具体操作步骤如下。

步骤1 新建Flash文件，然后按Ctrl+R快捷键，在弹出的对话框中选择随书附带光盘中的"CDROM\素材\第11章\03.jpg"素材文件。	**步骤2** 单击"打开"按钮，即可导入素材文件，然后在"属性"面板中将"位置和大小"选项区中的宽度设置为550，高度设置为400，"X"和"Y"都设置为0。	**步骤3** 在"图层1"图层的第50帧中插入帧。

选择素材文件

设置位置和大小

插入帧

步骤4 新建"图层2"图层，在菜单栏中选择"插入丨新建元件"命令，在弹出的对话框中新建一个"元件1"图形元件。	**步骤5** 进入元件编辑状态，对元件进行编辑文字。	**步骤6** 在"图层2"图层的第1帧中，放入"元件1"元件。

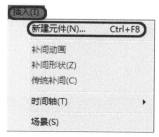

新建元件

编辑元件

将元件放入图层

步骤7 在"图层2"图层的第50帧插入关键帧，选择第50帧，在工具栏中运用"任意变形工具"向上移动一段距离。

步骤8 右击"图层2"图层关键帧，在弹出的快捷菜单中选择"创建传统补间"命令。

步骤9 新建"图层3"图层，在舞台中绘制矩形，并设置其渐变颜色。

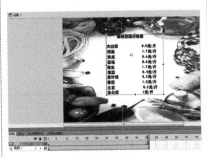

元件向上移动

设置渐变矩形

创建传统补间

步骤10 在"图层3"图层中的第50帧处插入关键帧，在第50帧的位置将线条利用"任意变形工具"扩大，并且创建传统补间动画。

步骤11 在"时间轴"面板中右击"图层3"图层，在弹出的快捷菜单中选择"遮罩层"命令，即可创建遮罩层。

步骤12 使用Enter键测试上下层遮罩运动效果。

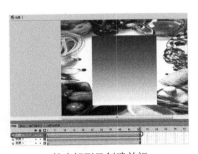

扩大矩形及创建补间

创建遮罩层

测试效果

11.3.2 实战：制作运动的云彩效果

下面介绍在Flash中如何制作运动的云彩效果，具体操作步骤如下。

步骤1 在菜单栏中选择"文件丨打开"命令，打开随书附带光盘中的"CDROM\素材\第11章\11.3.4.fla"素材文件。

步骤2 在"时间轴"面板中"背景"图层的第100帧中插入帧。

步骤3 在"时间轴"面板中的"云彩"图层的第100帧插入关键帧。

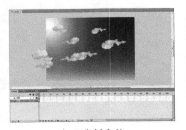

打开素材文件

插入帧

插入关键帧

步骤4 在"云彩"图层上单击鼠标右键，在弹出的快捷菜单中选择"创建传统补间"命令，即可创建传统补间动画。	**步骤5** 用鼠标单击第100帧，将"云彩"向右上方移动一段距离。	**步骤6** 执行该操作后，按Ctrl+Enter快捷键即可测试运动的云彩效果。
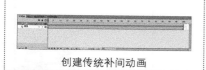

创建传统补间动画 |

移动"云彩" | 测试"云彩"运动效果 |

提示：

若"云彩"运动效果较快，可以在"库"面板中的"属性"栏中设置FPS为10，可以减慢运动效果。

11.3.3 实战：利用遮罩层动画制作简约片头

下面介绍在Flash中如何利用遮罩动画制作片头，具体操作步骤如下。

步骤1 启动Flash软件，新建一个Flash文件，在工具箱中单击"线条工具"，"笔触颜色"设置为黑色，"笔触大小"设置为1，然后在舞台左侧绘制直线。	**步骤2** 在"图层1"图层的第30帧位置插入关键帧。	**步骤3** 选中直线，按住Shift键并配合方向键，将其移动到舞台的右侧。

绘制线条 |

插入关键帧 |

绘制右端线条 |
| **步骤4** 在"时间轴"面板中选择"图层1"图层中的任意一帧，单击鼠标右键，在弹出的快捷菜单中选择"创建传统补间"命令。 | **步骤5** 新建"图层2"图层，同上，画一条线条，将线条放在舞台中最右端，相对于舞台大小。 | **步骤6** 在"图层2"图层的第30帧插入关键帧。 |
|

选择"创建传统补间"命令 |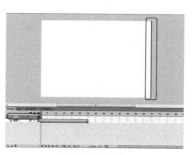

绘制右端线条 |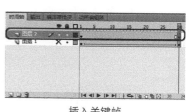

插入关键帧 |

步骤7 在"时间轴"面板中，选择"图层2"图层的第30帧，将直线水平移动到舞台最左端。

步骤8 在"图层2"图层的任意一帧中右击，在弹出的快捷菜单中选择"创建传统补间"命令。

步骤9 新建"图层3"图层，导入一张图片，调整图片的大小及位置。将"图层3"图层移至"时间轴"面板的最下层，并在第30帧插入帧。

移动线条

选择"创建传统补间"命令

导入图片并插入帧

步骤10 新建"图层4"图层，并将其移动至"图层3"图层上方，在第20帧位置插入关键帧。

步骤11 导入一张素材图像。

步骤12 新建"图层5"图层，在"时间轴"面板中的第20帧插入关键帧。

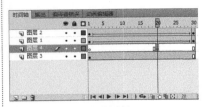

插入关键帧

插入帧

插入关键帧

步骤13 在工具箱中选择"矩形工具"，在"图层5"图层的第20帧绘制一个长方形，宽与绘制的两条直线对齐，填充任意颜色。

步骤14 在"图层5"图层的第30帧插入关键帧，将"矩形"转换为图形元件。在工具箱中选择"任意变形工具"，调整矩形的大小。

步骤15 选择"图层5"图层的第20帧至30帧中的任意一帧右击，在弹出的快捷菜单中选择"创建传统补间"命令。创建传统补间动画。

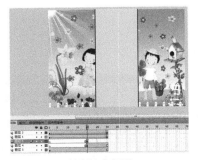

绘制填充矩形

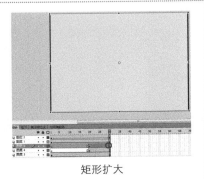

矩形扩大

创建传统补间动画

步骤16 选择"图层5"图层，单击鼠标右键，在弹出的快捷菜单中选择"遮罩层"命令。

步骤17 按Ctrl+Enter键，即可测试遮罩动画效果。

选择"遮罩层"命令

测试遮罩动画效果

提示：
在使用Enter键测试遮罩动画效果之前，可在"时间轴"面板中单击"图层1"和"图层2"图层的第一个 ● 按钮，将两个图层进行隐藏。

11.4 管理场景

在制作大型动画时，需要多个场景进行互动，本节主要学习怎样管理场景。

11.4.1 添加场景

下面介绍在Flash中如何添加场景，具体操作步骤如下。

步骤1 启动Flash CS6软件，新建一个Flash文件。在菜单栏中选择"插入 | 场景"命令。

步骤2 执行该操作后，可以添加场景。用户可以在"场景"面板中查看添加的场景。

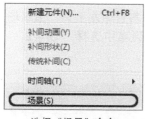

选择"场景"命令

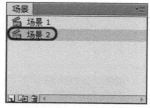

添加的场景

提示：
添加场景的另一种方法：在菜单栏中选择"窗口 | 其他面板 | 场景"命令，在"场景"面板左下角可单击"添加场景"按钮 。

11.4.2 复制场景

下面介绍在Flash中如何复制场景，具体操作步骤如下。

步骤1 在菜单栏中选择"文件 | 打开"命令，打开随书附带光盘中的 "CDROM\素材\第11章\11.4.fla"素材文件。在"场景"面板中选择"场景1"。

步骤2 在"场景"面板左下角中单击"重置场景"按钮 ，复制选择的场景。

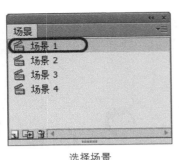

选择场景

复制场景

11.4.3　删除场景

下面介绍在Flash中如何删除场景，具体操作步骤如下。

步骤1　在菜单栏中选择"文件 | 打开"命令，打开随书附带光盘中的"CDROM\素材\第11章\11.4.fla"素材文件。在"场景"面板中选择"场景1复制"。

步骤2　在"场景"面板左下角中单击"删除场景"按钮 🗑 ，删除所选的场景。

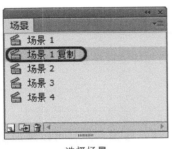

选择场景

删除场景

11.4.4　切换场景

下面介绍在Flash中如何切换场景，具体操作步骤如下。

步骤1　在菜单栏中选择"文件 | 打开"命令，打开随书附带光盘中的"CDROM\素材\第11章\11.4.fla"素材文件。

步骤2　单击舞台中左上角"编辑场景"按钮，在弹出的下拉列表中选择"场景2"，即可切换到"场景2"中。

打开素材文件

切换场景

> 📎 **提示：**
> 切换场景的其他两种方法：在菜单栏中选择"视图 | 转到"命令，在子菜单中选择场景名称，在菜单栏中选择"窗口 | 其他面板 | 场景"命令，在"场景"面板中选择所需的场景。

11.4.5　排列场景

本小节将要介绍在Flash中如何排列场景，具体操作步骤如下。

步骤1　在菜单栏中选择"文件｜打开"命令，打开随书附带光盘中的"CDROM\素材\第11章\11.4.fla"素材文件，在"场景"面板中选择"场景3"，拖曳至"场景2"上方，此时会出现一条绿色的线。

步骤2　释放鼠标左键，完成场景的排列。

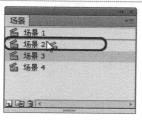

拖曳鼠标

排列场景

11.4.6　重命名场景

本小节介绍在Flash中如何重命名场景，具体操作步骤如下。

步骤1　在菜单栏中选择"文件｜打开"命令，打开随书附带光盘中的"CDROM\素材\第11章\11.4.fla"素材文件。在"场景"面板中选择"场景4"。

步骤2　双击鼠标，确认"场景4"处于编辑状态下，输入"图片"文本。

步骤3　按Enter键，可完成重命名场景。

定位鼠标

输入文本

重命名场景

11.4.7　设置场景属性

下面介绍在Flash中如何设置场景属性，具体操作步骤如下。

步骤1　在菜单栏中选择"文件｜打开"命令，打开随书附带光盘中的"CDROM\素材\第11章\11.4.fla"文件。在"场景"面板中选择"场景2"。

步骤2　单击"属性"面板中的"编辑文档属性"按钮，在弹出的"文档设置"对话框中设置"尺寸"为700像素×500像素，将"背景颜色"设置为红色，单击"确定"按钮完成文档属性的设置。

选择场景

设置场景属性

| 11.5 | 操作答疑

在做应用场景时或许遇到疑问，在这里将举出常见问题并对其进行详细解答。并在后面追加多个练习题，以方便读者学习以及巩固前面所学的知识。

11.5.1 专家答疑

（1）在制作过程中，遮罩层常常挡住下层中的元件，使用户无法进行编辑怎么办？

答：运用鼠标单击"时间轴"面版中遮罩层的"显示图层轮廓"按钮，将遮罩层变成边框形状，然后拖动遮罩图形外部的边框调整位置和形状。

（2）在场景中如何显示遮罩效果？

答：在场景中，将遮罩层和被遮罩层锁定，即可看到遮罩效果。

（3）遮罩层内如何放置动态文字？

答：在遮罩层内不能放置动态文字。

11.5.2 操作习题

1. 选择题

（1）在"时间轴"面板遮罩层中若出现✖按钮，运用鼠标进行单击可以（ 　　）。

　A.锁定遮罩层　　　　　　B.显示遮罩层　　　　　　C.隐藏遮罩层

（2）测试影片的快捷键是（ 　　）。

　A.Alt+Ctrl+Shift　　　　　B.Shift+Enter　　　　　　C.Ctrl+Enter

（3）在菜单栏中选择（ 　　）中的子菜单也可选择切换场景。

　A.修改｜排列　　　　　　B.查找｜时间轴　　　　　C.视图｜转到

2. 填空题

（1）要在Flash中复制场景，可以在"场景"面板中选择＿＿＿＿＿＿＿＿按钮。

（2）Shift+F2快捷键可以打开＿＿＿＿＿＿＿＿面板。

（3）若对场景的属性进行设置，可以单击"属性"面板中的"编辑文档属性"按钮，弹出＿＿＿＿＿＿＿＿对话框。

3. 操作题

将场景1和场景2制作遮罩动画。

添加场景　　　　　　　　　　　导入素材　　　　　　　　　　　　添加遮罩动画

（1）打开"场景"面板并添加场景。

（2）在"场景1"和"场景2"中导入素材，根据舞台调整图片大小。

（3）在"场景1"和"场景2"中添加遮罩动画效果。

第12章

应用时间轴和帧

本章重点：

    Flash动画中最基本的类型就是逐帧动画，而最基本的动画单位是帧，由于帧总是和"时间轴"面板联系在一起，本章将着重讲解时间轴和帧的运用。

学习目的：

    时间轴是Flash的核心内容，它可以组织和控制内容在特定的时间出现在画面上。帧就像电影中的底片，制作动画的大部分操作都是对帧的操作，不同帧的顺序将关系到其内容在影片播放时的顺序。熟练掌握时间轴与帧的操作是制作Flash动画的关键。

参考时间：70分钟

主要知识	学习时间
12.1 创建帧	10分钟
12.2 编辑帧	30分钟
12.3 设置帧属性	10分钟
12.4 时间轴基本操作	10分钟
12.5 操作答疑	10分钟

| 12.1 | 创建帧

在Flash CS6中制作影片时，避免不了帧的应用，有时需要在时间轴中插入一些帧来满足影片长度的需要，下面就开始学习插入帧的一些相关操作。

12.1.1 创建普通帧

插入普通帧的方法有多种，下面将介绍常用的几种方法。

方法一：在菜单栏中选择"窗口 | 时间轴"命令，将鼠标指针放置在要插入普通帧的位置上，单击鼠标右键，然后在弹出的快捷菜单中选择"插入帧"命令，这时就在原来的位置上增加一个普通帧。

方法二：在菜单栏中选择"插入 | 时间轴 | 帧"命令，或者按F5键来插入帧。

选择"时间轴"命令

插入帧

> 🐾 **提示：**
> 连续的普通帧在时间轴中呈浅灰色显示，并且在连续普通帧中，最后一帧的形状是一个小矩形形状，连续普通帧上的内容都是相同的，当修改其中某一帧时，其他帧的内容也同时被更新。

12.1.2 创建空白关键帧

创建空白关键帧的方法如下。

方法一：在时间轴上，将鼠标放置在要插入关键帧的地方，单击鼠标右键，在弹出的快捷菜单中选择"插入空白关键帧"命令。

方法二：在菜单栏中选择"插入 | 时间轴 | 空白关键帧"命令，或者可以按F7键来插入空白关键帧。

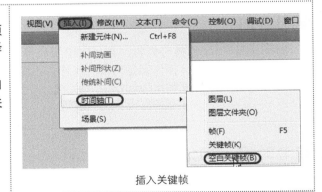

插入关键帧

> 🐾 **提示：**
> 在每一个Flash文档中，"图层1"图层的第1帧即为空白关键帧，空白关键帧用黑色的空心小圆圈表示，空白关键帧就是没有内容的关键帧，一般用于画面与画面之间形成的间隔，在时间轴中插入关键帧后，左侧相邻帧的内容便会自动复制到该关键帧中，如果不想在新关键帧中继承相邻左侧帧的内容，可以采用插入空白关键帧的方法。

12.1.3 实战：创建关键帧

本例主要介绍通过添加关键帧来创建影片动画，其中主要运用"字体工具"来输入文字。

步骤1 打开随书附带光盘中的"CDROM\素材\第12章\创建关键帧.fla"素材文件，将鼠标指针移动到"时间轴"面板中下面的帧速率文本框 `24.00 fps` 中，将帧速率设置为8。

步骤2 在"时间轴"面板中选择"背景"图层，在第35帧位置按F5键插入帧。

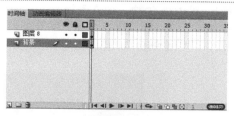

调整帧速率

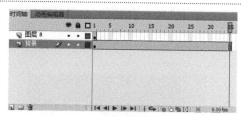

插入帧

步骤3 在"时间轴"面板中选择"图层8"图层，在第5帧位置上按F6键插入关键帧。

步骤4 在舞台区将"童节快乐"文字删除，将剩下的"儿"字进行位置调整。

插入关键帧

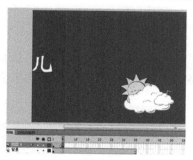

调整文字

步骤5 在"时间轴"面板中选择"图层8"图层，在第10帧位置上插入关键帧，会发现舞台上只有"儿"字，将其删除，再次单击第1帧，将"童"字进行复制，粘贴到第10帧位置，即调整到合适的位置。

步骤6 在"时间轴"面板中选择"图层8"图层，在第15帧位置上右击鼠标，在弹出的快捷菜单中选择"插入关键帧"命令。

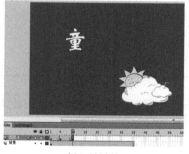

插入关键帧

选择"插入关键帧"命令

步骤7 将舞台区的文字删除，在第1帧位置将"节"字复制到第15帧的位置区域，即调整到合适的位置。

步骤8 单击第20帧位置，在菜单栏中选择"插入 | 时间轴 | 关键帧"命令。

调整文字

插入关键帧

步骤9 将舞台区的文字删除，在第1帧位置将"快"字复制到第20帧的位置区域，即调整到合适的位置。

步骤10 单击第25帧，插入关键帧，将舞台区的文字删除，在第1帧位置将"乐"字复制到第25帧的位置，即调整到合适的位置。

调整文字

调整文字

步骤11 单击第30帧，插入关键帧，将舞台区域的文字删除，在第1帧位置将里面的文字全部复制到第30帧位置。

步骤12 单击第35帧，插入关键帧，可以看到第30帧的文字已经显示在舞台上。

复制文字

插入关键帧

步骤13 按Ctrl+Enter快捷键，测试影片。

12.2 编辑帧

动画的制作原理是将一定数量的静态图片连续播放，由于此过程有很强的连贯性，因此人的肉眼感觉到静态的图片是在发生动态变化，这一系列的静态图片可以称为帧。

12.2.1 选择帧

选择单个帧：在"时间轴"面板中单击"图层8"图层的第5帧，就可以选择帧。

选择多个连续帧：首先选中一个帧，然后按住Shift键的同时单击最后一个要选中的帧。

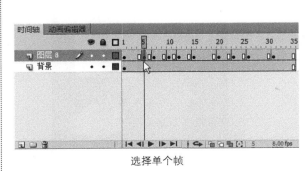

选择单个帧

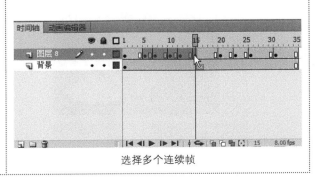

选择多个连续帧

选择多个不连续的帧：按住Ctrl键的同时，单击要选中的各个帧，就可以将这些帧选中。

选择所有的帧：选中"时间轴"面板上的任意一帧，在菜单栏中选择"编辑|时间轴|选择所有帧"命令，就可以选择时间轴中的所有帧。

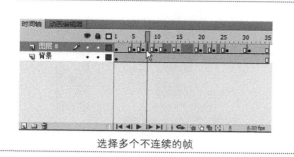

选择多个不连续的帧

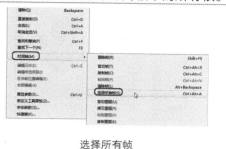

选择所有帧

12.2.2　移动帧

方法一： 在"时间轴"面板中选择"图层1"图层的第5帧，当鼠标指针呈形状时向右拖动鼠标，到第15帧位置时释放鼠标左键，就可以移动帧。

方法二： 选择要移动的一帧或多帧，在菜单栏中选择"编辑|剪切"命令，在时间轴面板中选择相应的帧，在菜单栏中选择"编辑|粘贴"命令。

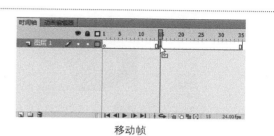

移动帧

方法三： 选择要移动的帧并右击鼠标，在弹出的快捷菜单中选择"剪切帧"命令，在需要移动的位置上右击鼠标，在弹出的快捷菜单中选择"粘贴帧"命令即可。

12.2.3　翻转帧

步骤1 在"时间轴"面板上，选中任意一个帧，在菜单栏中选择"编辑|时间轴|选中所有帧"命令，选中动画文件中的所有帧。

步骤2 在菜单栏中选择"修改|时间轴|翻转帧"命令，这时时间轴上所有帧的位置发生改变，原来位于最左端的帧移到了最右端，原来位于最右端的帧移到了最左端。

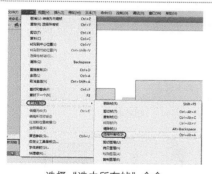

选择"选中所有帧"命令

选择"翻转帧"命令

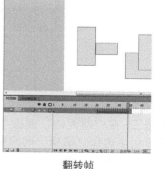

翻转帧

提示：
若是让只有一部分帧翻转的话，就在选择的时候只选中一部分帧就可以翻转。

12.2.4　复制帧

在Flash中，有多种方法可以复制帧，下面将对其进行简单介绍。

方法一：
步骤1 打开随书附带光盘中的"CDROM\素材\第12章\复制帧.jpg"素材文件，在"时间轴"面板中选择"图层1"图层的第1帧，右击鼠标。

步骤2　在弹出的快捷菜单中选择"复制帧"命令，再右击第25帧，在弹出的快捷菜单中选择"粘贴帧"命令，就可以完成复制帧操作。

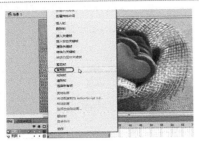

选择"复制帧"命令

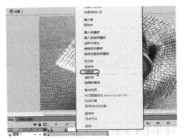

选择"粘贴帧"命令

方法二：在"时间轴"面板中选择"图层1"的第1帧，在菜单栏中选择"编辑 | 时间轴 | 复制帧"命令，将鼠标指针放置在第15帧，在菜单栏中选择"编辑 | 时间轴 | 粘贴帧"命令，就可以完成复制帧的操作。

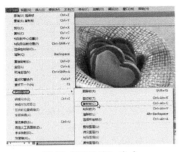

选择"复制帧"命令

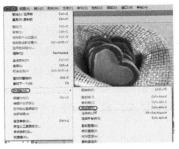

选择"粘贴帧"命令

方法三：在"时间轴"面板中选择"图层1"图层，按Ctrl+Alt+C快捷键，再到第15帧进行粘贴帧。
方法四：在"时间轴"面板中选择"图层1"图层，按住Alt键的同时拖动鼠标至第15帧，就可以完成复制操作。

12.2.5　删除帧

方法一：在"时间轴"面板中，将鼠标指针放置在要删除的帧上，单击鼠标右键，在弹出的快捷菜单中选择"删除帧"命令，这时将删除选中的帧，删除后整个普通帧的长度会减少一格。

选择"删除帧"命令

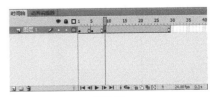

删除帧

方法二：在"时间轴"面板中选择要删除的帧，在菜单栏中选择"编辑 | 时间轴 | 删除帧"命令，就可以完成删除操作。
方法三：在"时间轴"面板中选择要删除的帧，按Shift+F5快捷键，就可以完成删除操作。

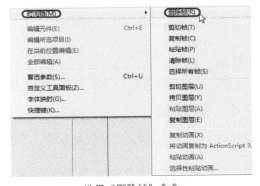

选择"删除帧"命令

12.2.6 清除帧

方法一： 在"时间轴"面板上，任意选中一个帧，在菜单栏中选择"编辑 | 时间轴 | 清除帧"命令，就可以完成清除帧的操作。

方法二： 在要清除的帧的位置单击鼠标右键，在弹出的快捷菜单中选择"清除帧"命令。

方法三： 按Alt+Backspace快捷键或Delete键进行清除。

清除帧

12.2.7 转换帧

方法一： 在"时间轴"面板上选择要转换的帧，在菜单栏中选择"修改 | 时间轴 | 转换为关键帧"命令，就可以完成操作。

方法二： 在需要转换的帧的位置上单击鼠标右键，在弹出的快捷菜单中选择"转换为关键帧"命令，就可以将帧转换为关键帧。

方法三： 按F6键也可以将帧转换为关键帧。

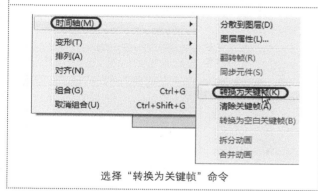

选择"转换为关键帧"命令

选择"转换为关键帧"命令

12.2.8 清除关键帧

方法一： 在"时间轴"面板上选择要清除的关键帧，右击鼠标，在弹出的快捷菜单中选择"清除关键帧"命令，就可以将关键帧清除。

方法二： 在"时间轴"面板上选择要清除的关键帧，在菜单栏中选择"修改 | 时间轴 | 清除关键帧"命令，就可以完成操作。

方法三： 按Shift+F6快捷键，就可以完成操作。

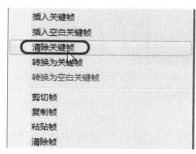

选择"清除关键帧"命令

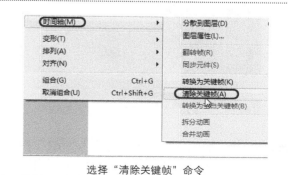

选择"清除关键帧"命令

提示：
清除关键帧就是将关键帧转换为普通帧。

12.2.9　扩展关键帧

在"时间轴"面板中选择要扩展的图层所有帧，将鼠标指针放置在第1帧上，当鼠标指针呈⤸形状时，将鼠标向右拖动到要扩展的位置，释放鼠标，即可完成关键帧的扩展。

全部选中　　　　　　　　　　移动所有帧　　　　　　　　　　扩展关键帧

12.2.10　实战：利用"翻转帧"制作玩滑板的小孩

本例是介绍运用"翻转帧"来绘制玩滑板的小孩，通过选中一部分帧，选择"翻转帧"命令使帧进行翻转使图形完成效果。

步骤1　打开随书附带光盘中的"CDROM\素材\第12章\滑板上的小孩.fla"素材文件，将鼠标指针移动到"时间轴"面板中下面的帧速率文本框 24.00 fps 中，将帧速率调整为8。

步骤2　在"时间轴"面板中选择"图层1"图层，在第40帧位置按F5键插入帧。

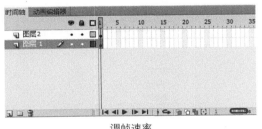

调帧速率

插入帧

步骤3　在"时间轴"面板中选择"图层2"图层，在第5帧位置上按F6键插入关键帧。

步骤4　在舞台区中将图形进行修改，适当调整图片的大小，调整到合适的位置。

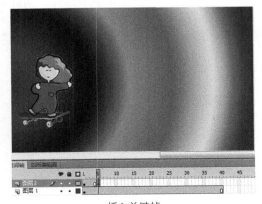

插入关键帧

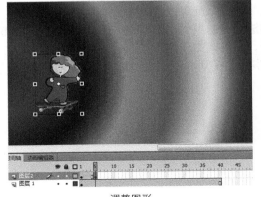

调整图形

步骤5　在"时间轴"面板中选择"图层2"图层，在第10帧位置上按F6键插入关键帧，将舞台区中的图形再次进行修改（将图形适当放小），调整到适当的位置。

步骤6　在"时间轴"面板中选择"图层2"图层，在第15帧位置上按F6键插入关键帧，将舞台区中的图形调整到最大，放置适当的位置。

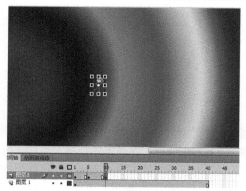

调整图形

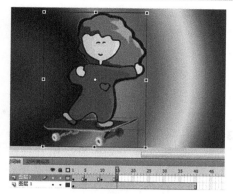

调整图形

步骤7 在第20帧位置上插入关键帧，将舞台区的图形进行修改（可以适当缩小，并适当旋转一下），调整到适当的位置。

步骤8 在第25帧位置上插入关键帧，将舞台区的图形进行修改（可将图形再次进行旋转，旋转到合适的形状），调整到适当的位置。

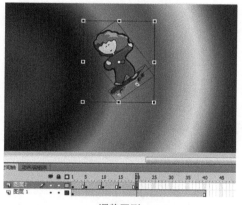

调整图形

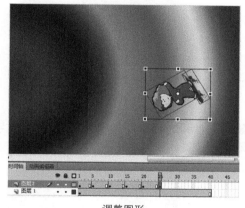

调整图形

步骤9 使用同样的方法在其他帧上调整图形的位置，在"时间轴"面板中，任意选中一帧，在菜单栏中选择"编辑|时间轴|选择所有帧"命令。

步骤10 在菜单栏中选择"修改|时间轴|翻转帧"命令，这时时间轴上所有帧的位置发生改变，原来位于最左端的帧移到了最右端，原来位于最右端的帧移到了最左端。

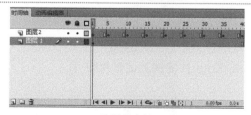

选择所有帧

翻转帧

步骤11 操作完成后，按Ctrl+Enter快捷键测试影片即可。

12.2.11 实战：利用"复制帧"制作打字的效果

本例是运用"复制帧"来制作打字的效果，下面利用"复制帧"、"粘贴帧"来完成效果。

步骤1 打开随书附带光盘中的"CDROM\素材\第12章\打字效果.fla"素材文件，将鼠标指针移动到"时间轴"面板中下面的帧速率文本框中，将帧速率调整为8。

步骤2 在"时间轴"面板中选择"图层1"图层，在第30帧位置按F5键插入帧。

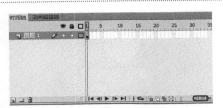

设置帧速率

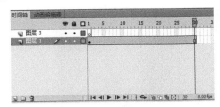

插入帧

步骤3 选择"图层3"，在工具箱中选择"字体工具" **T**，输入"停"文字，运用"任意变形工具" **⊠**，将文字调整大小，也可以在菜单栏中选择"文本 | 字体"命令，调整文字样式。

步骤4 在"时间轴"面板中选择"图层3"图层，在第1帧上右击鼠标，在弹出的快捷菜单中选择"复制帧"命令，在第5帧位置右击鼠标，在弹出的快捷菜单中选择"粘贴帧"命令，将第1帧文字复制到第5帧位置，再使用"文本工具"输入"不"字。

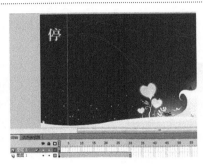

输入文字

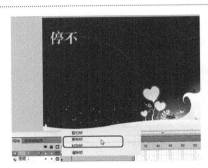

复制帧

步骤5 运用和步骤4同样的方法将第5帧文字复制到第10帧位置，并输入文字。

步骤6 用同样的方法将第10帧复制到第15帧的位置，再次输入文字。

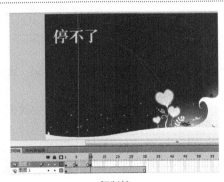

复制帧

复制帧

步骤7 使用相同的方法添加其他文字，创建完成后，按Ctrl+Enter快捷键测试影片即可。

12.3 设置帧属性

帧标签有助于在时间轴上确认关键帧，帧注释有助于用户对影片的后期操作，还有助于在同一个电影中的团体合作，以及命名锚记可以使影片观看者使用浏览器中的"前进"和"后退"按钮从一个帧跳到另一个帧，或是从一个场景跳到另一个场景，从而使Flash影片的导航变得简单。下面一一介绍如何操作。

12.3.1 标签帧

在"时间轴"面板中，选择要加入"标签帧"的关键帧，将"属性"面板中的"名称"设置为"缓缓停止"，按Enter键，就可以完成标签帧的操作。

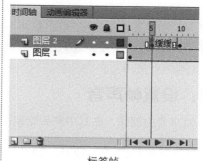

"属性"面板　　　　　　　　　　标签帧

> **提示：**
> 当移动、插入或删除帧时，标签将跟随指定的关键帧移动，而帧序号则固定在时间轴的标尺中，当关键帧的位置发生移动时，帧序号也相应地发生改变，所以在脚本中指定关键帧时最好使用标签，标签包含在发布后的Flash影片中，所以应使用尽量短的标签，以减小文件的大小。

12.3.2　注释帧

方法一　在"时间轴"面板中选择需要注释的关键帧，将"属性"面板上的"名称"设置为"//缓缓停止"，按Enter键，即可完成注释帧的操作。

方法二　在"属性"面板中的"名称"文本框中输入名称（名称前面不加//符号）后，在文本框下方设置"类型"为"注释"即可。

"属性"面板　　　　　　　　　注释帧　　　　　　　　　　注释帧

> **提示：**
> 注释并不包含在发布后的影片文件中，所以用户可以使用任意长度的注释，而不必担心文件的大小。

12.3.3　锚记帧

下面将介绍如何锚记帧，其具体操作步骤如下。

步骤1　在"时间轴"面板中选择"图层2"图层的第1帧，在菜单栏中选择"窗口 | 属性"命令。

步骤2　在"属性"面板的"标签"选项区中设置"名称"为"1"，"类型"为"锚记"，选择"图层2"图层的第5帧，添加"锚记帧"，操作完成后，就可以完成锚记帧的操作。

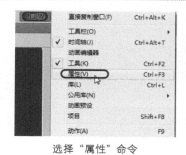

选择"属性"命令　　　　　　　属性面板　　　　　　　　　锚记帧

提示：

在Flash CS6中，如果要在最终的Flash影片中使用命名锚记关键帧，可以选择菜单栏中的"文件 | 发布设置"命令，在弹出的"发布设置"对话框中，在HTML选项卡的"模板"下拉列表中选择"带有命名锚记的Flash"选项，单击"发布"按钮即可。

12.3.4 实战：设置帧声音

本例介绍关于帧声音的制作，在其中需要绘制图形及导入音乐。在格式化工厂截取音乐背景，具体操作步骤如下。

步骤1 打开随书附带光盘中的"CDROM\素材\第12章\设置帧声音.fla"素材文件，将鼠标指针移动到"时间轴"面板中下面的帧速率文本框 24.00 fps 中，将帧速率调整为8。

步骤2 在"时间轴"面板中选择"背景"图层，选择第40帧，按F5键插入帧。

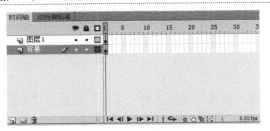

设置帧速率

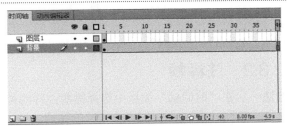

插入帧

步骤3 在"时间轴"面板中选择"图层1"图层的第3帧，插入关键帧，将舞台区的图形进行调整。

步骤4 在"时间轴"面板中选择"图层1"图层的第5帧位置插入关键帧，将舞台区的图形进行调整。

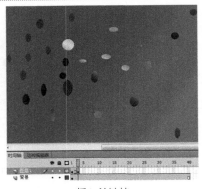

插入关键帧

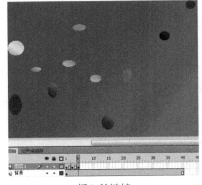

插入关键帧

步骤5 在"时间轴"面板中选择"图层1"图层的第8帧位置插入关键帧，选择"修改 | 变形 | 水平翻转"命令，将舞台图形进行调整。

步骤6 在"时间轴"面板中选择"图层1"图层的第10帧位置插入关键帧，将第1帧复制到第10帧的位置。

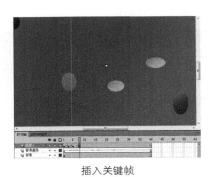

插入关键帧

插入关键帧

步骤7　在"时间轴"面板中选择"图层1"图层的第13帧插入关键帧，按Ctrl+B快捷键将图形分离。将舞台区的图形运用"修改 | 变形 | 扭曲"命令进行调整。

步骤8　在"时间轴"面板中选择"图层1"图层的第15帧插入关键帧，将舞台区中的图形进行删除，将第3帧复制到第15帧的位置，并使用同样的方法添加其他帧。

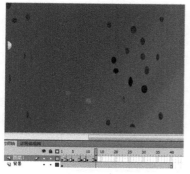

插入关键帧

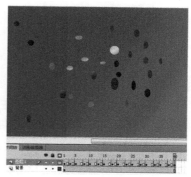

添加其他帧

步骤9　在"时间轴"面板中，单击左下角"新建图层"按钮，将名字重命名为"背景音乐"。将该图层放在"图层1"图层下面。

步骤10　导入音频文件，选中"背景音乐"图层的第1帧，在"属性"面板上的"声音"选项区中单击"名称"右侧下拉按钮，在弹出的下拉列表中选择"背景音乐.mp3"选项，就可以设置帧声音。

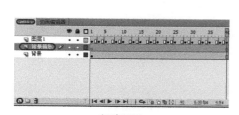

新建图层

选择声音

步骤11　设置完成后，按Ctrl+Enter快捷键测试影片即可。

12.3.5　设置帧频

在舞台区单击鼠标右键，在弹出的快捷菜单中选择"文档属性"命令，在弹出的"文档设置"对话框中，设置"帧频"为12，单击"确定"按钮，就可以完成帧频的设置。

选择"文档属性"命令

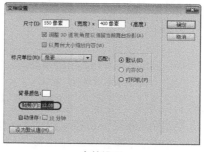

文档设置

12.3.6　指定可打印帧

在"时间轴"面板中选择要编辑的图层，单击第1帧，在"属性"面板上的"标签"选项区设置"名称"为"#P"，按Enter键进行确认，就可以指定可打印的帧。

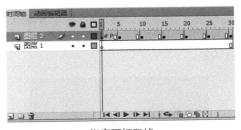

"属性"面板　　　　　　　　　　　　　　　指定可打印帧

> **提示：**
> 若要打印某帧，先选择该帧，然后在菜单栏中选择"窗口 | 动作"命令，在弹出的"动作"面板中使用ActionScript中的Print函数来完成打印。

12.4 时间轴基本操作

在"时间轴"面板底部有多个按钮，下面将一一进行介绍。

12.4.1 设置帧居中

在"时间轴"面板中选择"图层2"图层，单击第10帧，单击面板底部的"帧居中"按钮，就可以设置所选居中。

> **提示：**
> 单击"时间轴"面板底部的"帧居中"按钮后，可以移动时间轴的水平及垂直滑块，使当前选择的帧移到时间轴控制区的中央，以方便观察和编辑。

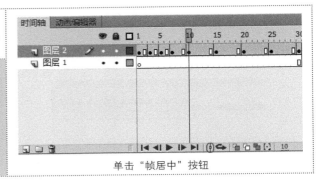

单击"帧居中"按钮

12.4.2 查看多帧

在Flash CS6的通常情况下，同一时间内只能显示动画序列的一帧，为了帮助定位和编辑动画，有时可能需要同时查看多帧，单击"时间轴"面板底部的"绘图纸外观"按钮，即可查看多帧。

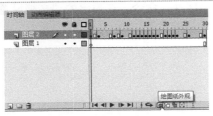

单击"绘图纸外观"按钮　　　　　　　　　　绘图纸外观

> **提示：**
> 单击"绘图纸外观"按钮可以使每一帧像只隔着一层透明纸一样相互层叠显示，如果此时间轴控制区中的播放指针位于某个关键帧位置，则将以正常颜色显示该帧内容，而其他帧将以暗灰色显示（表示不可编辑）。

12.4.3 编辑多个帧

在"时间轴"面板中选择要编辑的图层中的任意一帧，单击面板底部的"编辑多个帧"按钮，就可以同时编辑多个帧。

单击"编辑多个帧"按钮

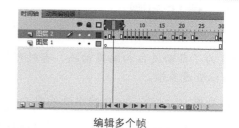

编辑多个帧

提示：

启动"编辑多个帧"功能后，位于绘图纸外观开始标记与结束标记之间的关键帧都将以实色显示（表示可编辑）。

12.4.4　修改绘图纸标记

在"时间轴"面板中单击"编辑多个帧"按钮，使时间轴处于编辑多帧状态，再单击"修改绘图纸标记"按钮，在弹出的快捷菜单中选择"标记整个范围"命令，操作完成后就可以修改绘图纸标记。

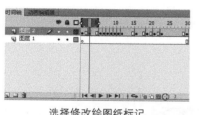

选择修改绘图纸标记

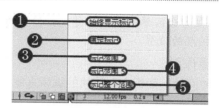

选择编辑整个范围

❶**始终显示标记：**无论绘图纸外观是否打开，都在时间轴控制区中显示绘图纸外观标记。

❷**锚定标记：**通常情况下，绘图纸外观区域是随着播放指针位置的改变而变化的，选择该选项后，无论播放指针位置如何改变，绘图纸外观区域都固定不变。

❸**标记范围2：**在当前帧左右两侧各显示2帧。

❹**标记范围5：**在当前帧左右两侧各显示5帧。

❺**标记整个范围：**显示当前左右两侧的所有帧。

12.5　操作答疑

本章专门介绍应用时间轴和帧，但是还是会在使用中出现一些问题，在这里将举出多个常见的问题进行解答，以方便读者学习以及巩固前面所学习的知识。

12.5.1　专家答疑

（1）如何创建普通帧以及空白关键帧？

答：创建普通帧：在菜单栏中选择"插入|时间轴|帧"命令，或者按F5键来插入帧。

创建空白关键帧：在菜单栏中选择"插入|时间轴|空白关键帧"命令，或者可以按F7键来插入关键帧，就可以完成插入空白关键帧的操作。

（2）在操作时，发现有一帧做错了，该怎么办？

答：需要删除该帧，在"时间轴"面板中，将鼠标指针放置在要删除的帧上，单击鼠标右键，在弹出的快捷菜单中选择"删除帧"命令，这时将删除选中的帧，删除后整个普通帧的长度会减少一格。

（3）当设置帧声音的时候，发现背景音乐太长，该怎么办？

答：可以把背景音乐放置在"格式化工厂"软件中进行剪除。

12.5.2 操作习题

1. 选择题

（1）为了帮助定位和编辑动画，有时可能需要同时查看多帧，单击"时间轴"面板底部（　　）按钮，就可以查看多帧。

　　A.帧居中　　　　　　　　B.绘图纸外观　　　　　　　C.编辑多个帧

（2）在"时间轴"面板中，绘图纸外观区域是随着播放指针位置的改变而变化的，选择（　　），无论播放指针位置如何改变，绘图纸外观区域都固定不变。

　　A.始终显示标记　　　　B.锚定标记　　　　　　　C.标记整个范围

2. 填空题

（1）选中"时间轴"面板上的任意一帧，在菜单栏中选择＿＿＿＿＿＿命令，就可以选择时间轴中的所有帧。

（2）在"时间轴"面板上，单击底部的＿＿＿＿＿＿按钮，可以移动时间轴的水平及垂直滑块，使当前选择的帧移到时间轴控制区的中央，以方便观察和编辑。

（3）在舞台区单击鼠标右键，在弹出的快捷菜单中选择＿＿＿＿＿＿命令，设置"帧频"为12，就可以完成帧频的设置。

3. 操作题

在"时间轴"面板上利用帧的编辑来制作跳动的企鹅。

插入帧　　　　　　　　　插入关键帧并编辑　　　　　　　　导入影片

（1）打开"CDROM\素材\第12章\跳动的企鹅.fla"文件，在"时间轴"面板中的"图层1"图层插入帧。

（2）将"时间轴"面板底部的帧速率设置为8，在"图层2"图层里插入关键帧，并进行编辑，（可以利用复制帧、粘贴帧、翻转帧等命令来进行编辑，这些命令前面讲解过）。

（3）操作完成后，导入影片进行查看。

第13章

应用"库"

本章重点：

"库"是Flash影片中所有可以重复使用的元素的储存仓库，将导入的各类文件以及创建的各种元件都放到"库"中，在使用时可在"库"中进行调用。本章主要介绍Flash中"库"的相关知识。

学习目的：

用户可以根据需要建立自己的"库"或者导入其他影片的"库"，在"库"中调用元件。使用"库"面板可以节省时间。通过本章学习将掌握库项目的基本操作、编辑库文件、创建公用库等知识。

参考时间：40分钟

主要知识	学习时间
13.1　隐藏和显示"库"面板	5分钟
13.2　库项目基本操作	15分钟
13.3　编辑库文件	10分钟
13.4　创建公用库	10分钟

|13.1 | 隐藏和显示"库"面板

"库"面板能够存储Flash影片中所有可以重复使用的元素。本节主要讲解在Flash中,如何隐藏和显示"库"面板等内容。

13.1.1 隐藏"库"面板

为了使操作界面显得整洁,有时需要隐藏"库"面板。下面将要介绍在Flash中如何隐藏"库"面板,具体操作步骤如下。

步骤1 启动Flash软件,在菜单栏中选择"文件丨新建"命令,新建Flash文件,单击"库"按钮进入"库"面板。

步骤2 在菜单栏中选择"窗口丨库"命令,可以隐藏"库"面板。

新建的Flash文件

隐藏"库"面板

13.1.2 显示"库"面板

当使用库面板时,需要将其显示出来。下面将要介绍在Flash中如何显示"库"面板,具体操作步骤如下。

步骤1 启动Flash软件,在菜单栏中选择"文件丨新建"命令,新建Flash文件。

步骤2 在菜单栏中选择"窗口丨库"命令,可以显示"库"面板。

新建的Flash文件

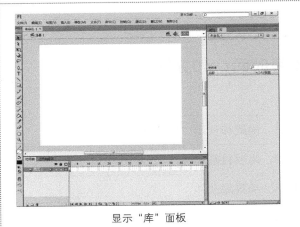
显示"库"面板

|13.2 | 库项目基本操作

对库项目进行操作时,可以对库元件进行创建、重命名和删除等操作。本节主要介绍关于库项目的一些基本操作。

13.2.1 创建库元件

创建库元件是库项目中的一项基本操作。下面将介绍在Flash中如何创建库元件，具体操作步骤如下。

步骤1 启动Flash软件，在菜单栏中选择"文件｜新建"命令，新建Flash文件。在菜单栏中选择"插入｜新建元件"命令，在弹出的"创建新元件"对话框中将"名称"设置为"标题"。	**步骤2** 单击"确定"按钮，即可创建库元件。

"创建新元件"对话框

创建库元件

13.2.2 重命名库元件

创建完库元件后，可以将其重命名。下面将介绍在Flash中如何重命名库元件，具体操作步骤如下。

步骤1 在菜单栏中选择"文件｜打开"命令，在弹出的对话框中打开随书附带光盘中的"CDROM\素材\第13章\13.2.2.fla"素材文件。在"库"面板中将鼠标指针移动到"元件1"元件上。	**步骤2** 单击鼠标右键，在弹出的快捷菜单中选择"重命名"命令，当看到库元件呈可以编辑状态时，在文本框中输入"字母"，Enter键确认该操作，可以重命名库元件。

定位鼠标

重命名库元件

13.2.3 查看库元件

有时需要在"库"面板中查看库元件。下面将学习在Flash中如何查看元件，具体操作步骤如下。

步骤1 在菜单栏中选择"文件｜打开"命令，在弹出的对话框中打开随书附带光盘中的"CDROM\素材\第13章\13.2.3.fla"素材文件。在"库"面板中单击"元件1"元件。	**步骤2** 在"库"面板的元件显示框中查看元件的内容。

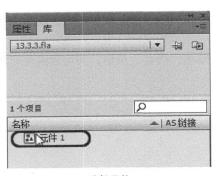

选择元件

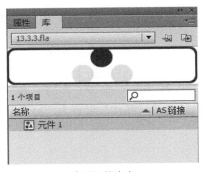

查看元件内容

13.2.4 实战：调用其他库元件

在Flash中可以调用其他库元件，下面将学习在Flash中如何调用其他库元件，具体操作步骤如下。

步骤1 在菜单栏中选择"文件丨打开"命令，打开随书附带光盘中的"CDROM\素材\第13章"中的"儿童.fla"和"兔子.fla"素材文件。在舞台中的上方单击"兔子.fla"，切换至该文件。

步骤2 在"库"面板中单击最上方的下拉按钮，在"库"的下拉列表中选择"儿童.fla"选项。

打开素材文件

选择"儿童.fla"选项

步骤3 操作完成后，可以在"兔子.fla"文件中调用"儿童.fla"文件的库。

步骤4 在本"库"面板中选择"字母"元件，将元件拖拽至舞台区合适位置，可以完成调用其他库元件的操作。

调用其他库

调用其他库元件

 提示：
只有打开两个或两个以上文件的时候，才可以在库列表框中调用其他库元件。

13.2.5 搜索库元件

当查找某个库元件时，需要搜索此库元件。下面将学习在Flash中如何搜索库元件，具体操作步骤如下。

步骤1 按Ctrl+O快捷键，打开随书附带光盘中的"CDROM\素材\第13章\13.2.5.fla"素材文件。在"库"面板中单击搜索文本框，将搜索文本框激活。

步骤2 输入"五角星"文本，可以搜索"五角星"元件。

激活搜索文本框

搜索后的元件

13.2.6 复制库资源

在Flash中允许复制库资源。下面将学习在Flash中如何复制库资源，具体操作步骤如下。

步骤1 在菜单栏中选择"文件|打开"命令，在弹出的对话框中打开随书附带光盘中的"CDROM\素材\第13章\13.2.6.fla"素材文件。

步骤2 在"库"面板中单击空白处，然后按Ctrl+A组合键，即可选择舞台中所有的对象。

打开素材文件

选择对象

步骤3 在选中的对象上右击鼠标，在弹出的快捷菜单中选择"复制"命令。

步骤4 在菜单栏中选择"文件|新建"命令，新建一个Flash场景文件，在"库"面板中右击鼠标，在弹出的快捷菜单中选择"粘贴"命令。

步骤5 执行该操作后，可以把打开的库资源复制到新建文件的"库"面板中。

选择"复制"命令

选择"粘贴"命令

复制后的效果

13.2.7 实战：库元件的综合使用

前面讲解了库项目的基本操作，下面将要介绍在Flash中库元件的综合使用，以便巩固所学知识，具体内容如下。

步骤1 启动Flash软件，在界面中选择"ActionScript 2.0"选项即可新建Flash文件。

步骤2 在菜单栏中选择"文件 | 打开"命令，在弹出的对话框中打开随书附带光盘中的"CDROM\素材\第13章\13.2.7.fla"素材文件。

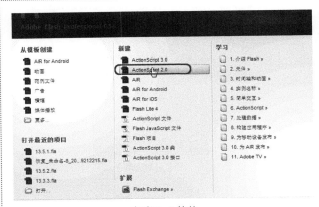

启动Flash软件

打开素材文件

步骤3 运用"选择工具"在舞台中选择"心形"，在菜单栏中选择"修改 | 转换为元件"命令。在"转换为元件"对话框中输入"名称"为"心形"。

步骤4 然后单击"确定"按钮，并在"库"面板中选择"心形"元件。

输入名称

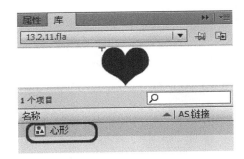

选择"心形"元件

步骤5 在菜单栏中选择"修改 | 元件 | 直接复制元件"命令。

步骤6 弹出"直接复制元件"对话框，使用默认设置，单击"确定"按钮，即可复制元件。

选择"直接复制元件"命令

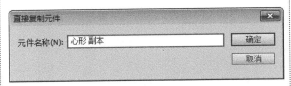

"直接复制元件"对话框

步骤7 在"库"面板中双击"心形 副本"元件，进入元件编辑模式。

步骤8 在工具箱中选择"文本工具"，在舞台中输入Flash字母。将"系列"设置为方正综艺简体，"大小"设置为40，"填充颜色"设置为黑色。

元件编辑模式 　　　　　　　　　　　　　输入字母

步骤9 在舞台中单击左上角的"场景1"按钮，进入"场景1"编辑模式，可以查看编辑后的元件。

步骤10 在舞台中运用选择工具在"库"面板中选择"心形"元件。

步骤11 按键盘上的Delete键，可以将该元件删除。

编辑后的元件

选择元件

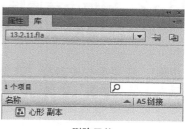
删除元件

13.3 编辑库文件

在Flash中可以编辑库文件。本节将主要讲解在Flash中如何编辑库文件等相关内容。

13.3.1 编辑元件

编辑元件是编辑库文件的一项基本操作。下面将介绍在Flash中如何编辑元件，具体操作步骤如下。

步骤1 在菜单栏中选择"文件|打开"命令，在弹出的对话框中打开随书附带光盘中的"CDROM\素材\第13章\13.3.1.fla"素材文件。

步骤2 在"库"面板中双击"蘑菇"元件，进入元件编辑模式。

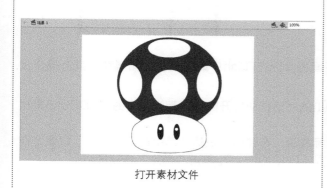
打开素材文件

进入元件编辑模式

步骤3 在工具箱中选择"颜料桶工具",把蘑菇的脸部填充为棕色。	**步骤4** 在舞台中单击左上角中的"场景1"按钮,进入场景1编辑模式,可以查看编辑后的元件。
 填充颜色	 编辑后的元件

13.3.2　编辑声音属性

　　在Flash中经常需要编辑声音属性。下面将介绍在Flash中如何编辑声音属性等内容,具体操作步骤如下。

步骤1 在菜单栏中选择"文件 I 导入 I 导入到库"命令,在弹出的对话框中导入随书附带光盘中的"CDROM\素材\第13章\音乐.mp3"素材文件。	**步骤2** 在"库"面板中选择素材文件并单击鼠标右键,在弹出的快捷菜单中选择"属性"命令。	**步骤3** 在弹出的"声音属性"对话框中设置"压缩"为"MP3",单击"确定"按钮,可以完成声音的编辑。
 导入"库"中的素材	 选择"属性"命令	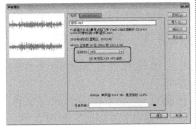 "声音属性"对话框

13.3.3　实战:编辑位图属性

　　在实际操作中,经常需要编辑位图的属性。下面将介绍在Flash中如何编辑位图属性,具体操作步骤如下。

步骤1 在菜单栏中选择"文件 I 打开"命令,在弹出的对话框中打开随书附带光盘中的"CDROM\素材\第13章\13.3.3.fla"素材文件。

步骤2 在"库"面板中选择"位图1",并单击鼠标右键,在弹出的快捷菜单中选择"属性"命令,在弹出的"位图属性"对话框中设置"压缩"为"无损(PNG/GIF)",单击"确定"按钮即可。

打开素材文件

编辑位图属性

在"位图属性"对话框中各按钮含义说明如下。

❶ **更新**：当"库"面板中的原始位图文件已经重新编辑时，可以单击"更新"按钮。

❷ **导入**：单击"导入"按钮可以导入新的位图文件，并替换原有文件，将所有实例现在的位图替换为新导入的文件。

❸ **测试**：单击"测试"按钮可以看到压缩后的大小以及源文件。

❹ **压缩**：在"压缩"下拉列表中有"无损（PNG/GIF）"和"照片（JPEG）"两个选项，无损（PNG/GIF）只是单纯的一种无损图片格式；照片（JPEG）是一种压缩格式，数值越大，压缩的越少，品质就高。

❺ **取消**：单击"取消"按钮可以取消对话框中的设置。

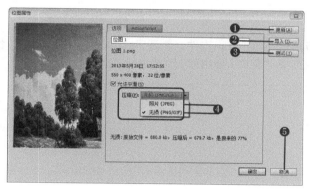

"位图属性"对话框

13.4 | 创建公用库

通过"公用库"命令可以创建公用的声音、按钮和类库。本节主要介绍在Flash中创建公用库等内容。

13.4.1 创建声音库

创建公用声音库可以存储公用的声音文件。下面将介绍在Flash中如何创建声音库，具体操作步骤如下。

步骤1 启动Flash软件，新建Flash文件。在菜单栏中选择"窗口|公用库|Sounds"命令。

步骤2 执行该操作后，可以创建声音库。

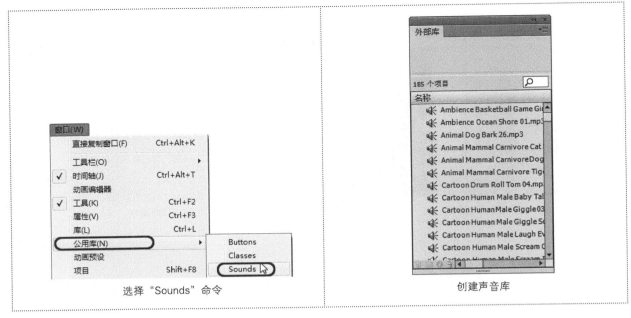

选择"Sounds"命令 创建声音库

13.4.2　创建按钮库

创建公用按钮库可以存储公用的按钮元素。下面将介绍在Flash中如何创建按钮库，具体操作步骤如下。

步骤1　启动Flash软件，新建Flash文件。在菜单栏中选择"窗口丨公用库丨Buttons"命令。

步骤2　执行该操作后，可以创建按钮库。

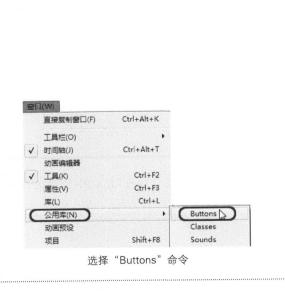

选择"Buttons"命令

创建按钮库

13.4.3　创建类库

创建公用类库可以存储公用的类。下面将介绍在Flash中如何创建类库，具体操作步骤如下。

步骤1　启动Flash软件，新建Flash文件。在菜单栏中选择"窗口丨公用库丨Classes"命令。
步骤2　执行该操作后，可以创建类库。

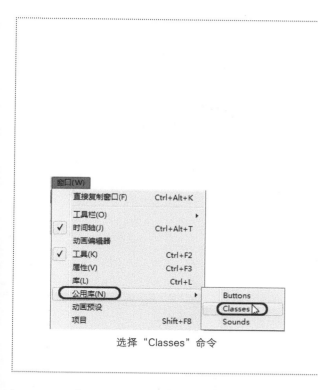

选择"Classes"命令

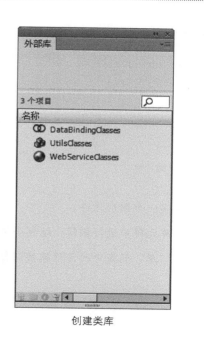

创建类库

13.5 操作答疑

平时做题可能会遇到很多疑问，在这里将举出常见问题并对其进行详细解答。并在后面追加多个练习题，以方便读者学习以及巩固前面所学的知识。

13.5.1 专家答疑

（1）创建公用库后，为什么3个库左下角的库管理工具都不可使用?

答：因为它们是固定在Flash中的内置库，对于这种库是不可以再进行管理和修改的。

13.5.2 操作习题

1. 选择题

（1）转换为元件的快捷方式是（ ）。

A.F6 B.F8 C.Ctrl+F8 D.Ctrl+B

（2）在Flash中属于公用库的选项是（ ）。

A.按钮元件 B.影片剪辑元件 C.位图元件 D.图形元件

（3）打开"库"面板的快捷键是（ ）。

A.Ctrl+I B.Ctrl+K C.Ctrl+T D.Ctrl+L

2. 填空题

（1）元件被创建后，其类型并不是不可改变的，它可以在_____、_____和_____这3种元件之间互相转换，同时保持原有的特性不变。

（2）使用_____快捷键，可以打开创建新元件对话框。

（3）_____是Flash影片中所有可以重复使用的元素的储存仓库。

3. 操作题

编辑库元件。

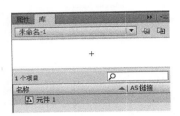
新建元件

编辑元件

添加元件

（1）新建一个图形元件。

（2）在库元件中进行编辑，绘制小树，进行填充。

（3）将"库"面板中的元件拖拽到舞台中。

第14章

应用元件和实例

本章重点：

元件是制作Flash动画的重要元素，实例是指位于舞台上或嵌套在另一个元件内的元件副本，本章将重点介绍元件和实例的使用、编辑与管理的方法。

学习目的：

掌握元件的创建、应用与编辑的方法，掌握实例的创建与编辑方法。

参考时间：70分钟

主要知识	学习时间
14.1　元件概述	2分钟
14.2　创建图形元件	3分钟
14.3　创建影片剪辑元件	5分钟
14.4　应用按钮元件	10分钟
14.5　编辑元件	5分钟
14.6　管理元件	5分钟
14.7　创建实例	5分钟
14.8　实例的属性	10分钟
14.9　编辑实例	15分钟
14.10　操作答疑	10分钟

| 14.1 | 元件概述

元件在Flash影片中是一种比较特殊的对象，它在Flash中只需创建一次，然后可以在整部电影中反复使用而不会显著增加文件的大小。元件可以是任何静态的图形，也可以是连续的动画，甚至还能将动作脚本添加到元件中，以便对元件进行更复杂的控制。当用户创建元件后，元件都会自动成为影片库中的一部分。通常应将元件当作主控对象存于库中，将元件放入影片中时使用的是主控对象的实例，而不是主控对象本身，所以修改元件的实例并不会影响元件本身。

14.1.1 元件的优点

在动画中使用元件有4个最显著的优点，如下所述。

（1）在使用元件时，由于一个元件在浏览中需下载一次，这样就可以加快影片的播放速度，避免重复下载同一对象。

（2）使用元件可以简化影片的编辑操作。在影片编辑过程中，可以把需要多次使用的元素制成元件，若修改元件，则由同一元件生成的所有实例都会随之更新，而不必逐一对所有实例进行更改，这样就大大节省了创作时间，提高了工作效率。

（3）制作运动类型的过渡动画效果时，必须将图形转换成元件，否则将失去透明度等属性，而且不能制作补间动画。

（4）若使用元件，则在影片中只会保存元件，而不管该影片中有多少个该元件的实例，它们都是以附加信息保存的，即用文字性的信息说明实例的位置和其他属性，所以保存一个元件的几个实例比保存该元件内容的多个副本占用的存储空间小。

14.1.2 元件的类型

在Flash中可以制作的元件类型有3种：图形元件、按钮元件及影片剪辑元件，每种元件都有其在影片中所特有的作用和特性。

图形元件：可以用来重复应用静态的图片，并且图形元件也可以用到其他类型的元件当中，是3种Flash元件类型中最基本的类型。

按钮元件：一般用来响应影片中的鼠标事件，如鼠标的单击、移开等。按钮元件是用来控制相应的鼠标事件的交互性特殊元件。与在网页中出现的普通按钮一样，可以通过对它的设置来触发某些特殊效果，如控制影片的播放、停止等。按钮元件是一种具有4个帧的影片剪辑。按钮元件的时间轴无法播放，它只是根据鼠标事件的不同而作出简单的响应，并转到所指向的帧。

按钮元件的时间轴

弹起帧：鼠标指针不在按钮上时的状态，即按钮的原始状态。

指针经过帧：鼠标指针移动到按钮上时的按钮状态。

按下帧：鼠标单击按钮时的按钮状态。

点击帧：用于设置对鼠标动作作出反应的区域，这个区域在Flash影片播放时是不会显示的。

影片剪辑元件：是Flash中最具有交互性、用途最多及功能最强的部分。它基本上是一个小的独立电影，可以包含交互式控件、声音，甚至其他影片剪辑实例。可以将影片剪辑实例放在按钮元件的时间轴内以创建动画按钮。不过，由于影片剪辑具有独立的时间轴，所以它们在Flash中是相互独立的。如果场景中存在影片剪辑，即使影片的时间轴已经停止，影片剪辑的时间轴仍可以继续播放，这里可以将影片剪辑设想为主电影中嵌套的小电影。

　　元件在Flash影片中是种比较特殊的对象，它在Flash中创建一次，然后可以在整部电影中反复使用而不会显著增加文件的大小。元件可以是任何静态的图形，也可以是连续动画。当创建元件后，元件都会自动成为影片库的一部分。例如，如果想创建跑步的场景，就可以从库中多次将跑步的元件拖进场景，创造许多跑步实例。每个实例都是对原有元件的一次引用，而不必重新创建元件。

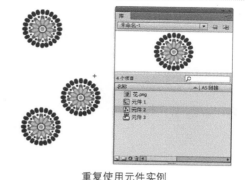

重复使用元件实例

14.2 创建图形元件

　　在Flash中，图形元件适用于静态图像的重复使用，或者创建与主时间轴相关联的动画。

14.2.1 直接创建图形元件

　　在菜单栏中选择"插入｜新建元件"命令，弹出"创建新元件"对话框，将"类型"设置为"图形"，然后在"名称"文本框中为其命名，单击"确定"按钮，即可创建图形元件。

创建图形元件

　　在"创建新元件"对话框中，如果单击对话框左下角的"高级"选项按钮高级▶，将弹出扩展功能面板，该扩展功能面板主要用来设置元件的共享性，在制作一般动画过程中很少使用。
　　创建完图形元件后，即可进入图形元件的编辑界面，然后就可以对元件进行编辑了。

扩展功能面板

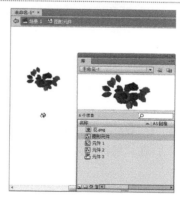

元件编辑界面

　　还可以通过以下几种方法新建元件。
方法一：按Ctrl+F8快捷键，弹出"创建新元件"对话框。
方法二：单击"库"面板下方的"新建元件"按钮，也可以打开"创建新元件"对话框。
方法三：单击"库"面板右上角的▾≡按钮，在弹出的下拉列表中选择"新建元件"命令。

14.2.2 将已有图片转换为图形元件

　　在舞台中选择要转换为元件的图片，然后在菜单栏中选择"修改｜转换为元件"命令，弹出"转换为元件"对话框，在"类型"下拉列表中选择"图形"选项，在"名称"文本框中为其命名，单击"确定"按钮，即可将选择的图片转换为图形元件。

选择图片

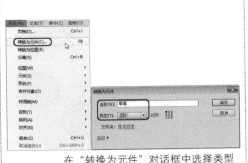

在"转换为元件"对话框中选择类型

将图片转换为图形元件

> **提示：**
> 按快捷键F8，也可以打开"转换为元件"对话框。或者，在选择的图片上单击鼠标右键，在弹出的快捷菜单中选择"转换为元件"命令。

14.3 创建影片剪辑元件

影片剪辑元件是在主影片中嵌入的影片，可以为影片剪辑添加动画、动作、声音以及其他元件。

14.3.1 直接创建影片剪辑元件

步骤1 在菜单栏中选择"文件 | 新建"命令，在弹出的对话框中选择"常规"选项卡，在该选项卡中选择"ActionScript 2.0"选项，在右侧的设置区域中将"宽"设置为570像素，将"高"设置为399像素，将"帧频"设置为12fps，单击"确定"按钮，即可新建一个空白文档。

步骤2 在菜单栏中选择"插入 | 新建元件"命令。

"新建文档"对话框

新建空白文档

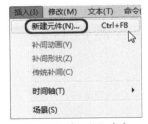

选择"新建元件"命令

步骤3 弹出"创建新元件"对话框，将"类型"设置为"影片剪辑"，在"名称"文本框中输入"影片剪辑"。

步骤4 单击"确定"按钮，即可进入影片剪辑元件的编辑界面。

"创建新元件"对话框

影片剪辑元件的编辑界面

步骤5 按Ctrl+R快捷键，弹出"导入"对话框，在该对话框中选择随书附带光盘中的"CDROM\素材\第14章\背景.jpg"素材图片，单击"打开"按钮。

步骤6 即可将选择的素材图片导入至舞台中，然后按Ctrl+T快捷键，弹出"变形"面板，确定"约束"按钮处于 🔗 状态，将"缩放宽度"设置为24.1%。

步骤7 确定素材图片处于选中状态，在"属性"面板中将"X"和"Y"设置为0。

选择素材图片

设置缩放值

设置图片位置

步骤8 在"时间轴"面板中选择"图层1"图层第50帧，按F6键插入关键帧。

步骤9 然后单击"新建图层"按钮 🔲，新建"图层2"图层。

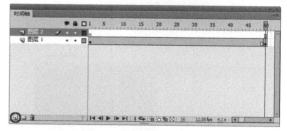
插入关键帧　　　　　　　　　　　　　　　　新建图层

步骤10 选择"图层2"图层第1帧，按Ctrl+R快捷键，弹出"导入"对话框，在该对话框中选择随书附带光盘中的"CDROM\素材\第14章\纸船.png"素材图片，单击"打开"按钮。

步骤11 即可将选择的素材图片导入至舞台中，然后按Ctrl+T快捷键，弹出"变形"面板，确定"约束"按钮处于 🔗 状态，将"缩放宽度"设置为18%。

步骤12 确定素材图片处于选中状态，在"属性"面板中将"X"设置为0.45，将"Y"设置为264.4。

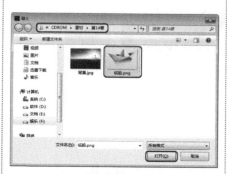
选择素材图片

设置缩放值

设置图片位置

步骤13 按F8键，弹出"转换为元件"对话框，输入"名称"为"纸船"，将"类型"设置为"图形"。

步骤14 单击"确定"按钮，即可将素材图片"纸船.png"转换为图形元件。

步骤15 然后在"时间轴"面板中选择"图层2"图层第50帧，按F6键插入关键帧。

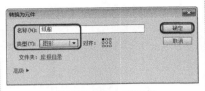

"转换为元件"对话框

将图片转换为元件

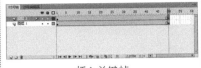

插入关键帧

步骤16 在舞台中选择图形元件，在"属性"面板中将"宽"设置为100，将"高"设置为71.9，将"X"设置为461.4，将"Y"设置为192.4。

步骤17 选择"图层2"图层第10帧，并单击鼠标右键，在弹出的快捷菜单中选择"创建传统补间"命令。

设置元件大小和位置

选择"创建传统补间"命令

步骤18 即可在"图层2"图层中创建传统补间动画。

步骤19 返回到"场景1"中，打开"库"面板，将刚才制作好的影片剪辑元件拖曳至舞台中，此时可以看到，影片剪辑元件只占了"场景1"中的1个关键帧。

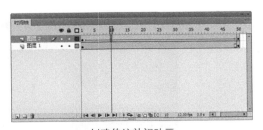

创建传统补间动画

将影片剪辑元件拖曳至舞台中

提示：

影片剪辑虽然可能包含比主场景更多的帧数，但是它是以一个独立的对象出现的，其内部可以包含图形元件或者按钮元件等，并且支持嵌套功能，这种强大的嵌套功能对编辑影片有很大的帮助。

14.3.2 将已有对象转换为影片剪辑元件

在Flash中，还可以将文件中已经存在的对象转换为影片剪辑元件，具体操作步骤如下。

步骤1 按Ctrl+O快捷键，在弹出的对话框中选择随书附带光盘中的"CDROM\素材\第14章\001.fla"素材文件。

步骤2 单击"打开"按钮，即可打开选择的素材文件。

步骤3 在"时间轴"面板中选择"图层4"图层，在菜单栏中选择"编辑|时间轴|复制帧"命令，复制"图层4"图层的所有帧。

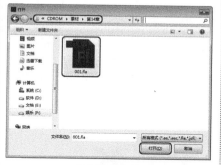

选择素材文件

打开的素材文件

选择"复制帧"命令

步骤4 然后按Ctrl+F8快捷键，弹出"创建新元件"对话框，在"名称"文本框中输入"变形动画"，将"类型"设置为"影片剪辑"。

步骤5 单击"确定"按钮，进入影片剪辑元件的编辑界面，在"时间轴"面板中右击"图层1"图层的第1帧，在弹出的快捷菜单中选择"粘贴帧"命令。

创建新元件

选择"粘贴帧"命令

步骤6 即可将复制的所有帧粘贴至"图层1"图层中。

步骤7 返回到"场景1"，在"时间轴"面板中选择"图层4"图层，在菜单栏中选择"编辑|时间轴|删除帧"命令。

步骤8 即可删除"图层4"图层中的所有帧，然后选择"图层4"图层第1帧，按F6键插入关键帧。

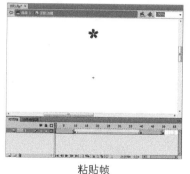

粘贴帧

选择"删除帧"命令

插入关键帧

步骤9 打开"库"面板，将"变形动画"影片剪辑元件拖曳至舞台中，并调整其位置。

拖曳影片剪辑元件至舞台中

步骤10 在"图层1"图层中，选择除第1帧以外的所有帧。

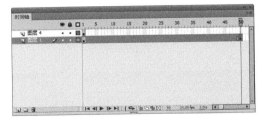

选择帧

步骤11 在菜单栏中选择"编辑丨时间轴丨删除帧"命令。

选择"删除帧"命令

步骤12 即可删除选择的帧。然后按Ctrl+Enter快捷键，测试影片剪辑动画效果。

测试影片剪辑动画效果

14.4 应用按钮元件

使用按钮元件可以在影片中响应鼠标单击、滑过或其他动作，然后将响应的事件结果传递给互动程序进行处理。

14.4.1 创建按钮元件

按钮元件是Flash影片中创建互动功能的重要组成部分。下面来介绍一下创建按钮元件的方法。

步骤1 在菜单栏中选择"文件丨新建"命令，在弹出的对话框中选择"常规"选项卡，在该选项卡中选择"ActionScript 2.0"选项，在右侧的设置区域中将"宽"设置为416像素，将"高"设置为400像素，单击"背景颜色"右侧的色块，在弹出的颜色面板中选择黑色，单击"确定"按钮，即可新建一个空白文档。

步骤2 在菜单栏中选择"插入丨新建元件"命令。

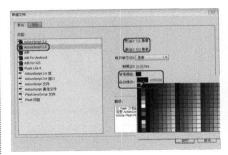

"新建文档"对话框

新建的空白文档

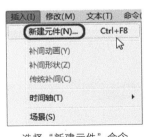

选择"新建元件"命令

步骤3　弹出"创建新元件"对话框，将"类型"设置为"按钮"，在"名称"文本框中输入"按钮"。

步骤4　单击"确定"按钮，即可进入按钮元件的编辑界面。

"创建新元件"对话框

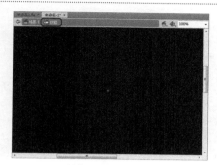

按钮元件编辑界面

步骤5　在"时间轴"面板中选择"图层1"图层的弹起帧。

步骤6　在工具箱中选择"椭圆工具" ，在"属性"面板中将"笔触颜色"设置为无，将"填充颜色"设置为白色。

步骤7　在舞台中按住Shift键绘制正圆。

选择弹起帧

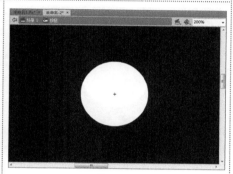

设置"椭圆工具"属性

绘制正圆

步骤8　在"时间轴"面板中选择"图层1"图层的按下帧，并单击鼠标右键，在弹出的快捷菜单中选择"插入帧"命令。

步骤9　即可插入帧，然后在"时间轴"面板中单击"新建图层"按钮 ，新建"图层2"图层。

步骤10　选择"图层2"图层的弹起帧，在工具箱中选择"椭圆工具" ，在"属性"面板中将"笔触颜色"设置为无，将"填充颜色"的值设置为"#FF9900"。

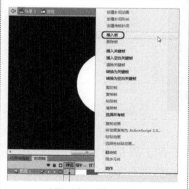

选择"插入帧"命令

新建"图层2"图层

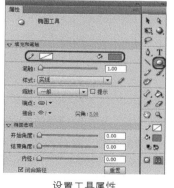

设置工具属性

步骤11　然后在舞台中按住Shift键绘制正圆。

步骤12　在"时间轴"面板中，选择"图层2"图层的指针经过帧，并按F6键插入关键帧。

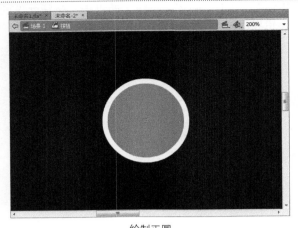

绘制正圆

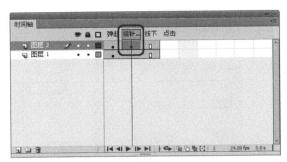

插入关键帧

步骤13 然后在舞台中选择新绘制的正圆，在"属性"面板中将"填充颜色"的值设置为"#00CCCC"。

步骤14 即可更改选择的正圆的填充颜色。

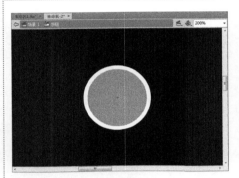

选择正圆

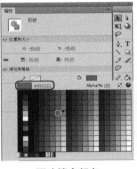

更改填充颜色

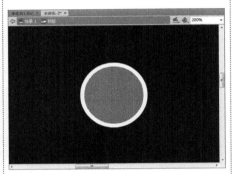

更改后的正圆颜色

步骤15 在"时间轴"面板中单击"新建图层"按钮，新建"图层3"图层，然后选择"图层3"图层的弹起帧。

步骤16 在工具箱中选择"椭圆工具"，在舞台中按住Shift键绘制正圆。

步骤17 在菜单栏中选择"窗口|颜色"命令，打开"颜色"面板。

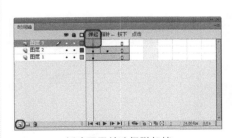

新建图层并选择弹起帧

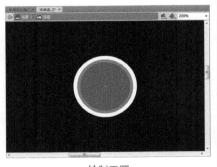

绘制正圆

打开"颜色"面板

步骤18 在"颜色类型"下拉列表中选择"线性渐变"，然后单击渐变条左侧的色块，将"R"、"G"、"B"的值分别设置为255、255、255，将"Alpha"值设置为0%。

步骤19 然后单击渐变条右侧的色块，将"Alpha"值设置为63%。

步骤20 在工具箱中选择"颜料桶工具"，然后在新绘制的正圆上方单击鼠标左键，并向下拖动鼠标。

设置左侧色块

设置Alpha值

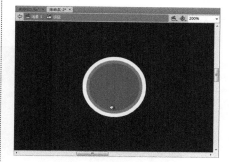

拖动鼠标

步骤21 拖动至正圆下方后，松开鼠标左键，即可为正圆填充渐变颜色。

步骤22 在"时间轴"面板中单击"新建图层"按钮，新建"图层4"图层，然后选择"图层4"图层的弹起帧。

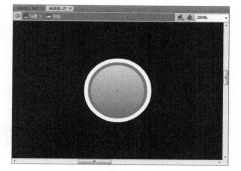

填充渐变颜色

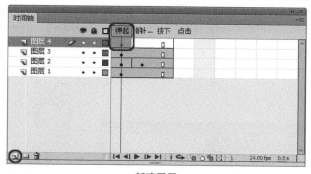

新建图层

步骤23 在工具箱中选择"椭圆工具"，在舞台中绘制椭圆，并为其填充渐变颜色。

步骤24 在"时间轴"面板中单击"新建图层"按钮，新建"图层5"图层，然后选择"图层5"图层的弹起帧。

步骤25 在工具箱中选择"文本工具"，在"属性"面板中将"系列"设置为"汉仪超粗圆简"，将"大小"设置为20点，单击"颜色"选项右侧的色块，在弹出的颜色面板中选择白色，并将"Alpha"值设置为100%。

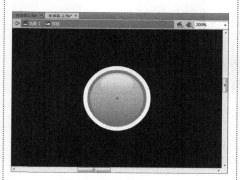

绘制椭圆并填充渐变颜色

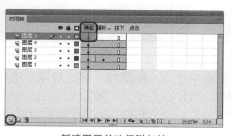

新建图层并选择弹起帧

设置工具属性

步骤26 然后在舞台中输入文字，输入完成后调整文字位置。	**步骤27** 确定输入的文字处于选中状态，按两次Ctrl+B快捷键分离文字。

输入并调整文字

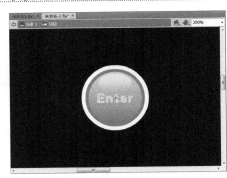

分离文字

步骤28 在"时间轴"面板中选择"图层5"图层的指针经过帧，并按F6键插入关键帧。	**步骤29** 在舞台中确认分离后的文字处于选中状态，然后在"属性"面板中单击填充颜色色块，在弹出的颜色面板中将"Alpha"值设置为0%。	**步骤30** 在"时间轴"面板中单击"新建图层"按钮，新建"图层6"图层，然后选择"图层6"图层的指针经过帧，并按F6键插入关键帧。

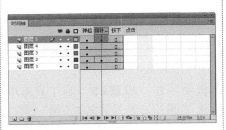

插入关键帧

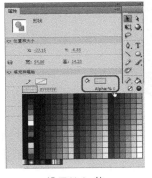

设置Alpha值

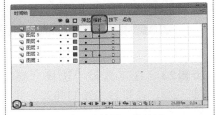

新建图层并插入关键帧

步骤31 在工具箱中选择"文本工具"，在"属性"面板中将"大小"设置为14点。	**步骤32** 然后在舞台中输入文字，输入完成后调整文字位置。	**步骤33** 确定输入的文字处于选中状态，按两次Ctrl+B快捷键分离文字。

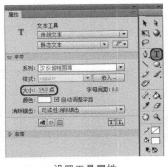

设置工具属性

输入文字

分离文字

步骤34 在"时间轴"面板中选择"图层6"图层的按下帧，然后按F6键插入关键帧。	**步骤35** 在工具箱中选择"任意变形工具"，在按住Shift+Alt快捷键的同时，等比例放大分离后的文字。	**步骤36** 返回至"场景1"中，即可完成按钮元件的创建。可以在"库"面板中查看创建的按钮元件。

插入关键帧

等比例放大分离后的文字

创建的按钮元件

14.4.2 使用按钮元件

　　创建完按钮元件后，下面再来介绍一下使用按钮元件的方法，具体操作步骤如下。

步骤1 继续上面的操作，按Ctrl+R 快捷键，弹出"导入"对话框，在 该对话框中选择随书附带光盘中的 "CDROM\素材\第14章\彩虹背景 .jpg"素材图片，单击"打开"按钮。

步骤2 即可将选择的素材 图片导入至舞台中，然后 按Ctrl+T快捷键，弹出"变 形"面板，确定"约束" 按钮处于 🔗 状态，将"缩 放宽度"设置为65%。

步骤3 确定素材图片处于选中状 态，在"属性"面板中将"X"和 "Y"设置为0。

选择素材图片

设置缩放值

调整素材位置

步骤4 在"时间轴"面板中单击"新建图层"按 钮 🔄，新建"图层2"图层。

步骤5 打开"库"面板，将按钮元件拖曳至舞台 中，并调整其位置和大小，即可在舞台中使用按 钮元件。

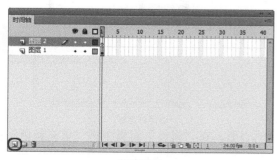

新建图层

使用按钮元件

14.4.3 测试按钮元件

创建并使用按钮元件后，需要对按钮元件进行测试，用来查看效果，具体操作步骤如下。

步骤1 继续上面的操作，在菜单栏中选择"控制 | 测试影片 | 测试"命令。

步骤2 即可测试按钮元件。

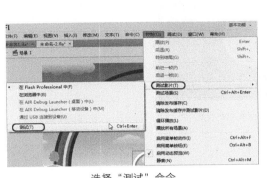

选择"测试"命令

测试按钮元件

14.4.4 实战：制作动态爱情贺卡

本例将介绍动态爱情贺卡的制作，主要用到的元件有按钮元件、影片剪辑元件和图形元件。

步骤1 在菜单栏中选择"文件 | 新建"命令，在弹出的对话框中选择"常规"选项卡，在该选项卡中选择"ActionScript 2.0"选项，在右侧的设置区域中将"宽"设置为550像素，将"高"设置为413像素，单击"背景颜色"右侧的色块，在弹出的颜色面板中选择黑色，单击"确定"按钮，即可新建一个空白文档。

步骤2 在菜单栏中选择"插入 | 新建元件"命令。

"新建文档"对话框

新建的空白文档

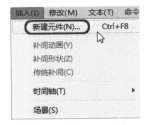

选择"新建元件"命令

步骤3 弹出"创建新元件"对话框，将"类型"设置为"按钮"，在"名称"文本框中输入"按钮1"。

步骤4 单击"确定"按钮，即可进入按钮元件的编辑界面。然后在"时间轴"面板中选择"图层1"图层的弹起帧。

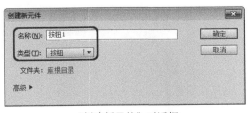

"创建新元件"对话框

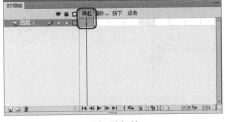

选择弹起帧

步骤5 在工具箱中选择"钢笔工具" ，并单击"对象绘制"按钮 ，然后在舞台中绘制心形。

步骤6 选择绘制的心形，在"属性"面板中将"填充颜色"设置为白色，将"笔触颜色"设置为无，即可更改心形的颜色。

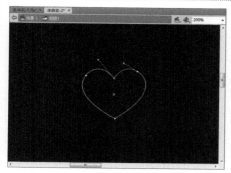

绘制心形	设置颜色

更改颜色

步骤7 在"时间轴"面板中选择"图层1"图层的按下帧，并单击鼠标右键，在弹出的快捷菜单中选择"插入帧"命令。

步骤8 即可插入帧，然后在"时间轴"面板中单击"新建图层"按钮，新建"图层2"图层。并选择"图层2"图层的指针经过帧，按F6键插入关键帧。

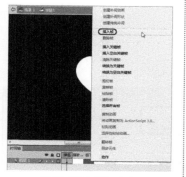

选择"插入帧"命令

新建图层

插入关键帧

步骤9 在舞台中选择绘制的心形，在菜单栏中选择"编辑 | 复制"命令。

步骤10 然后选择"图层2"图层的指针经过帧，在菜单栏中选择"编辑 | 粘贴到当前位置"命令。

步骤11 在舞台中选择复制后的心形，然后在"属性"面板中将"填充颜色"的值设置为"#FFFF00"，即可更改心形颜色。

选择"复制"命令

选择"粘贴到当前位置"命令

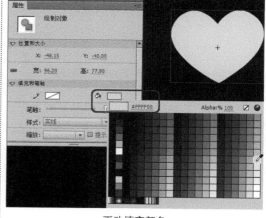

更改填充颜色

步骤12 在"时间轴"面板中选择"图层2"图层的按下帧，然后按F6键插入关键帧。

步骤13 在舞台中选择心形，在菜单栏中选择"修改 | 形状 | 柔化填充边缘"命令。

步骤14 弹出"柔化填充边缘"对话框，将"距离"设置为30像素，将"步长数"设置为50。

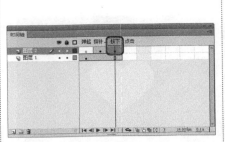

插入关键帧

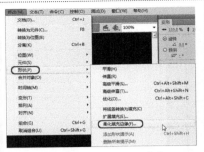

选择"柔化填充边缘"命令

设置参数

步骤15 单击"确定"按钮，即可柔化心形边缘。

步骤16 使用同样的方法，制作"按钮2"和"按钮3"按钮元件。

步骤17 按Ctrl+F8快捷键，弹出"创建新元件"对话框，在"名称"文本框中输入"文字1"，并将"类型"设置为"影片剪辑"。

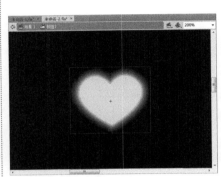

柔化边缘

制作其他按钮元件

创建新元件

步骤18 单击"确定"按钮，即可进入影片剪辑元件的编辑界面，然后在"时间轴"面板中选择"图层1"图层的第5帧，按F6键插入关键帧。

步骤19 在工具箱中选择"文本工具" T ，在"属性"面板中将"系列"设置为"汉仪超粗圆简"，将"大小"设置为40点，将"颜色"设置为白色，并在舞台中输入文字。

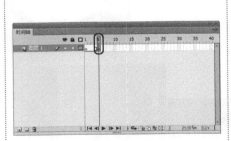

插入关键帧

设置工具属性

输入文字

步骤20 然后选择输入的文字，在"属性"面板中将"X"和"Y"设置为0。

步骤21 确认文字处于选中状态，按F8键弹出"转换为元件"对话框，在"名称"文本框中输入"001"，将"类型"设置为"图形"。

步骤22 单击"确定"按钮，即可将选择的文字转换为图形元件。然后在"属性"面板中将"样式"设置为"Alpha"，将"Alpha"值设置为0%。

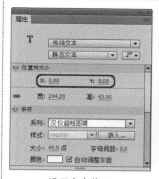

设置文字位置

转换为元件

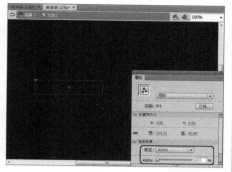

设置"样式"为"Alpha"

步骤23 在"时间轴"面板中选择"图层1"图层的第30帧,按F6键插入关键帧。	**步骤24** 在舞台中选择图形元件,在"属性"面板中将"样式"设置为"无"。	**步骤25** 然后选择"图层1"图层的第15帧,并单击鼠标右键,在弹出的快捷菜单中选择"创建传统补间"命令。

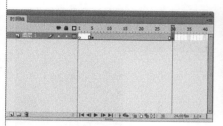

插入关键帧

设置"样式"为"无"

选择"创建传统补间"命令

步骤26 即可创建传统补间动画。	**步骤27** 然后选择第30帧,按F9键打开"动作"面板,并输入代码"stop ( ) ;"。	**步骤28** 按Ctrl+F8快捷键,弹出"创建新元件"对话框,在"名称"文本框中输入"文字2",并将"类型"设置为"影片剪辑"。

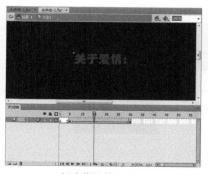

创建传统补间动画

输入代码

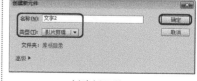

创建新元件

步骤29 单击"确定"按钮,即可进入影片剪辑元件的编辑界面,然后在"时间轴"面板中选择"图层1"图层的第5帧,按F6键插入关键帧。

步骤30 在工具箱中选择"文本工具" **T**,在"属性"面板中将"大小"设置为37点,并在舞台中输入文字。

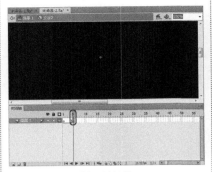

插入关键帧

设置字符大小

输入文字

步骤31 然后选择输入的文字，在"属性"面板中将"X"和"Y"设置为0。

步骤32 确认文字处于选中状态，按F8键弹出"转换为元件"对话框，在"名称"文本框中输入"002"，将"类型"设置为"图形"。

步骤33 单击"确定"按钮，即可将选择的文字转换为图形元件。然后在"属性"面板中将"X"设置为329，将"Y"设置为0，将"样式"设置为"Alpha"，将"Alpha"值设置为0%。

设置文字位置

转换为元件

在第5帧设置属性

步骤34 在"时间轴"面板中选择"图层1"图层的第30帧，按F6键插入关键帧。

步骤35 在舞台中选择图形元件，在"属性"面板中将"X"和"Y"设置为0，将"样式"设置为"无"。

步骤36 选择"图层1"图层的第15帧，并单击鼠标右键，在弹出的快捷菜单中选择"创建传统补间"命令。

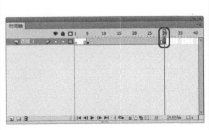

插入关键帧

在第30帧设置属性

选择"创建传统补间"命令

步骤37 即可创建传统补间动画。然后选择第30帧，按F9键打开"动作"面板，并输入代码"stop（）;"。

步骤38 使用同样的方法，制作"文字3"影片剪辑元件。

步骤39 返回至"场景1"中，按Ctrl+R快捷键，弹出"导入"对话框，在该对话框中选择随书附带光盘中的"CDROM\素材\第14章\贺卡背景.jpg"素材图片，单击"打开"按钮。

输入代码

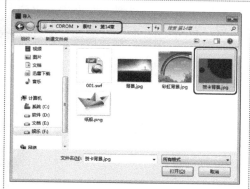

制作"文字3"影片剪辑元件

选择素材图片

步骤40 单击"打开"按钮，即可将选择的素材图片导入至舞台中，然后按Ctrl+T快捷键，弹出"变形"面板，确定"约束"按钮处于 状态，将"缩放宽度"设置为53.7%。

步骤41 确定素材图片处于选中状态，在"属性"面板中将"X"和"Y"设置为0。

步骤42 在"时间轴"面板中选择"图层1"图层第4帧，按F5键插入帧。

设置缩放值

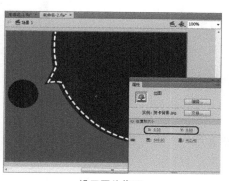

设置图片位置

插入帧

步骤43 在"时间轴"面板中单击"新建图层"按钮 ，新建"图层2"图层。打开"库"面板，将"按钮1"按钮元件拖曳至舞台中。

步骤44 然后在"变形"面板中将"缩放宽度"和"缩放高度"设置为50%，并适当调整其位置。

步骤45 使用同样的方法新建其他图层，并将元件拖曳至舞台中。

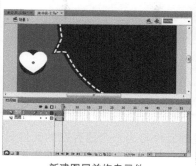

新建图层并拖曳元件

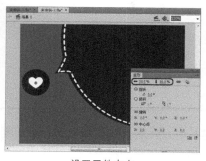

设置元件大小

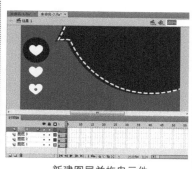

新建图层并拖曳元件

步骤46 在"时间轴"面板中单击"新建图层"按钮，新建"图层5"图层，然后选择第2帧，按F6键插入关键帧。

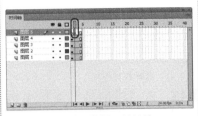

新建图层并插入关键帧

步骤47 打开"库"面板，将"文字1"影片剪辑元件拖曳至舞台中，并在"属性"面板中调整其位置。

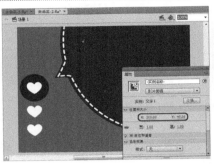

拖入元件并调整位置

步骤48 使用同样的方法，继续在其他帧上插入关键帧，并将影片剪辑元件拖曳至舞台中。

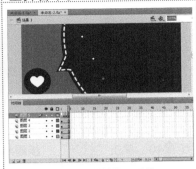

插入关键帧并拖入元件

步骤49 然后在舞台中选择"按钮1"按钮元件。

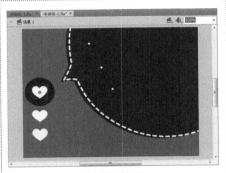

选择按钮元件

步骤50 按F9键打开"动作"面板，并输入代码。

输入代码

步骤51 然后在舞台中选择"按钮2"按钮元件，并在"动作"面板中输入代码。

选择元件并输入代码

步骤52 在舞台中选择"按钮3"按钮元件，在"动作"面板中输入代码。

输入代码

步骤53 然后按Ctrl+Enter快捷键，测试影片。

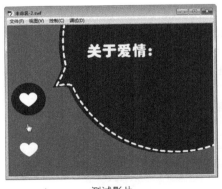

测试影片

14.5 编辑元件

　　用户往往花费大量的时间创建某个元件后，结果却发现这个新创建的元件与另一个已存在的元件只存在很小的差异，对于这种情况，用户可以使用现有的元件作为创建新元件的起点，即复制元件后再进行修改。

14.5.1　在当前位置编辑元件

在编辑元件时，可以在当前位置进行编辑，不需要进入元件编辑模式进行编辑。

方法一： 打开随书附带光盘中的"CDROM\素材\第14章\010.fla"文件，在工具箱中单击"选择工具" ▶，在舞台区选择"羽毛球拍"元件，双击鼠标，就可以在当前位置编辑元件。

| 选择对象 | 当前位置编辑元件 |

方法二： 在菜单栏中选择"编辑|在当前位置编辑"命令。
方法三： 在库元件上右击鼠标，在弹出的快捷菜单中选择"在当前位置编辑"命令。

14.5.2　在新窗口中编辑元件

除了在当前位置编辑元件外，还可以在新窗口中编辑元件。

继续上面的操作，在工具箱中单击"选择工具" ▶，在舞台区选择"羽毛球拍"元件，右击鼠标在弹出的快捷菜单中选择"在新窗口中编辑"命令，就可以在新窗口中编辑所选的元件。

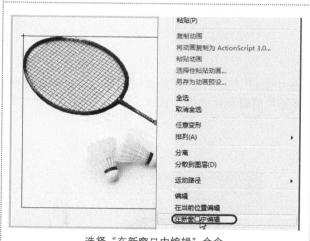

选择"在新窗口中编辑"命令

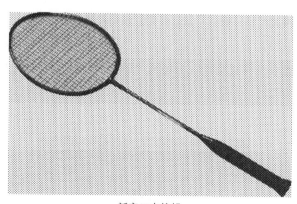

新窗口中编辑

提示：

设置新窗口中编辑元件后，所选元件将被放置在一个单独的窗口中进行编辑，可以同时看到该元件和时间轴，正在编辑的元件名称会显示在舞台区左上角的信息栏内。

14.5.3　在元件编辑模式下编辑元件

在元件编辑模式下编辑元件的方法有4种，下面将对这4种方法进行简单的介绍。

方法一： 打开随书附带光盘中的"CDROM\素材\第14章\011.fla"素材文件。

步骤1 在工具箱中单击"选择工具" ![icon]，在舞台区选择"气球"元件。

步骤2 在对象上单击鼠标右键，在弹出的快捷菜单中选择"编辑"命令，就可以在元件的编辑模式下编辑所选元件。

选择"编辑"命令

编辑元件

方法二： 在菜单栏中选择"编辑 | 编辑元件"命令。

方法三： 单击舞台区右上角的"编辑元件"按钮 ![icon]，在弹出的下拉菜单中选择所要编辑的元件名称即可。

方法四： 按Ctrl+E快捷键就在元件的编辑模式下编辑所选元件。

14.6 | 管理元件

元件可以包含从其他应用程序中导入的插图，元件一旦被创建，就会被自动添加到当前影片的库中，因此可以在当前影片或其他影片中重复使用。

14.6.1 在"库"面板中查看元件

在菜单栏中选择"窗口 | 库"命令，在"库"面板中选择"元件1"影片剪辑元件，单击"库"面板中元件预览框右上角的"播放"按钮 ▶，就可以查看影片剪辑元件的播放状态。

选择"元件1"

单击"播放"按钮

> **提示：**
> 如果元件是静态的，就不能播放预览，播放预览用于查看按钮或动态的元件，除此之外还可以用于播放预览声音元件。

14.6.2 设置元件属性

在Flash中还可以对元件属性进行设置，例如更改元件名称和更改元件类型等。

步骤1 在菜单栏中选择"窗口 | 库"命令，在"库"面板中选择"元件2"元件，单击鼠标右键。

步骤2 在弹出的快捷菜单中选择"属性"命令，在弹出的"元件属性"对话框中，设置"类型"为"影片剪辑"，单击"确定"按钮，就可以完成元件属性的设置。

选择"元件2"元件

选择"影片剪辑"选项

14.6.3 实战：直接复制元件

本例主要介绍直接复制元件，将单个元件来复制多个元件，在各元件中进行修改。

步骤1 在工具箱中单击"钢笔工具" ，在舞台区内绘制"花瓣"图形。

步骤2 在工具箱中单击"转换为锚点"工具 ，在舞台中拖曳锚点，出现控制手柄，调整手柄完成图形线条圆滑的效果。

绘制图形

编辑图形

步骤3 在工具箱中单击"颜料桶工具" ，"填充颜色"设置颜色为"#156202"，在图形内单击鼠标。

步骤4 在工具箱中单击"选择工具" ，将图形全部选中，在菜单栏中选择"修改 | 组合"命令。

填充颜色

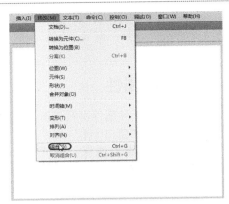

选择"组合"命令

步骤5 选中舞台区对象，在菜单栏中选择"修改|转换为元件"命令，在弹出的对话框中单击"确定"按钮。

步骤6 这时图形已经转换为元件，已经在库中。

选择"转换为元件"命令

元件1

步骤7 在"库"面板上单击右上角的 ▼ 按钮，在弹出的下拉列表中选择"直接复制"命令。在弹出的"直接复制元件"对话框中，单击"确定"按钮。

步骤8 这时在库中"元件1"元件已经复制，将其拖曳到舞台区，将其分离，改颜色为"#FF0000"，再将其组合。

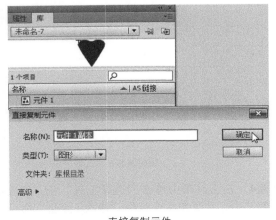

直接复制元件

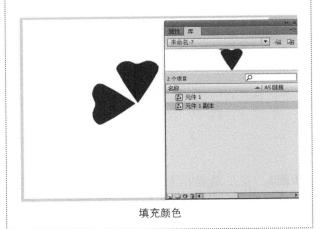

填充颜色

步骤9 在"库"面板中单击"元件1"元件，单击鼠标右键，在弹出的快捷菜单中选择"直接复制"命令，在弹出的"直接复制元件"对话框中，单击"确定"按钮。

选择"直接复制"命令

步骤10 复制后，将复制出来的元件拖曳到舞台区，将其分离，修改颜色。

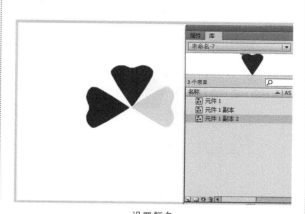

设置颜色

步骤11 在舞台区选中要复制的元件，在菜单栏中选择"修改 | 元件 | 直接复制"命令，在弹出的对话框中单击"确定"按钮，以同样的方法将复制的元件改颜色。

直接复制

步骤12 在菜单栏中选择"文件 | 导出 | 导出图像"命令。

选择"导出图像"命令

步骤13 在弹出的对话框中选择一个存储路径，并为文件命名，在"保存类型"下拉列表中选择一个存储格式，可以选择jpg格式，根据需要选择。

导出图像

步骤14 导出效果后，按Ctrl+S快捷键，在弹出的对话框中选择一个存储路径，对Flash的场景文件进行存储。

保存

14.6.4 删除元件

从影片中彻底删除一个元件,在"库"面板中进行删除,若从舞台中进行删除,则删除的只是元件的一个实例,真正的元件并没有从影片中删除。删除元件和复制元件一样,可以通过"库"面板右上角的下拉列表删除,或者快捷菜单进行删除操作。

快捷菜单进行删除

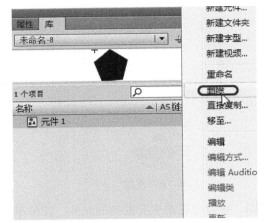

通过"库"面板右上角的下拉列表删除

> **提示:**
> 编辑元件时,Flash会自动更新影片中该元件的所有实例。Flash提供了以下3种方式来编辑元件。
> **在当前位置中编辑:** 可以在该元件和其他对象同在的舞台上编辑它,其他对象将以灰显方式出现,从而将它与正在编辑的元件区别开。正在编辑的元件名称会显示在舞台上方的信息栏内。
> **在新窗口中编辑:** 可以在一个单独的窗口中编辑元件。在单独的窗口中编辑元件可以同时看到该元件和主时间轴,正在编辑的元件名称会显示在舞台上方的信息栏内。
> **元件视图编辑:** 可将窗口从舞台视图更改为只显示该元件的单独视图。正在编辑的元件名称会显示在舞台上方的信息栏内。

14.6.5 移出文件夹中的元件

在"库"面板中单击所要移动元件的文件夹,展开文件夹,拖动所要移动的元件到适当的位置,释放鼠标左键,就可以移出文件夹中的元件。

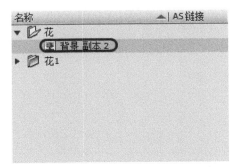

展开文件夹

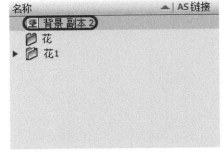

移出文件夹的元件

14.6.6 元件的相互转换

一种元件被创建后，其类型并不是不可改变的，它可以在图形、按钮和影片剪辑这3种元件类型之间互相转换，同时保持原有特性不变。

步骤1 在"库"面板中选择要转换的元件，并在该元件上单击鼠标右键。

步骤2 在弹出的快捷菜单中选择"属性"命令，弹出"元件属性"对话框，在其中选择要改变的元件类型，单击"确定"按钮。

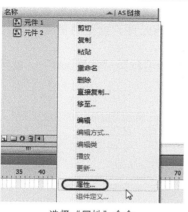

选择"属性"命令

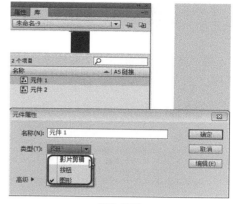

修改类型

14.7 创建实例

在"时间轴"面板中新建图形，Flash只能把实例放在"时间轴"面板的关键帧中，并且总是放置于当前图层上，如果没有选择关键帧，该实例将被添加到当前帧左侧的第1关键帧上。

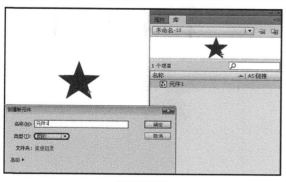

新建图层

步骤1 在菜单栏中选择"插入|新建元件"命令，在"创建新元件"对话框中的"类型"中选择"图形"，并在舞台中绘制图形。

步骤2 切换到"场景1"中，并将新创建的图形元件从库中拖到舞台上，释放鼠标后，就会在舞台上创建元件的一个实例，然后就可以在影片中使用此实例或者对其进行编辑操作。

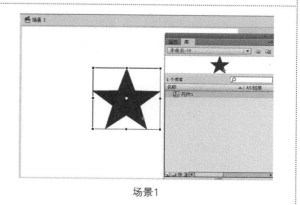

创建新元件

场景1

14.8 | 实例的属性

在"属性"面板中可以对实例进行指定名称、改变属性等操作。

14.8.1 指定实例名称

在Flash中，还可以为实例指定名称，具体操作步骤如下。

步骤1 继续上面的场景进行操作。在舞台中选择新创建的图形，在"属性"面板中可以看出该元件为图形元件，并不能为其更改实例的名称，需要将其转换成其他元件，这里将图形元件转换为按钮元件。

步骤2 在"属性"面板中的"实例名称"文本框内输入该实例的名称为"按钮001"，就可以为实例指定名称。

选择"按钮"选项

按钮001

> **提示：**
> 创建元件的实例后，使用"属性"面板还可以指定此实例的颜色效果和动作，设置图形显示模式或更改实例的行为，对实例所做的任何更改都只影响该实例，并不影响元件。

14.8.2 更改实例属性

每个元件实例都可以有自己的色彩效果，要设置实例的颜色和透明度选项，可以使用"属性"面板，在"属性"面板中的设置页会影响放置在元件内的位图。

继续上面的操作来为"按钮001"，添加色调样式和高级样式。

步骤1 在"色彩效果"选项区中，将"样式"设置为"色调"，将"色调"参数调整为30%，将"红"调整为140，将"绿"调整为220，将"蓝"调整为120。

步骤2 将"样式"设置为"高级"，将"Alpha"设置为30%，将"红"调整为50，将"绿"调整为50，将"蓝"调整为50。

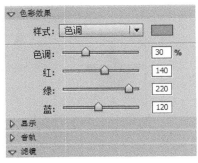

色彩效果

调整后

❶**无**：不设置颜色效果，此项为默认设置。

❷**亮度**：用来调整图像的相对亮度和暗度，明亮值为–100%～100%，100%为白色，–100%为黑色。其默认值为0。可直接输入数字，也可通过拖曳滑块来调节。

❸**色调**：用来增加某色调，可以直接输入红、绿、蓝颜色值，使用鼠标可以设置色调百分比，数值为0%～100%，数值为0%时不受影响，数值为100%时所选颜色将完全取代原有颜色。

❹**高级**：用来调整实例中的红、绿、蓝和透明度。

在"高级"选项下，可以单独调整实例元件的红、绿、蓝三原色和Alpha（不透明度），这在制作颜色变化非常精细的动画时最有用，每一项都通过两列文本框来调整，左列的文本框用来输入减少相应颜色分量或透明度的比例，右列的文本框通过具体数值来增加或减少相应颜色或透明度的值。

在"高级"选项下的红、绿、蓝和Alpha（不透明度）的值都乘以百分比值，然后加上右列中的常数值，就会产生新的颜色值。

属性

🔖 **提示**：

在"高级"选项的高级设置执行函数$(a \times y + b) = x$的a是文本框左列设置中指定的百分比，y是原始位图的颜色，b是文本框右侧设置中指定的值，x是生成的效果（RGB值在0到255之间，Alpha透明度值在0到100之间）。

高级

❺**Alpha（不透明度）**：用来设定实例的透明度，数值为0%～100%，数值为0%时实例完全不可见，数值为100%时实例将完全可见，就可以直接输入数字，也可以拖曳滑块来调节。

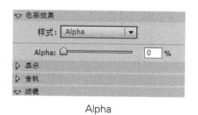

Alpha

14.8.3 给实例指定元件

可以给实例指定不同的元件，从而在舞台上显示不同的实例，并保留所有的原始实例属性（如色彩效果或按钮工作）。

步骤1 在工具箱中选择"矩形工具"，将"笔触颜色"设置为无，将"填充颜色"设置为蓝色，在舞台中绘制矩形，使用"选择工具"选择刚刚绘制的矩形，按F8键，在弹出的对话框中将"名称"设置为"元件"，将"类型"设置为"图形"。在"时间轴"面板上新建图层，在菜单栏中选择"插入|新建元件"命令。

步骤2 在弹出的"创建新元件"对话框中，将"名称"命名为"元件2"，将"类型"设置为"图形"，单击"确定"按钮。

创建新元件

步骤3 在工具箱中单击"椭圆工具" ⬭，将"笔触"设置为无颜色，将"填充颜色"设置为蓝色。并在"属性"面板中将"样式"设置为"梯形"，设置完成后在舞台中绘制图形。

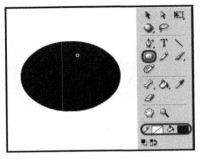

绘制图形

步骤4 绘制完成后单击左上角的"场景"按钮 🔲场景1，切换到"场景1"中，在舞台上选择实例，然后在"属性"面板中单击"交换"按钮。

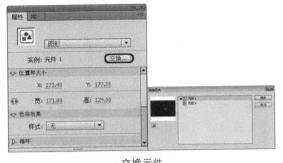

交换元件

步骤5 在弹出的"交换元件"对话框中选择"元件2"，单击"确定"按钮，在舞台中将"元件1"替换为"元件2"。

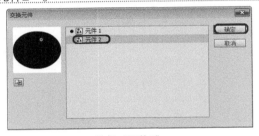

选择"元件2"

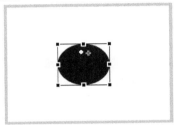

交换元件后

> 📌 **提示：**
> 要复制选定的元件，可以单击对话框中的"直接复制元件"按钮 🔲。

14.8.4 改变实例类型

无论是直接在舞台创建的还是从元件拖曳出的实例，都保留了其元件的类型，在制作动画时如果想将元件转换为其他类型，可以通过"属性"面板在3种元件类型之间进行转换。

按钮元件的设置选项：在"音轨"选项区，

❶ **音轨作为按钮：** 忽略其他按钮发出的事件，按钮A和B，B为"音轨作为按钮"模式，按住A不放并移动鼠标指针到B上，B不会被按下。

❷ **音轨作为菜单项：** 按钮A和B，B为"音轨作为菜单项"模式，按住A不放并移动鼠标指针到B上，B为菜单时，B则会按下。

属性

按钮元件

图形元件的选项设置：在"循环"选项区。

❶ 循环：包含在当前实例中的序列动画循环播放。

❷ 播放一次：从指定帧开始，只播放动画一次。

❸ 单帧：显示序列动画指定的一帧。影片剪辑元件的"属性"面板如下。

图形元件

影片剪辑元件

|14.9| 编辑实例

实例是指位于舞台上或嵌套在另一个元件中的元件副本，实例可以与元件在颜色、大小和功能上存在很大的差别。

14.9.1 分离文本实例

在工具箱中单击"选择工具" ，在舞台区选择需要分离的文本，在菜单栏中选择"修改｜分离"命令，可以连续多次单击，就可以分离文本实例。

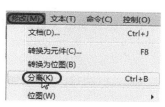

选择"分离"命令

14.9.2 复制实例

方法一：在工具箱中单击"选择工具" ，在舞台区选择需要复制的实例，在实例上单击鼠标右键，在弹出的快捷菜单中选择"复制"命令，再到舞台合适的位置单击鼠标右键，在弹出的快捷菜单中选择"粘贴"命令，就可以复制所选的实例。

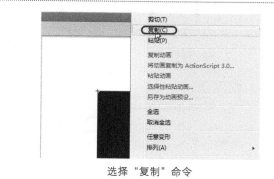

选择"复制"命令

选择"粘贴"命令

方法二: 在舞台区选中要复制的实例,按住Alt键的同时,来移动实例到合适的位置,就可以复制所选的实例。

14.9.3 改变实例类型

在工具箱中选择"选择工具" ，在舞台区选中要改变类型的实例,在"属性"面板上单击最上端的实例行为下拉按钮,在弹出的下拉列表中选择需要的类型,就可以改变实例的类型。

提示:
改变实例类型,只会改变舞台区所选实例的类型,并不会改变其对应的元件类型,也不会改变元件的其他实例类型。

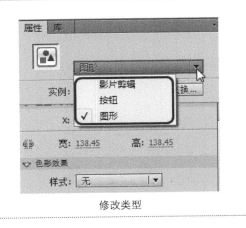
修改类型

14.9.4 改变实例的颜色

在工具箱中选择"选择工具" ，在舞台区选择需改变颜色的实例,在"属性"面板"色彩效果"选项区中单击"样式"下拉按钮,在弹出的下拉列表中选择"色调"选项,在其中设置颜色,操作完成就可以改变所选实例的颜色,按Ctrl+Enter快捷键,测试影片效果。

提示:
在"色彩效果"选项区中可以直接单击色块选择颜色,也可以在下方分别设置"色调"和"红"、"绿"、"蓝"的值来选择颜色。
在动画里面在"时间轴"面板中选择帧来设置颜色。

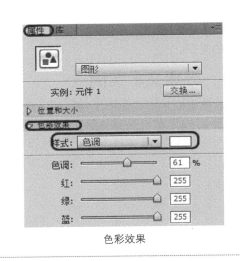
色彩效果

14.9.5 改变实例的透明度

步骤1 在工具箱中选择"选择工具" ，在舞台区选择需要改变颜色的实例,在"属性"面板的"色彩效果"选项区中单击"样式"下拉按钮。
步骤2 在弹出的下拉列表中选择"Alpha"选项,在其中设置。操作完成就可以改变所选实例的透明度,按Ctrl+Enter快捷键,测试影片效果。

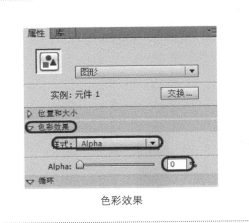
色彩效果

14.9.6 实战：为实例交换元件

本例主要介绍为实例来交换元件，将舞台区原有的元件交换成需要的元件。

步骤1 打开"CDROM\素材\第14章\交换元件.fla"文件，在"时间轴"面板上新建图层。

步骤2 在菜单栏中选择"插入丨新建元件"命令，在弹出的对话框中单击"确定"按钮。

新建图层

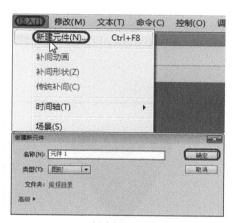

创建新元件

步骤3 在工具箱中单击"钢笔工具" ，在新建的元件里面绘制"叶子"图形，运用"转换锚点工具" 来调整图形的圆滑效果。

步骤4 在工具箱中选取"颜料桶工具"，在"属性"面板中填充颜色，"笔触颜色"和"填充颜色"为"#336633"。图形的颜色将自动填充。

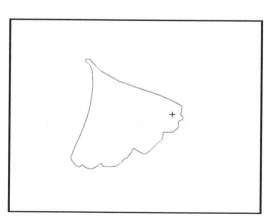

绘制图形

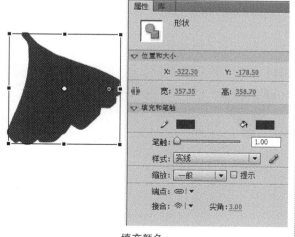

填充颜色

步骤5 切换到"场景1"，在"库"面板中将"元件1"元件拖到舞台区，这时"元件1"元件的图形已经在舞台区。

步骤6 在菜单栏中选择"插入丨新建元件"命令，以上面同样的方法在新建元件里绘制图形。

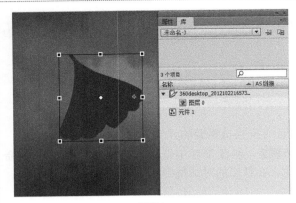

场景1

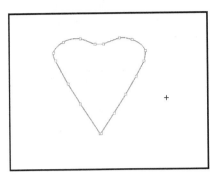

绘制图形

步骤7 在"属性"面板上填充颜色,"笔触颜色"和"填充颜色"为"#336633"。

步骤8 切换到"场景1",单击"叶子"实例,然后在"属性"面板中单击"交换"按钮。

填充颜色

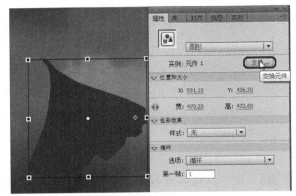

交换元件

步骤9 在弹出的"交换元件"对话框中选择"元件2"元件,单击"确定"按钮。

步骤10 这时舞台上已经交换成"元件2"元件。

选择"元件2"元件

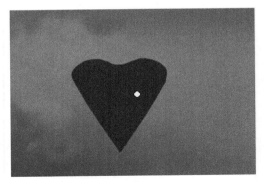

元件2

步骤11 在菜单栏中选择"文件 | 导出 | 导出图像"命令。

步骤12 在弹出的对话框中选择一个存储路径,并为文件命名,在"保存类型"下拉列表中选择一个存储格式,这里选择jpg格式,根据需要设置。

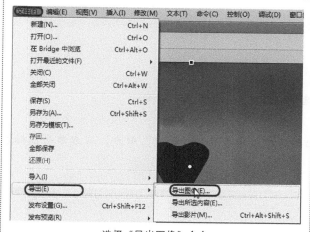

选择"导出图像"命令

导出图像

步骤13 导出效果后，按Ctrl+S快捷键，在弹出的对话框中选择一个存储路径，并为文件命名，选择"保存类型"为fla，单击"保存"按钮，对Flash的场景文件进行存储。

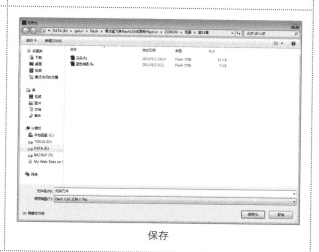

保存

14.9.7 为图形元件实例设置动画播放特性

在工具箱中选择"选择工具"，在舞台区选择对象实例，在"属性"面板中的"循环"选项区中单击"选项"右侧的下拉按钮，在弹出的下拉列表中选择"循环"选项。

提示：

在下面的"第一帧"文本框中输入数值，指定动画从第多少帧开始播放。

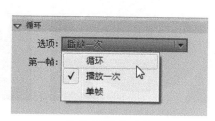

选择"循环"选项

14.10 操作答疑

本章主要介绍应用元件和实例，但是还是会在使用中出现一些问题，在这里将举出多个常见的问题进行解答，以方便读者学习以及巩固前面所学习的知识。

14.10.1　专家答疑

（1）按哪个快捷键可以打开"转换为元件"对话框？

答：按F8键可以打开"转换为元件"对话框。

（2）如何在当前位置编辑元件？

答：在库元件上右击鼠标，在弹出的快捷菜单中选择"在当前位置编辑"命令。

（3）如何真正地删除元件？

答：可以通过"库"面板右上角的按钮，在弹出的下拉菜单中选择"删除"命令，或者单击鼠标右键，通过快捷菜单进行删除操作。

14.10.2　操作习题

1. 选择题

（1）在"属性"面板中（　　　）元件，不能为其更改实例的名称，需要将其转换成其他元件才可以更改。

A.图形　　　　　　B.按钮　　　　　　C.影片剪辑

（2）图形元件的选项设置在"循环"选项区选择（　　），是从指定帧开始，只播放动画一次。

A.单帧　　　　　　B.循环　　　　　　C.播放一次

2. 填空题

（1）在舞台中选择要转换为元件的图片，然后选择＿＿＿＿＿＿＿＿命令，打开"转换为元件"对话框，在"类型"下拉列表中选择＿＿＿＿＿＿＿＿，单击"确定"按钮。

（2）使用＿＿＿＿＿＿＿＿可以在影片中响应鼠标单击、滑过或其他动作，然后将响应的事件结果传递给互动程序进行处理。

（3）创建元件的实例后，使用＿＿＿＿＿＿＿＿面板还可以指定此实例的颜色效果和动作，设置图形显示模式或更改实例的行为，对实例所做的任何更改都只影响该实例，并不影响元件。

3. 操作题

运用"属性"面板上的"交换"按钮，来交换元件。

新建"元件1"元件

新建"元件2"元件

交换元件

（1）打开"CDROM\素材\第14章\春暖花开.fla"文件，在菜单栏中选择"插入 | 新建元件"命令，在打开的"新建元件"对话框中单击"确定"按钮。在新建元件内输入文字"春天到了，夏天还会远吗？"，并将其移动到场景内。

（2）再次新建元件，在新建元件内输入文字"百鸟鸣叫，百花开放……"。

（3）切换到场景内，单击舞台中的文字，在"属性"面板中单击"交换"按钮，在"交换元件"对话框中选择"元件2"元件，单击"确定"按钮，这时已经切换。

第15章

制作多种简单动画

本章重点：

　　Flash提供了强大的动画制作功能，使绘制的精彩图形"动"起来，所谓的动画就是可以使对象的尺寸、位置、颜色及大小随着时间发生变化。本章以逐帧动画、补间动画、遮罩动画和引导动画作为重点讲解多种动画制作的方法。

学习目的：

　　通过对本章的学习，可以熟练地掌握创建逐帧动画、遮罩动画、补间动画、渐变动画和引导动画的操作方法及需要注意的事项，便读者能够独立完成简单动画的制作。

参考时间：70分钟

主要知识	学习时间
15.1　制作动画准备工作	10分钟
15.2　制作逐帧动画	10分钟
15.3　制作补间动画	10分钟
15.4　制作渐变动画	10分钟
15.5　制作遮罩动画	15分钟
15.6　制作引导动画	15分钟

|15.1| 制作动画准备工作

在创建一些简单的动画之前，首先应该为制作动画做简单的准备，像是在场景中设置动画的播放速度、设置动画的背景颜色等，这些都需要在制作动画之前就准备好的，下面将详细介绍一下制作动画前的准备工作。

15.1.1 设置播放速度

通过调整"文档设置"对话框中的帧频可以调整动画的播放速度，也就是每秒内能播放的帧数。

步骤1 打开Flash CS6软件，在打开的欢迎界面的"新建"列表框中选择"ActionScript 3.0"选项。

步骤2 创建一个空白舞台，在舞台中单击鼠标右键，在弹出的快捷菜单中选择"文档属性"命令。

步骤3 弹出"文档设置"对话框，在该对话框中可以看到系统默认的"帧频"为24。

选择"ActionScript 3.0"选项

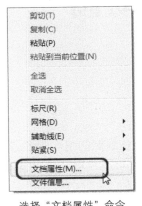

选择"文档属性"命令

"文档设置"对话框

步骤4 双击"帧频"右侧的文本框，将其激活，在该文本框中将"帧频"设置为12，单击"确定"按钮。

除了以上讲的方法之外，还可以在"属性"面板中设置动画的播放速度，打开"属性"面板，在该面板中将"属性"选项区中的"FPS"设置为12，按Enter键确认该操作，便可改变动画的播放速度。

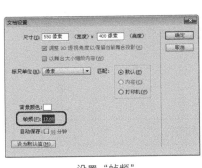

设置"帧频"

在"属性"面板中设置"帧频"

> **技巧**：
> 在Flash中，"帧频"控制着整个动画的播放速度，"帧频"越大，动画的播放速度就会随之变快，相反，"帧频"值越小，动画的播放速度就会慢下来。

15.1.2 设置背景颜色

设置背景颜色的方法有很多种，下面将介绍3种方法。

方法一：打开Flash软件，在菜单栏中选择"文件 | 新建"命令，在弹出的"新建文档"对话框中单击"背景颜色"右侧的颜色块，在弹出的面板中选择一种颜色，设置完成后单击"确定"按钮，观察创建的文档背景效果。

 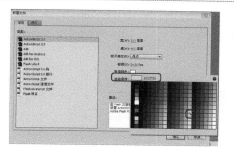 

选择"新建"命令　　　　　　　　　"新建文档"对话框　　　　　　　　设置完成后的效果

方法二： 新建一个空白的Flash文档，在舞台中单击鼠标右键，在弹出的快捷菜单中选择"文档属性"命令，弹出"文档设置"对话框，可以看到系统默认的背景颜色为白色，在该对话框中单击"背景颜色"右侧的颜色块，在弹出的面板中选择一种颜色，设置完成后单击"确定"按钮，在舞台中查看改变颜色后的效果。

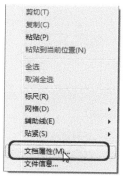 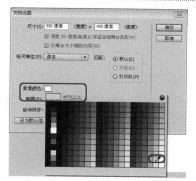 

选择"文档属性"命令　　　　　　　"文档设置"对话框　　　　　　　　设置完成后的效果

方法三： 新建一个空白的Flash文档，打开"属性"面板，在该面板中单击"属性"选项区中"舞台"右侧的颜色块，在弹出的面板中选择一种颜色，便可改变舞台的颜色，在舞台中观察效果。

 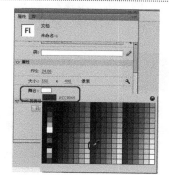 

"属性"面板　　　　　　　　　　选择背景颜色　　　　　　　　　设置完成后的效果

15.2 制作逐帧动画

　　动画中最基本的类型就是逐帧动画，而最基本的动画单位就是帧。

15.2.1 导入逐帧动画

步骤1 打开Flash CS6软件，在欢迎界面的"新建"列表框中选择"ActionScript 3.0"选项。

步骤2 新建一个空白的Flash文档，在菜单栏中选择"文件｜导入｜导入到舞台"命令。在该对话框中选择随书附带光盘中的"CDROM\素材\第15章\001.jpg"素材文件。

选择"ActionScript 3.0"选项

选择"导入到舞台"命令

"导入"对话框

步骤3 单击"打开"按钮，此时弹出一个Flash的提示对话框，在该对话框中单击"是"按钮，系统会自动将连续的素材文件导入到Flash舞台中，可以在"时间轴"面板中观察导入的逐帧效果。

提示对话框

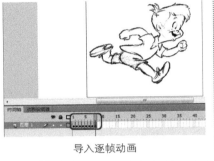

导入逐帧动画

15.2.2 实战：创建逐帧动画

通过上面对逐帧动画的简单了解，接下来将以设置关键帧的方法，来制作一个简单的文字逐帧动画。

步骤1 启动Flash CS6软件，在打开的界面的"新建"列表框中选择"ActionScript 3.0"选项。

步骤2 新建一个空白的Flash文档，在菜单栏中选择"修改|文档"命令。

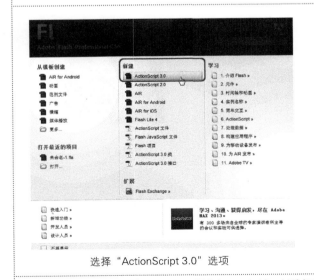

选择"ActionScript 3.0"选项

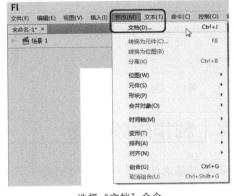

选择"文档"命令

步骤3 弹出"文档设置"对话框，在该对话框中将"尺寸"设置为550像素×413像素，将"帧频"设置为4。

步骤4 设置完成后单击"确定"按钮，在菜单栏中选择"文件|导入|导入到舞台"命令。

"文档设置"对话框

选择"导入到舞台"命令

步骤5 弹出"导入"对话框,在该对话框中选择随书附带光盘中的"CDROM\素材\第15章\背景素材.jpg"素材文件。

步骤6 单击"打开"按钮,即可将打开的素材文件导入到舞台中。

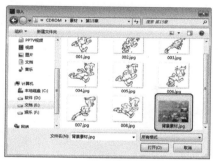

"导入"对话框

导入的素材文件

技巧:

如果导入素材不是处于舞台的中央位置,可以选择导入的素材文件,打开"属性"面板,在"位置和大小"区域中将"X"与"Y"值均设置为0。

"属性"面板

步骤7 打开"时间轴"面板,选择"图层1"图层,双击激活文本框,将其重命名为"背景层",在第40帧位置处单击,按F6键插入关键帧。

步骤8 在"时间轴"面板中单击"新建图层"按钮,新建一个"图层2"图层,并将其重命名为"文字"。

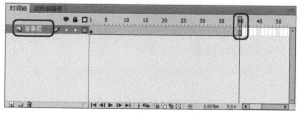

插入帧

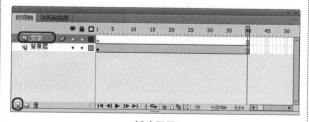

新建图层

步骤9 在"文字"图层的第1帧位置单击鼠标,在工具箱中选择"文本工具",在"属性"面板中将"系列"设置为"方正粗圆简体",将"大小"设置为50,将"颜色"设置为白色。

步骤10 设置完成后在舞台中单击鼠标,激活文本框,并输入"生活就是 一半回忆 一半继续"文本内容。

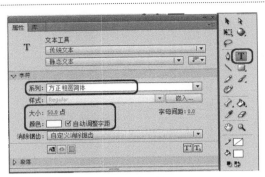

设置文本属性

输入文本内容

步骤11 选择输入的文本信息，打开"属性"面板，在"位置和大小"选项区中将"X"设置为53，将"Y"设置为82。

步骤12 关闭"属性"面板，在舞台中观察改变后的文字效果。

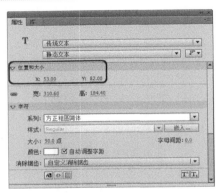

设置位置属性

设置完成后的效果

步骤13 确认舞台中的文字处于被选择的状态下，按Ctrl+B组合键将其打散为单字，然后再按Ctrl+B组合键将其打散。

步骤14 选择"文字"图层，选择第1帧按住Shift键的同时选择第39帧，单击鼠标右键，在弹出的快捷菜单中选择"转换为关键帧"命令。

打散文字

选择"转换为关键帧"命令

步骤15 此时，"文字"图层的第1帧至第39帧全部被转换为关键帧。然后选择"背景层"图层，将其锁定。

步骤16 选择"文字"图层的第1帧，在工具箱中选择"选择工具" ，删除除"生"字以外的其他文字内容。

步骤17 在"时间轴"面板中单击"前进一帧"按钮 ，切换至第2帧，删除除"回"字以外的其他文字内容。

步骤18 使用同样的方法制作至第14帧的动画效果。然后选择第15帧，制作与第1帧相同的文字效果。

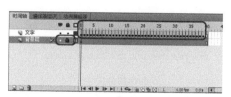

锁定图层

删除其他文字

制作第2帧动画

制作第15帧动画

步骤19 切换至下一帧，删除除"生活"以外的全部文字内容。

步骤20 切换至下一帧，删除除"生活就"以外的全部文字内容。

制作第16帧动画

制作第17帧动画

步骤21 使用同样的方法制作第18帧的动画，然后切换至下一帧，删除除"活就是 一"以外的全部文字内容。

步骤22 根据文字的动画规律，制作其他文字的动画。

制作第19帧动画

制作第26帧动画

步骤23 在第27帧位置处将除"半继续"以外的文字删除，并使用同样的方法制作至第29帧的动画。

步骤24 选择第30帧，将舞台中所有的文字进行删除，然后切换至第31帧，删除部分文字。

制作第29帧动画

删除部分文字

步骤25 切换至下一帧，即第32帧，根据第24步的规律删除部分文字。

步骤26 使用同样的方法制作其他帧的动画。

制作第32帧动画

第35帧动画

步骤27 在"时间轴"面板中选择第39帧，单击鼠标右键，在弹出的快捷菜单中选择"动作"命令。

步骤28 打开"动作"面板，在该面板中输入代码"stop（）;"。

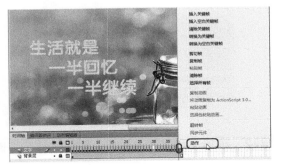

选择"动作"命令

输入代码

步骤29 关闭"动作"面板，按Ctrl+Enter组合键测试影片。

影片效果1

影片效果2

影片效果3

步骤30 在菜单栏中选择"文件｜导出｜导出影片"命令。

步骤31 在弹出的对话框中为其指定一个正确的存储路径，并为其重命名为"文字动画"。

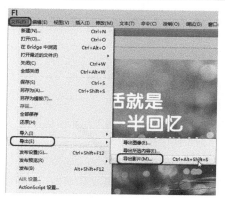

选择"导出影片"命令

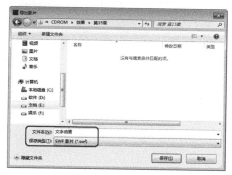

"导出影片"对话框

步骤32 单击"保存"按钮，即可导出影片，使用同样的方法保存场景。

15.3 | 制作补间动画

所谓传统补间动画又叫作中间帧动画，只需要建立开始帧和结束帧的画面，中间部分由软件自动生成。

15.3.1 创建位移动画

位移动画就是通过改变物体位置而生成的动画，下面介绍创建位移动画的操作方法。

步骤1 启动Flash CS6软件，按Ctrl+R组合键，在弹出的对话框中选择随书附带光盘中的"CDROM\素材\第15章\位移动画素材.fla"素材文件。

步骤2 单击"打开"按钮，即可将选择的素材文件打开，选择"时间轴"面板，按Enter键观察打开的素材动画效果。

"打开"对话框

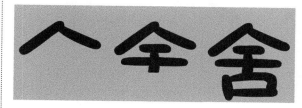

观察效果

步骤3 在"时间轴"面板中单击"新建图层"按钮，新建一个空白图层，将其重命名为"毛笔"。

步骤4 选择"毛笔"图层的第1帧，在菜单栏中选择"文件|导入|导入到舞台"命令。

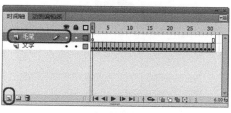

新建图层

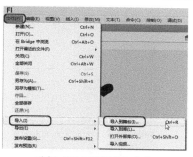

选择"导入到舞台"命令

步骤5 弹出"导入"对话框,在该对话框中选择"CDROM\素材\第15章\毛笔.png"素材文件。

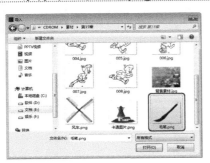

"导入"对话框

步骤6 单击"打开"按钮,即可将选择的素材文件导入到舞台中。

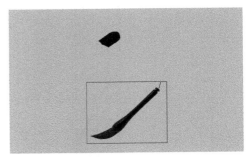

导入对象

步骤7 选择导入的素材文件,在菜单栏中选择"修改 | 转换为元件"命令。

选择"转换为元件"命令

步骤8 弹出"转换为元件"对话框,在该对话框中将其重命名为毛笔,将"类型"设置为"图形"。

"转换为元件"对话框

步骤9 设置完成后单击"确定"按钮,打开"属性"面板,在"位置和大小"选项区中将"X"值设置为206,Y值设置为30,将"宽"设置为140。

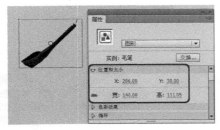

设置毛笔属性

步骤10 在"毛笔"图层中选择第4帧,按F6键插入关键帧,在"属性"面板中将"位置和大小"选项区中的"X"值设置为125,"Y"值设置为94。

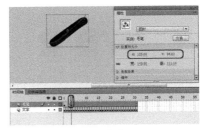

调整毛笔位置

步骤11 选择"毛笔"图层中的第1帧至第4帧之间任意帧,单击鼠标右键,在弹出的快捷菜单中选择"创建传统补间"命令。

选择"创建传统补间"命令

步骤12 然后选择该图层的第5帧,移动毛笔的位置,并设置关键帧。

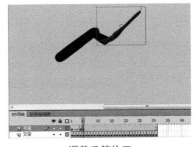

调整毛笔位置

步骤13 选择该图层的第7帧，插入关键帧，并调整画笔的位置，为其添加传统补间动画。

步骤14 使用同样的方法制作其他位置的画笔动画，设置完成后观察时间轴的效果。

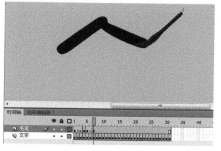

创建传统补间动画

完成后的效果

步骤15 按Ctrl+Enter组合键测试影片。

15.3.2 创建旋转动画

旋转动画就是在创建完补间动画之后，通过更改帧的属性来添加旋转度数，来制作的动画。

步骤1 启动Flash CS6软件，创建一个空白的Flash场景，在菜单栏中选择"修改 | 文档"命令。

步骤2 弹出"文档设置"对话框，在该对话框中将"尺寸"设置为600像素×550像素，将"背景颜色"的值设置为"#FFFFCC"，将"帧频"设置为8。

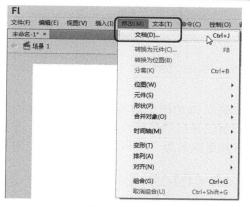

选择"文档"命令

"文档设置"对话框

步骤3 设置完成后单击"确定"按钮，在菜单栏中选择"文件|导入|导入到库"命令。

步骤4 弹出"导入到库"对话框，在该对话框中选择随书附带光盘中的"CDROM\素材\第15章\卡通图片.png和风车.png"素材文件。

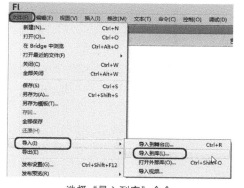

选择"导入到库"命令

"导入到库"对话框

步骤5 单击"打开"按钮，即可将选择的素材文件添加至"库"面板中，在该面板中选择"卡通图片.png"素材文件，将其拖曳至舞台中。

步骤6 在舞台中选择导入的"卡通图片.png"素材文件，打开"属性"面板，在"大小和位置"选项区中将"宽"设置为550，将"X"值设置为25.5，"Y"值设置为84。

添加素材文件

设置素材属性

步骤7 在"时间轴"面板中，选择第50帧，按F5键插入帧。

步骤8 在"时间轴"面板中单击"新建图层"按钮，新建一个图层，然后将"图层1"图层锁定。

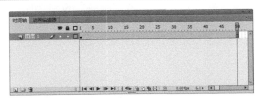

插入帧

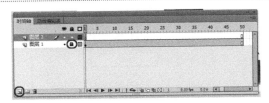

新建图层

步骤9 选择"图层2"图层的第1帧，在"库"面板中选择"风车.png"素材文件，将其添加至舞台中，并将其调整至合适的位置。

步骤10 确认添加的素材文件处于被选择的状态下，按F8键，弹出"转换为元件"对话框，在该对话框中将其重命名为"风车"，将"类型"设置为"图形"。

步骤11 设置完成后单击"确定"按钮，在"图层2"图层中选择第50帧，按F6键插入关键帧。

步骤12 选择第1帧至第50帧的任意一帧，单击鼠标右键，在弹出的快捷菜单中选择"创建传统补间"命令。

添加素材文件

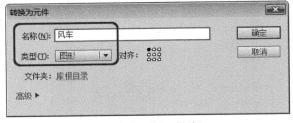

"转换为元件"对话框

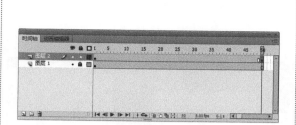

插入关键帧

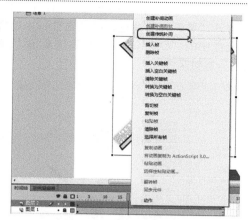

选择"创建传统补间"命令

步骤13 选择第1帧至第50帧之间的任意一帧，打开"属性"面板，在"补间"选项区中将"旋转"设置为"顺时针"，将"旋转次数"设置为64。

步骤14 设置完成后按Ctrl+Enter组合键测试影片效果。

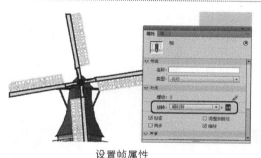

设置帧属性

测试效果1

测试效果2

15.4 制作渐变动画

渐变动画包括形状渐变和颜色渐变两种，其各有不同，本节主要介绍这两种渐变动画的制作方法。

15.4.1 创建形状渐变动画

形状渐变就是将一个形状转换至另一个形状的动画过程，下面介绍形状渐变动画的操作步骤。

步骤1 启动Flash CS6软件，创建一个空白的ActionScript 3.0文档，在菜单栏中选择"修改|文档"命令。

步骤2 弹出"文档设置"对话框，在该对话框中将"尺寸"设置为550像素×364像素，将"帧频"设置为18。

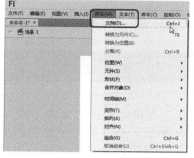

选择"文档"命令

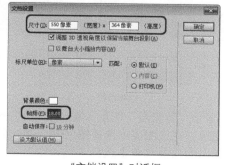

"文档设置"对话框

步骤3 设置完成后单击"确定"按钮，按Ctrl+R组合键打开"导入"对话框，在该对话框中选择随书附带光盘中的"CDROM\素材\第15章\形状渐变素材.jpg"素材文件。

步骤4 单击"打开"按钮，即可将选择的素材文件添加至舞台中，确认添加的素材文件处于被选择的状态下，打开"属性"面板，在"位置和大小"选项区中将"宽"设置为550。

"导入"对话框

设置素材属性

步骤5 选择"时间轴"面板中的"图层1"图层，将其重命名为"背景层"，在第40帧位置按F5键插入帧，并将该图层进行锁定。

步骤6 新建图层，并将其重命名为"文字1"，选择该图层的第1帧，在工具箱中选择"矩形工具" ，打开"属性"面板，在"填充和颜色"选项区中将"笔触颜色"设置为无，将"填充颜色"值设置为"#339900"。

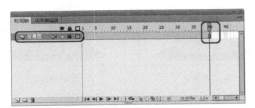

"时间轴"面板

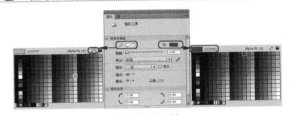

设置矩形属性

步骤7 设置完成后在舞台中绘制一个矩形。按Ctrl+B组合键将其打散。

步骤8 隐藏"背景层"图层，在工具箱中选择"套索工具" ，在舞台中选择矩形并移动选取的形状。

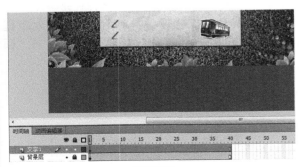

打散矩形

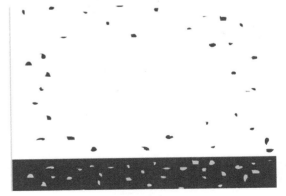

选取碎片

步骤9 显示"背景层"图层，在"文字1"图层中显示该图层，在该图层中选择第20帧，单击鼠标右键，在弹出的快捷菜单中选择"插入空白关键帧"命令。

步骤10 在工具箱中选择"文本工具" ，打开"属性"面板，在"字符"选项区中将"系列"设置为"汉仪方隶简"，将"大小"设置为84点。

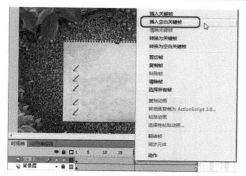

选择"插入空白关键帧"命令

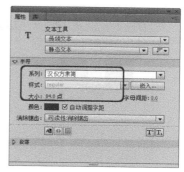

设置文字属性

步骤11　在"时间轴"中选择"文字1"图层，在第20帧位置按F6键插入关键帧，在舞台中单击输入"环"字，并使用"选择工具" ，在舞台中适当调整文字的位置。

步骤12　选择输入的文字，按Ctrl+B组合键将其打散，然后在"文字1"图层中的第1帧至第20帧单击任意帧，单击鼠标右键，在弹出的快捷菜单中选择"创建补间形状"命令。

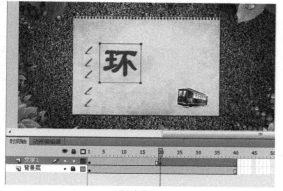

创建文字

选择"创建补间形状"命令

步骤13　在"文字1"图层中单击，按Ctrl+C组合键复制该帧内容，然后新建一个空白层，并将其重命名为"文字2"，然后选择该图层的第20帧，按F6键插入关键帧。

步骤14　确认选择的当前帧是"文字2"图层的第20帧，在菜单栏中选择"编辑 | 粘贴到当前位置"命令。

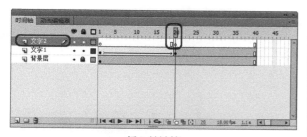

插入关键帧

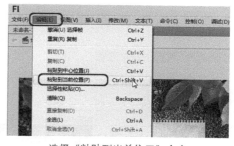

选择"粘贴到当前位置"命令

步骤15　然后使用同样的方法制作"保"字的动画效果。按Ctrl+Enter组合键测试影片效果。

15.4.2　创建颜色渐变动画

　　颜色渐变就是从一种颜色到另一种颜色转换的过程，其颜色渐变应用极为普遍，具体操作步骤如下。

步骤1　启动Flash软件，按Ctrl+O组合键，在弹出的对话框中选择随书附带光盘中的"CDROM\素材\第15章\颜色渐变动画素材.fla"素材文件。

步骤2　单击"打开"按钮，查看打开的素材文件。

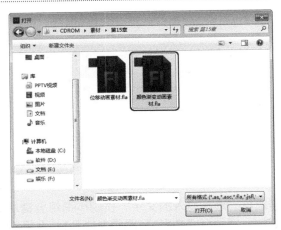

"打开"对话框

打开的素材文件

步骤3 在"时间轴"面板中选择"背景"图层，在第60帧位置按F5键插入帧，然后将该图层锁定。

步骤4 然后选择"电视荧屏"图层，分别在第15帧、第30帧、第45帧、第60帧位置按F6键插入关键帧。

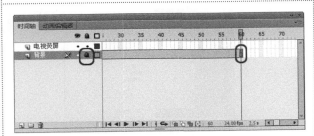

插入帧

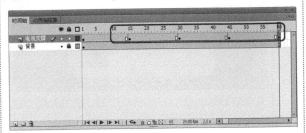

插入关键帧

步骤5 选择"电视荧屏"图层的第15帧，在舞台中选择"电视荧屏"对象，打开"属性"面板，在"填充和笔触"选项区中将"填充颜色"设置为"#FF3366"。

步骤6 然后在该图层选择第30帧，在舞台中选择"电视荧屏"对象，在"属性"面板的"填充和笔触"选项区中将"填充颜色"设置为"#0099FF"。

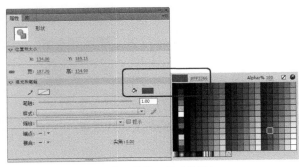

设置第15帧位置的对象颜色

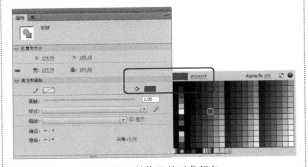

设置第30帧位置的对象颜色

步骤7 使用同样的方法制作填充其他帧的颜色。然后选择第1帧至第15帧中的任意一帧，单击鼠标右键，在弹出的快捷菜单中选择"创建补间形状"命令。

步骤8 使用同样的方法为其他关键帧之间创建形状补间动画。

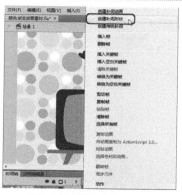

选择"创建补间形状"命令

创建完成后的效果

步骤9 按Ctrl+Enter组合键测试影片效果。

|15.5| 制作遮罩动画

创建遮罩层就是将遮罩层放置在作用层上，通过它可以看到位于它下面链接层的区域内容，遮罩动画共分为遮罩层动画和被遮罩层动画。

15.5.1 创建遮罩层动画

下面以一个小实例来介绍一下遮罩层动画的操作步骤。

步骤1 按Ctrl+J组合键，打开"文档设置"对话框，在该对话框中将"尺寸"设置为550像素×370.6像素，将"帧频"设置为18。

步骤2 设置完成后单击"确定"按钮，按Ctrl+R组合键，弹出"导入"对话框，在该对话框中选择随书附带光盘中的"CDROM\素材\第15章\遮罩背景素材.jpg"素材文件。

步骤3 单击"打开"按钮，在舞台中选择打开的素材文件，打开"属性"对话框，在该对话框中将"位置和大小"选项区中的"宽"设置为550。

步骤4 在"时间轴"面板中选择"图层1"图层，在第60帧位置按F5键插入帧，然后新建"图层2"图层，并将其重命名为"遮罩层"，锁定"图层1"图层。

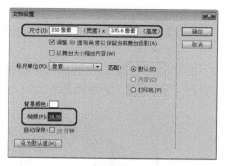

新建图层

"导入"对话框

设置素材属性

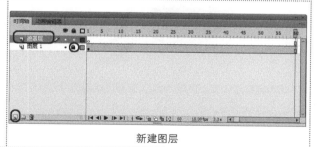

新建图层

步骤5 选择"遮罩层"图层的第1帧，在工具箱中选择"钢笔工具" ，在舞台中创建一个图形。

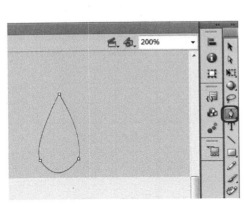

绘制图形

步骤6 为创建的图形填充一种颜色，并将其设置为无笔触颜色，使用"任意变形工具" 调整该图形的大小，调整至合适的位置。

调整图形位置

步骤7 在"时间轴"面板中选择"遮罩层"图层的第20帧，按F6键插入关键帧，将绘制的图形调整至合适的位置，并适当调整该图形的大小。

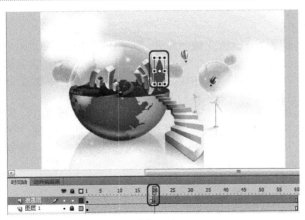

调整图形

步骤8 然后选择该图层的第21帧，单击鼠标右键，在弹出的快捷菜单中选择"插入空白关键帧"命令。

选择"插入空白关键帧"命令

步骤9 在工具箱中选择"椭圆工具" ，在上一个图形的下方绘制一个小的椭圆。

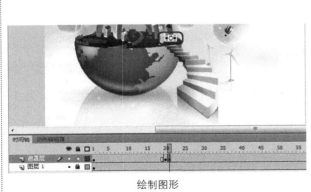

绘制图形

步骤10 在第60帧位置按F6键插入关键帧，使用"任意变形工具" ，调整椭圆的大小。

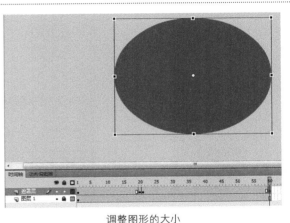

调整图形的大小

步骤11 选择第1帧至第20帧中的任意一帧,单击鼠标右键,在弹出的快捷菜单中选择"创建补间形状"命令。

步骤12 使用同样的方法在第21帧至第60帧之间插入形状补间动画。

选择"创建形状补间"命令

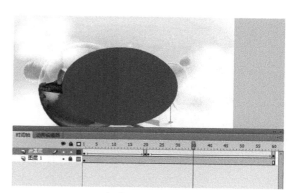

创建形状补间动画

步骤13 选择"遮罩层"图层,单击鼠标右键,在弹出的快捷菜单中选择"遮罩层"命令。

步骤14 执行完该命令之后即可将"遮罩层"图层转换为遮罩层。

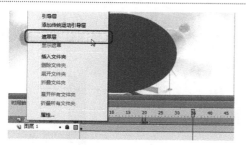

选择"遮罩层"命令

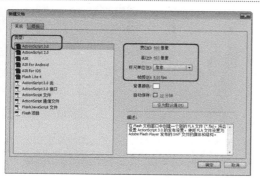

遮罩层效果

步骤15 按Ctrl+Enter组合键测试影片效果。

15.5.2 创建被遮罩层动画

遮罩层起初与一个单独的被遮罩层关联,被遮罩层位于遮罩层的下面,创建被遮罩层动画的具体操作步骤如下。

步骤1 按Ctrl+N组合键,弹出"新建文档"对话框,在该对话框中选择"类型"列表框中的"ActionScript 3.0"选项,将"宽"设置为600像素,将"高"设置为403像素,将"帧频"设置为8fps。

步骤2 设置完成后单击"确定"按钮,在菜单栏中选择"文件|导入|导入到库"命令。弹出"导入到库"对话框,在该对话框中选择随书附带光盘中的"CDROM\素材\第15章\被遮罩背景.jpg、化妆品素材.png"素材文件。

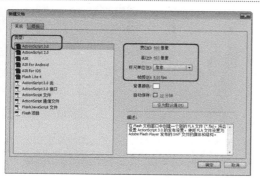

"新建文档"对话框

"导入到库"对话框

步骤3 单击"打开"按钮，即可将选择的素材文件添加至"库"面板中。

"库"面板

步骤4 在"库"面板中选择"被遮罩背景.jpg"素材文件，将其拖曳至舞台中，打开"属性"面板，在"位置和大小"选项区中将"宽"设置为600。

设置素材属性

步骤5 在"时间轴"面板中选择"图层1"图层的第50帧，按F5键插入帧。在"时间轴"面板中创建一个图层。

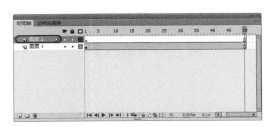

新建图层

步骤6 在"库"面板中选择"化妆品素材.png"素材文件，将其拖曳至舞台中，打开"属性"面板，在该面板中将"位置和大小"选项中的"宽"设置为700。然后将其调整至合适的位置。

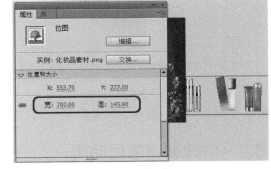

设置素材属性

步骤7 确认插入素材文件处于被选择的状态下，按F8键，在弹出的对话框中将其重命名为"化妆品"，将其"类型"设置为"图形"。

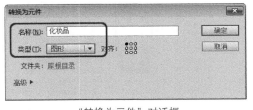

"转换为元件"对话框

步骤8 设置完成后单击"确定"按钮，选择该图层的第50帧，按F6键插入关键帧，在舞台中调整"化妆品素材.png"素材的位置。

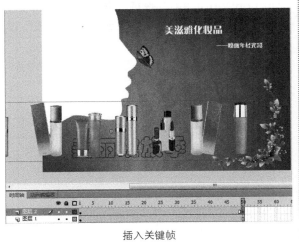

插入关键帧

步骤9 选择该图层第1帧至第50帧之间的任意一帧，单击鼠标右键，在弹出的快捷菜单中选择"创建传统补间"命令。

步骤10 创建完成后新建图层，选择该图层的第1帧，在工具箱中选择"矩形工具" ，打开"属性"面板。在"填充和笔触"选项区中将"笔触颜色"设置为无，"填充颜色"随意。在"矩形选项"选项区中将"矩形圆角半径"设置为50。

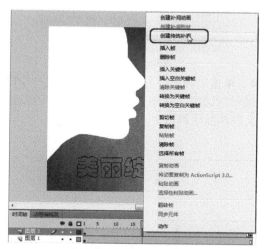

选择"创建传统补间"命令

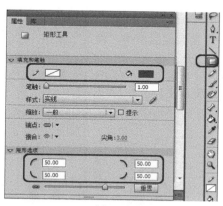

设置矩形属性

步骤11 选择新建图层的第1帧，在舞台中合适的位置绘制一个圆角矩形。

步骤12 绘制完成后选择"图层3"图层，单击鼠标右键，在弹出的快捷菜单中选择"遮罩层"命令。

绘制圆角矩形

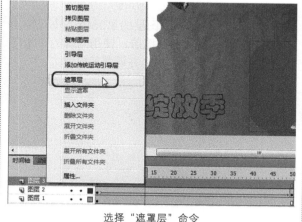

选择"遮罩层"命令

步骤13 设置完成后按Ctrl+Enter组合键测试影片效果。

15.5.3 实战：室内广告动画

下面将通过一个小实例来巩固一下对于遮罩动画的了解。

步骤1 新建一个空白的Flash文档，在舞台中空白处单击鼠标右键，在弹出的快捷菜单中选择"文档属性"命令。

步骤2 弹出"文档设置"对话框，在该对话框中将"尺寸"设置为600像素×450像素，将"帧频"设置为18。

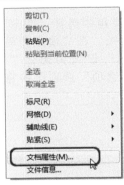

选择"文档属性"命令

"文档设置"对话框

步骤3 设置完成后单击"确定"按钮。按Ctrl+R快捷键，打开"导入"对话框，在该对话框中选择随书附带光盘中的"CDROM\素材\第15章\室内1.jpg"素材文件。

步骤4 单击"打开"按钮，此时会弹出一个Flash系统提示对话框，单击"否"选项，即可将选择的素材文件添加至舞台中。

"导入"对话框

提示对话框

导入的素材文件

步骤5 选择"图层1"图层的第65帧，按F5键插入帧。并新建"图层2"图层，使用同样的方法导入"室内2.jpg"素材文件，并调整其位置。

步骤6 按Ctrl+F8组合键，弹出"创建新元件"对话框，在该对话框中将"名称"设置为"矩形动画"，将"类型"设置为"影片剪辑"。

导入素材文件

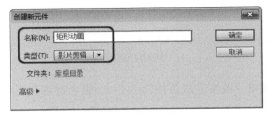

"创建新元件"对话框

步骤7 设置完成后单击"确定"按钮，创建一个新的影片剪辑元件，在工具箱中选择"矩形工具" ，打开"属性"面板，将"笔触颜色"与"填充颜色"设置为随意颜色，将"笔触"设置为1。

步骤8 在舞台中绘制一个矩形，在"属性"面板中将"宽"设置为12。选择舞台中的矩形，按Ctrl+X组合键将其剪切，按Ctrl+B组合键然后再按Ctrl+V组合键，将矩形调整至舞台的中心位置。

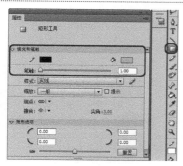

设置矩形属性

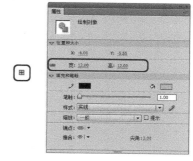

设置矩形大小

步骤9 在"时间轴"面板中选择第55帧,按F6键插入关键帧,在舞台中选择矩形,在"属性"面板中将"宽"设置为86,并使用同样的方法将其调整至舞台的中心位置。

步骤10 选择"图层1"第1帧至第55帧间的任意一帧,单击鼠标右键,在弹出的快捷菜单中选择"创建补间形状"命令。

设置矩形大小

选择"创建补间形状"命令

步骤11 在第65帧位置处按F5键插入帧,按Ctrl+F8组合键,弹出"创建新元件"对话框,在该对话框中将其重命名为"多个矩形",将"类型"设置为"影片剪辑"。

步骤12 设置完成后单击"确定"按钮,打开"库"面板,在该面板中选择"矩形动画"元件,将其拖曳至舞台中并将其调整至合适的位置。

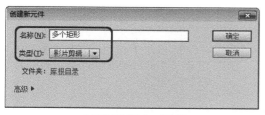

"创建新元件"对话框

"库"面板

步骤13 在舞台中复制多个矩形动画对象,并将其调整至合适的位置。

步骤14 选择"图层1"图层,在第65帧位置按F5键插入帧。单击"场景1"按钮 ≛场景 1,返回场景中,新建一个图层,在"库"面板中选择"多个矩形"影片剪辑元件,将其拖曳至舞台中并调整至合适的位置。

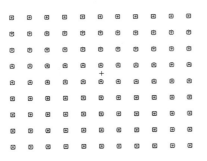

复制多个矩形

添加元件

步骤15 选择"图层3"图层，单击鼠标右键，在弹出的快捷菜单中选择"遮罩层"命令。

步骤16 执行完该命令后，即可将其转换为遮罩层，在舞台中查看效果。

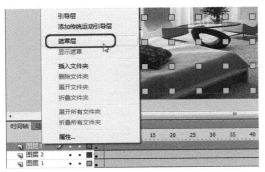

选择"遮罩层"命令

遮罩效果

步骤17 按Ctrl+Enter组合键测试影片效果。然后对完成后的场景进行保存。

15.6 制作引导动画

使用运动引导层可以创建特定路径的补间动画效果，实例、组或文字可以沿着这些路径进行运动，在影片中也可以将多个图层连接到一个运动引导层中，从而使多个对象沿着同一条路径进行运动。

15.6.1 创建传统运动引导层动画

传统引导层需要建立运动曲线，下面介绍创建传统运动引导层动画的具体操作步骤。

步骤1 打开Flash CS6软件，创建一个空白文档，在舞台中单击鼠标右键，在弹出的快捷菜单中选择"文档属性"命令。

步骤2 弹出"文档设置"对话框，在该对话框中将"尺寸"设置为600像素×413像素，将"帧频"设置为12。

选择"文档属性"命令

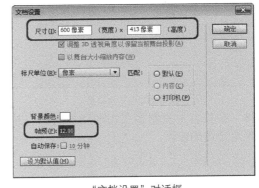

"文档设置"对话框

步骤3　单击"确定"按钮，按Ctrl+R组合键，打开"导入"对话框，在该对话框中选择随书附带光盘中的"CDROM\素材\第15章\引导层素材.jpg"素材文件。

"导入"对话框

步骤4　单击"打开"按钮，即可将选择的素材文件添加至舞台中，在"时间轴"面板中选择"图层1"图层，选择该图层的第65帧，按F5键插入帧。

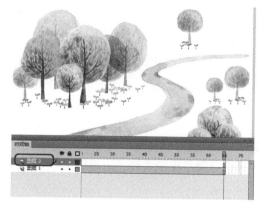

插入帧

步骤5　按Ctrl+F8组合键，弹出"创建新元件"对话框，在该对话框中将"名称"设置为"动画"，将"类型"设置为"影片剪辑"。

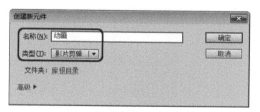

"创建新元件"对话框

步骤6　设置完成后单击"确定"按钮，使用同样的方法导入一个"动画.gif"的素材文件。

导入素材文件

步骤7　返回到"场景1"选择"图层2"的第1帧，打开"库"面板，在该面板中选择"动画"元件，将其添加至舞台中合适的位置并调整其大小。

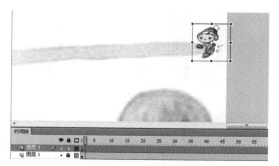

添加元件

步骤8　创建一个新图层，在工具箱中选择"钢笔工具" ，在舞台中绘制一条路径。

绘制路径

步骤9　选择"图层2"图层，在第60帧位置插入关键帧，将舞台中的"动画"元件调整至合适的位置。

步骤10　选择第1帧至第55帧间的任意一帧，单击鼠标右键，在弹出的快捷菜单中选择"创建传统补间"命令。

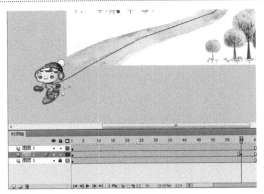

调整素材位置

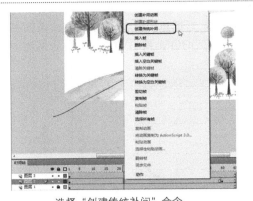

选择"创建传统补间"命令

步骤11 然后选择"图层3"图层，单击鼠标右键，在弹出的快捷菜单中选择"引导层"命令。

步骤12 选择"图层2"图层，将其添加至引导层后面。

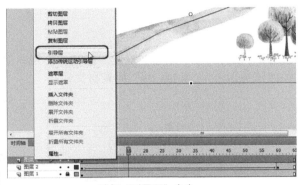

选择"引导层"命令

设置引导层

步骤13 按Ctrl+Enter组合键测试影片效果。

15.6.2 创建新型引导动画

新型运动动画不需要任何路径来引导便可以运动，创建新型引导动画的具体操作步骤如下。

步骤1 启动Flash软件，按Ctrl+O快捷键，弹出"打开"对话框，在该对话框中选择随书附带光盘中的"CDROM\素材\第15章\新型引导层动画.fla"素材文件。

步骤2 单击"打开"按钮，选择"时间轴"面板，在该面板中创建一个新的图层，并选择该图层的第1帧。

"打开"对话框

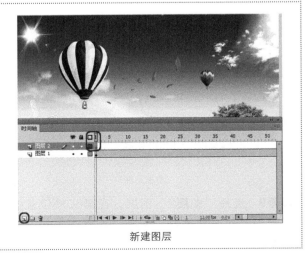

新建图层

步骤3 按Ctrl+R组合键，打开"导入"对话框，在该对话框中选择随书附带光盘中的"CDROM\素材\第15章\风车2.png"素材文件。

步骤4 单击"打开"按钮，即可将选择的素材文件添加至舞台中，确认导入的素材文件处于被选择的状态下，打开"属性"面板，在"位置和大小"选项区中将"宽"设置为100。

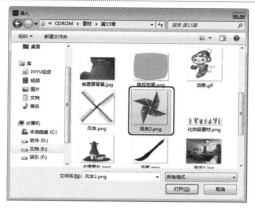

"导入"对话框

设置素材大小

步骤5 将其调整至合适的位置，按F8键弹出"转换为元件"对话框，在该对话框中将其重命名为"风车"，将"类型"设置为"图形"。

步骤6 设置完成后单击"确定"按钮，选择"图层2"图层中的任意一帧，单击鼠标右键，在弹出的快捷菜单中选择"创建补间动画"命令。

"转换为元件"对话框

选择"创建补间动画"命令

步骤7 在该图层的第30帧位置按F6键插入关键帧，在舞台中选择"风车"元件并将其调整至合适的位置。

步骤8 然后选择该图层的最后一帧，按F6键插入关键帧，在舞台中选择"风车"元件并将其调整至合适的位置。

调整30帧位置时元件的位置

调整60帧位置时元件的位置

步骤9 调整完成后在舞台中选择"转换锚点工具" ，在舞台中调整线的曲度。	**步骤10** 选择该图层的任意一帧，打开"属性"面板，在"旋转"选项区中将"旋转"设置为5次，将"方向"设置为顺时针。

调整曲线弧度

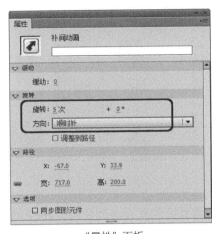

"属性"面板

步骤11 按Ctrl+Enter组合键测试影片效果。

15.6.3 运动预设动画

同新型引导动画一样，预设动画不需要为对象设置运动路径，只需要在时间轴上添加想要运动的对象，为其制定一个预设动画即可。

步骤1 启动Flash CS6软件，按Ctrl+O快捷键，在弹出的对话框中选择随书附带光盘中的"CDROM\素材\第15章\运动预设动画.fla"素材文件。	**步骤2** 单击"打开"按钮，即可打开一个Flash素材文件。

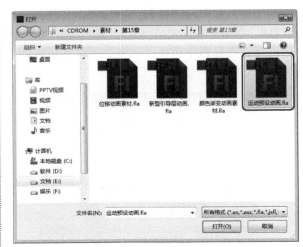

"打开"对话框

打开的素材文件

步骤3 在场景中选择"文字"对象，按F8键弹出"转换为元件"对话框，在该对话框中将其重命名为"文字"，将"类型"设置为"图形"。

步骤4 设置完成后单击"确定"按钮，打开"动画预设"面板，在该面板中展开"默认预设"选项卡，在该选项卡中选择"2D放大"选项。

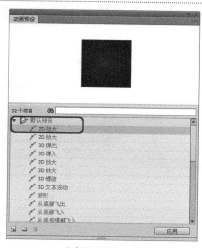

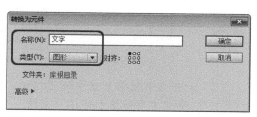

"转换为元件"对话框

"动画预设"面板

步骤5 在该面板中单击"应用"按钮，在弹出的对话框中单击"确定"按钮即可对其应用该预设动画。

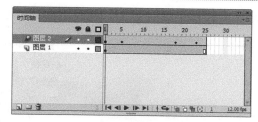

应用效果

步骤6 按Ctrl+Enter组合键测试影片效果。

15.7 操作答疑

在创建补间动画之前首先将对象转换为元件，这样在创建补间动画的时候就不会产生没有的补间。

15.7.1 专家答疑

（1）形状补间动画与传统补间动画的区别是什么？

答：形状补间动画是绘制的文件在某一关键帧中，在其他关键帧中对所绘制的文件进行修改、绘制其他文件，两个关键帧中的不同之处由Flash进行计算，将变形帧插入到对应位置，即可创建动画。

传统补间是元件的大小、实例、位置以及透明度等属性在某一关键帧中进行定义，将改变属性时在时间轴的下一帧进行定义，属性中的补间过程将由Flash完成，即可创建动画。

（2）动画补间具体可以做些什么？

答：可以对图形进行移动位置的变化效果、放大缩小变化效果、旋转动画以及对图形进行方向的改变等效果。

（3）要做一个复杂的文字逐帧效果，应如何去做？

答：确定好文字笔画的顺序该如何去写，运用擦除工具从文字的末端笔画进行擦除，擦除全部笔画，进行翻转帧，可以制作发展的文字逐帧效果。

15.7.2　操作习题

创建遮罩层。

素材文件

创建图层

（1）打开随书附带光盘中的"CDROM\素材\第15章\渐变文字动画素材.fla"文件。

（2）创建"文字"图层和"矩形"图层，并调整其位置。

（3）将"文字"图层设置为遮罩层。

设置遮罩层

第**16**章

使用组件

本章重点:

　　本章主要讲解在Flash中熟练应用复选框、组合框、列表框、普通按钮、单选按钮、文本滚动条、滚动窗口等组件的方法。

学习目的:

　　熟练掌握使用组件,构建复杂的Flash应用程序的方法。

参考时间: 25分钟

主要知识	学习时间
16.1 添加常用组件	5分钟
16.2 添加其他组件	5分钟
16.3 编辑组件	5分钟
16.4 处理组件事件	5分钟
16.5 操作答疑	5分钟

16.1 │ 添加常用组件

Flash组件是带参数的影片剪辑，可以修改它们的外观和行为。它既可以是简单的用户界面控件（如单选按钮或复选框），也可以包含内容（如滚动窗格）；组件还可以是不可视的（如FocusManager，它允许用户控制应用程序中接收焦点的对象）。

16.1.1 添加复选框组件CheckBox

CheckBox复选框组件，它是所有表单或Web应用程序中的基础部分。下面将介绍在Flash中如何添加复选框组件。

使用CheckBox复选框组件的主要目的是判断是否选取方块后对应的选项内容，而一个表单中可以有许多不同的复选框，所以复选框大多数用在有许多选择且可以多项选择的情况下。

"组件"面板

使用该组件时，只需在"组件"面板中双击或向舞台中拖曳该组件即可。

还可以在"组件参数"选项区中为Flash影片中的每个复选框实例设置参数。

"组件"控制面板

添加组件

"组件参数"选项区

❶enabled：组件是否被激活。

❷label：指定复选框旁边出现的文字，通常位于复选框的右面。

❸labelPlacement：标签文本相对于复选框的位置，有上下左右4个位置，可根据自己的需求设置。

❹selected：组件的状态，主要设置该组件默认是否选中。

❺visible：组件是否可见。

设置labelPlacement选项

16.1.2 添加单选按钮组件RadioButton

使用单选按钮组件可以强制用户只能选择一组选项中的一项。该组件必须用于至少有两个单选按钮实例的组。下面将介绍在Flash中如何添加单选按钮组件。

单选按钮通常用在选项不多的情况下，它与复选框的区别在于它必须设定群组（Group），同一群组的单选按钮不能复选。

还可以在"组件参数"选项区中对它的参数进行设置。

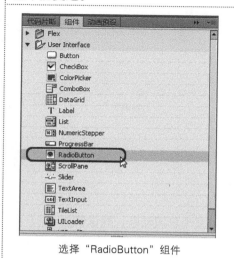

选择"RadioButton"组件

RadioButton组件

组件参数

❶enabled：组件是否为被激活的，默认为true。

❷groupName：用来判断是否被复选，同一群组内的单选按钮只能选择其一。

❸label：单选按钮旁边的文字，主要是显示给用户看的。

❹labelPlacement：指标签放置的位置，有上下左右4个位置。

❺selected：默认情况下选择false。被选中的单选按钮中会显示一个圆点。一个组内只有一个单选按钮可以有表示被选中的值 true。如果组内有多个单选按钮被设置为 true，则会选中最后实例化的单选按钮。

❻value：设置在步进器的文本区域中显示的值，默认值为0。

❼visible：组件是否可见，默认为true。

参数属性

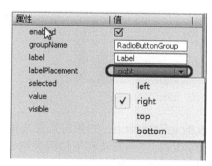

labelPlacement选项

16.1.3 添加下拉列表框ComboBox

在任何需要从列表中选择的表单应用程序中，都可以使用ComboBox组件。下面将介绍在Flash中如何添加下拉列表框。

下拉列表框是将所有的选项都放置在同一个列表中，而且除非单击它，否则它都是收起来的。

还可以在"组件参数"选项区中对它的参数进行设置。

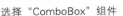

| 选择"ComboBox"组件 | ComboBox组件 | 组件属性 |

❶dataProvider：需要的数据在dataProvider中。

❷editable：设置使用者是否可以修改菜单的内容，默认为false。

❸enabled：组件是否是被激活的，默认为true。

❹prompt：显示提示对话框。

❺restrict：设置限制列表数。

❻rowCount：列表打开之后显示的行数。如果选项超过行数，就会出现滚动条，默认值为5。

❼visible：组件是否可见，默认为true。

16.1.4 添加列表框组件List

列表框组件是一个可滚动的单选或多选列表框。下面将介绍在Flash中如何添加列表框组件。具体操作步骤如下。

列表框与下拉列表框非常相似，只是下拉列表框一开始就显示一行，而列表框则是显示多行。

在"组件参数"选项区中可以对它的参数进行设置。

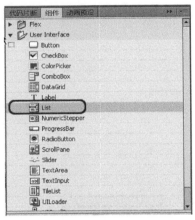
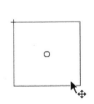

| 选择"List"组件 | List组件 | 组件参数 |

❶allowMultipleSelection：如果勾选复选框，还可以复选，不过要配合Ctrl键。

❷dataProvider：使用方法和下拉列表框相同。

❸enabled：组件是否为被激活的，默认为true。

❹horizontalLineScrollSize：指示每次单击滚动按钮时水平滚动条移动多少个单位，默认值为4。

❺horizontalPageScrollSize：指示每次单击轨道时水平滚动条移动多少个单位，默认值为0。

❻horizontalScrollPolicy：显示水平滚动条，该值可以是on、off或auto，默认值为auto。

❼verticalLineScrollSize：指示每次单击滚动按钮时垂直滚动条移动多少个单位，默认值为4。

❽verticalPageScrollSize：指示每次单击滚动条轨道时，垂直滚动条移动多少个单位，默认值为0。

❾verticalScrollPolicy：显示垂直滚动条，该值可以是on、off或auto，默认值为auto。

❿visible：组件是否可见，默认为true。

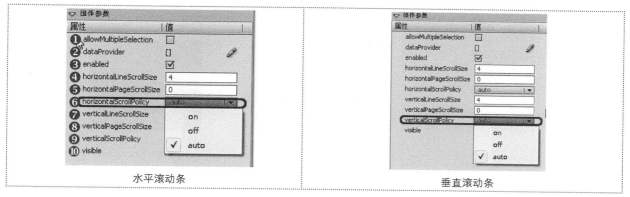

水平滚动条 垂直滚动条

16.1.5 添加按钮组件

在动画中添加按钮组件可以完成鼠标和键盘的交互事件，其具体的讲解如下。

Button（按钮）组件，用自定义图标来定义其大小的按钮，它可以完成鼠标和键盘的交互事件，也可以将按钮的行为从按下改变为切换。

还可以在"组件参数"选项区中对它的参数进行设置。

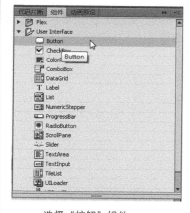

选择"按钮"组件

Button组件

组件参数

❶emphasized：组件是否为被强调，默认为false。

❷enabled：组件是否为被激活的，默认为true。

❸label：设置按钮上的文字。

❹labelPlacement：指按钮上标签放置的位置，有上下左右4个位置，可根据自己的要求来设置。

❺selected：设置默认是否选中。

❻toggle：勾选复选框，则在鼠标按下、弹起、经过时会改变按钮外观。

❼visible：组件是否可见，默认为true。

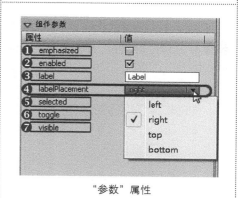

"参数"属性

16.1.6 添加视频播放器组件

本小节主要学习添加视频播放器组件，在舞台中怎样添加视频播放器组件的操作方法，具体操作步骤如下。

新建一个ActionScript 3.0文件，在"组件"面板中单击"Video"组件类型按钮，在选项区中选择视频播放器组件"FLVPLayback"，将其拖到舞台区，并调整其大小和位置，就可以完成视频播放器组件的添加。

视频播放组件效果

选择视频播放组件

💡 **提示：**

　　FLVPLayback组件的使用过程分为两步：第1步是将该组件放置在舞台区，第2步是通过在"组件检查器"面板的"参数"选项卡中设置source来指定一个供它播放的FLV文件，除此之外，还可以设置不同的参数控制其行为并描述FLV文件。

16.1.7　实战：制作电子日历

　　通过使用组件制作电子日历，来巩固本节的知识。

步骤1　打开Flash CS6软件，在欢迎界面中选择"ActionScript 2.0"选项。

步骤2　新建一个Flash文档。在菜单栏中选择"窗口 | 组件"命令。

选择"ActionScript 2.0"选项

选择"组件"命令

步骤3　打开"组件"面板，在"User Interface"下选择"DateChooser"。

步骤4　将鼠标指针移动到"DateChooser"上，按住鼠标左键，将"DateChooser"拖动到舞台中。这时会发现已经将日历拖动到了舞台中。

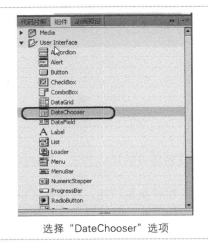

选择"DateChooser"选项

添加日历

步骤5　在"属性"面板中的"组件参数"选项区中可以对参数进行设置，如第一项"dayNames"（日期名称），默认的是"S"，"M"，"T"，"W"，"T"，"F"，"S"（日，一，二，三，四，五，六），通过单击该选项，在弹出的"值"对话框中进行设置，可以将其改为中文的"日"，"一"，"二"，"三"，"四"，"五"，"六"。

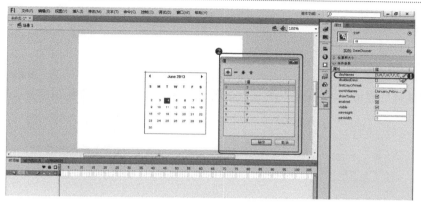

设置参数

步骤6　第三项为firstDayOfWeek（一个星期的第一天），默认为"0"，是从周日开始，用户可以设置为"1"，日历就会从周一开始显示。

设置日历显示时间

步骤7　第四项为"monthNames"（月份名称），默认为英文显示，如果需要调整，可以单击该选项，在弹出的"值"对话框中进行设置。

更改月份

步骤8　第五项到第七项分别是"showToday"（显示今日），"enabled"（可激活）和"visible"（可见的）。当勾选第五项"showToday"时，今日的日期就会呈反显状态；当未勾选该选项时，今日的日期就不会特别显示。当勾选第六项"enabled"（可激活）时，月份的名称在输出动画后会变为活动状态。当勾选第七项"visible"（可见的）时，舞台中的Flash组件日历就会为显示状态。当未勾选该选项时，舞台中的Flash组件日历就会隐藏。

步骤9　在"组件"面板中，将"User Interface"选项区中的"TextArea"组件拖至舞台中。

步骤10　选择实例，然后选择"任意变形工具"，对组件实例大小进行调整。

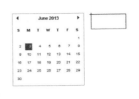

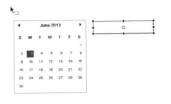

选择"TextArea"选项　　　　　　　　添加组件　　　　　　　　调整组件大小

步骤11　打开"属性"面板，在"text"选项右侧的文本框中输入"您选择的日期是："文本。

输入文本信息

步骤12　选择"选择工具" ，按Ctrl键向下拖动"TextArea"组件实例，复制出另一个"TextArea"组件实例。

步骤13　在"属性"面板中，为新复制出的"TextArea"组件实例命名设置为"time"，然后删除"text"参数。

复制组件　　　　　　　　　　　　　重命名组件

步骤14　选择日历组件，在"属性"面板中将"实例名称"设置为"rili"，然后在菜单栏中选择"窗口｜组件检查器"命令，打开"组件检查器"面板，在该面板中选择"绑定"选项卡，然后单击 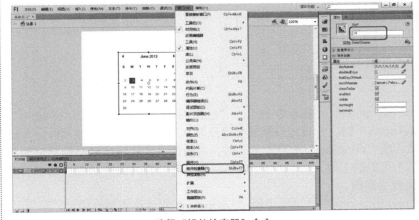 按钮，弹出"添加绑定"对话框，选择第三项，单击"确定"按钮。

选择"组件检查器"命令　　　　　　　　"添加绑定"对话框

步骤15 返回到"组件检查器"面板中，在"bound to"的值区域中双击，打开"绑定到"对话框，选择面板中的"time"实例。

步骤16 单击"确定"按钮，查看"组件检查器"面板中的设置。

选择"time"实例

查看设置

步骤17 影片制作完成，按Ctrl+Enter键测试影片。

16.2 添加其他组件

在Flash中，还可以添加其他的组件，如添加滚动窗格组件和添加窗口组件。

16.2.1 添加滚动窗格组件

下面将介绍在Flash中如何添加滚动窗格组件，具体操作步骤如下。

步骤1 新建一个ActionScript 3.0文件，在"组件"面板的"User Interface"选项区中将"ScrollPane"组件（滚动窗格组件）拖曳至舞台区，并设置其大小和位置。

步骤2 在"属性"面板中的"组件参数"选项区内进行设置。

步骤3 在菜单栏中选择"文件 | 保存"命令，将文件保存到图片"2489.jpg"所在的文件夹中，然后测试场景文件。

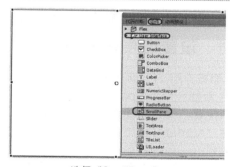

选择"ScrollPane"

组件参数

测试文件

16.2.2 添加窗口组件

下面将介绍在Flash中如何添加窗口组件，具体操作步骤如下。

步骤1 新建一个ActionScript 2.0文件，在"组件"面板中选择"Window"选项，将其拖动到舞台合适的位置，并调整其大小。

步骤2 在"属性"面板中的"组件参数"选项区内勾选"closeButton"复选框，在"contentPath"选项右侧的文本框中输入"true"，在"title"选项右侧的文本框中输入"标题1"，操作完成后就可以完成组件的添加。

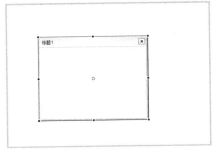

组件参数　　　　　　　　　　　　　　　　　　　组件添加

> **提示：**
> 窗口组件在一个具有标题栏、边框和关闭按钮（可选）的窗口内显示影片剪辑的内容，窗口组件可以是模式的，也可以是非模式的，模式窗口会防止鼠标和键盘输入转至该窗口之外的其他组件，窗口组件还支持拖动操作，用户可以单击标题栏并将窗口及其内容拖动到另一个位置，而拖动边框不会更改窗口的大小。

|16.3| 编辑组件

下面来介绍一下关于组件的编辑，分为组件参数设置和组件的删除。

16.3.1 设置组件参数

下面将介绍在Flash中如何设置组件参数，具体操作步骤如下。

步骤1 新建一个ActionScript 2.0文件，在"组件"面板中选择"Window"选项，将其拖动到舞台合适的位置，并调整其大小。在"属性"面板中的"组件参数"选项区中勾选"closeButton"复选框，在"contentPath"选项右侧的文本框中输入"10.jpg"，在"title"选项右侧的文本框中输入"标题1"。

步骤2 在菜单栏中选择"文件｜保存"命令，将文件保存到图片所在的位置，操作完成后，按Ctrl+Enter快捷键测试影片。

组件参数　　　　　　　　　　　　　　　　　　　测试影片

> **提示：**
> contentPath参数用来设置窗口内要包含内容的路径，可以使图片文件也可以使SWF文件。

16.3.2 删除组件

下面将介绍在Flash中如何删除组件，具体操作步骤如下。

打开随书附带光盘中的"CDROM\素材\第16章\删除组件.fla"素材文件，在工具箱中选择"选择工具" ，在舞台区选择单选按钮组件，按Delete键，就可以删除舞台区的组件。在"库"面板中选择"RadioButton"组件，按Delete键，就可以彻底删除单选按钮组件。

选择单选按钮

删除组件

16.4 处理组件事件

本节主要学习怎样处理组件事件和操作。

16.4.1 公共事件

下面来介绍一下怎样编辑公共事件，具体操作步骤如下。

步骤1 在菜单栏中选择"文件丨导入丨导入到舞台"命令，在弹出的对话框中选择随书附带光盘中的"CDROM\素材\第16章\001.jpg"素材图片。单击"打开"按钮，即可将选择的素材图片导入到舞台中。

步骤2 在"组件"面板中选择"Button"组件。

导入的素材文件

选择组件

步骤3 将选择的"Button"组件拖曳到舞台中。

步骤4 按F9键打开"动作"面板，在该面板中输入代码。然后按Ctrl+Enter键测试影片即可。

拖曳组件

输入的代码

16.4.2 使用组件事件对象

本小节主要学习使用组件事件对象，具体操作步骤如下。

步骤1 在菜单栏中选择"文件|导入|导入到舞台"命令，在弹出的对话框中选择随书附带光盘中的"CDROM\素材\第16章\002.jpg"素材图片。单击"打开"按钮，即可将选择的素材图片导入到舞台中。

步骤2 在"时间轴"面板中，选择"图层1"图层的第1帧。

导入的素材文件

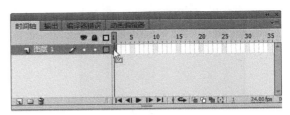

选择图层的第1帧

步骤3 在"组件"面板中选择"Button"组件。

选择组件

步骤4 按F9键打开"动作"面板，在该面板中输入代码。输入完成后，按Ctrl+Enter快捷键测试影片。

输入代码

16.4.3 发送事件

本小节主要学习发送事件，具体操作步骤如下。

步骤1 新建一个ActionScript 2.0文件，在菜单栏中选择"文件|导入|导入到舞台"命令，在弹出的对话框中选择随书附带光盘中的"CDROM\素材\第16章\003.jpg"素材图片。单击"打开"按钮，即可将选择的素材图片导入到舞台中。

步骤2 按F9键打开"动作"面板，在该面板中输入代码。输入完成后将该面板关闭，然后按Ctrl+Enter快捷键测试影片即可。

导入的素材文件

输入的代码

16.4.4 标识事件处理函数

本小节主要学习标识事件处理函数，具体操作步骤如下。

步骤1 新建一个ActionScript 2.0文件，在菜单栏中选择"文件 | 导入 | 导入到舞台"命令，在弹出的对话框中选择随书附带光盘中的"CDROM\素材\第16章\004.jpg"素材图片。单击"打开"按钮，即可将选择的素材图片导入到舞台中。

步骤2 在"时间轴"面板中选择第1帧。在"组件"面板中选择"Button"组件，按住鼠标左键将其拖曳至舞台中。

打开的文件

选择组件

步骤3 按F9键打开"动作"面板，在该面板中输入代码。

步骤4 执行该操作后，即可标识事件处理函数脚本编写。

```
1  myObj.handleEvent=function(0){
2      if(o.type=="click"){
3          //your code here
4      }else if(o.type=="enter"){
5          //your code here
6      }
7  };
8  target.addEventListener("click",myobj);
9  target2.addEventListener("enter",myobj);
10
11
```

输入的代码

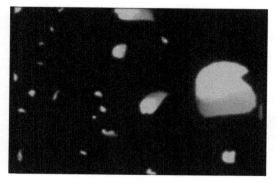

完成的脚本

16.4.5 使用event元数据

本小节主要学习使用event元数据，具体操作步骤如下。

步骤1 新建一个ActionScript 2.0文件，按Ctrl+R快捷键，在弹出的对话框中选择随书附带光盘中的"CDROM\素材\第16章\005.jpg"素材图片。单击"打开"按钮，即可将选择的素材图片导入到舞台中。

步骤2 在"时间轴"面板中选择第1帧。在"组件"面板中选择"Button"组件，按住鼠标左键将其拖曳至舞台中。

打开的文件

选择组件

步骤3 按F9键打开"动作"面板，在该面板中输入代码。

步骤4 执行该操作后，即可完成使用event元数据脚本编写。

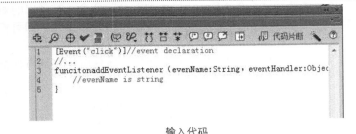

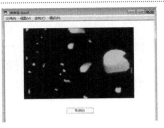

输入代码　　　　　　　　　　　　　　　　　　测试脚本

16.5 操作答疑

在应用Flash CS6组件内容时经常会遇到许多疑问，在这里将列举常见问题对其进行详细解答。在后面将会追加多个练习题，以便读者学习以及巩固前面所学的知识。

16.5.1 专家答疑

（1）在列表框组件的"组件参数"选项区中"allowMultipleSelection"选项的含义是什么？

答：获取一个布尔值，指示能否一次选择多方列表项目。

16.5.2 操作习题

1. 选择题

（1）打开"组件"面板的快捷键是（　　　）。

A.Shift+F7　　　　　　　　B.Ctrl+F9　　　　　　　　C.Ctrl+F7

（2）下面选项中，添加下拉列表框组件的是（　　　）。

A. ComboBox　　　　　　B.RadioButton　　　　　　C. CheckBox

（3）direction指示进度栏填充的方向，值可以是（　　　）或（　　　）。

A. right　　　　　　　　B. left　　　　　　　　C. false　　　　　　　　D. ture

2. 填空题

（1）Alert（警告）组件没有创作参数，必须调用＿＿＿＿＿＿的＿＿＿＿＿＿方法来显示Alert对话框。

（2）＿＿＿＿＿＿组件能够显示一个对话框，该对话框向用户呈现一条消息和相应按钮。

（3）＿＿＿＿＿＿参数用来设置窗口内要包含内容的路径，可以使图片文件也可以使SWF文件。

3. 操作题

制作节日贺卡。

导入按元件　　　　　　　　导入组件并设置代码　　　　　　　　完成效果

（1）导入素材，创建并导入按钮元件。

（2）输入文本，选择并导入组件，进行设置代码。

（3）预览效果。

第17章

ActionScript基础与应用

本章重点：

ActionScript是一种面向对象的脚本语言，可用于控制Flash内容的播放方式。因此，在使用ActionScript的时候，只要有一个清晰的思路，通过简单的ActionScript语言代码，就可以实现很多相当精彩的影片效果。本章主要介绍ActionScript的语法基础、控制影片和声音的播放和使用Date类。

学习目的：

ActionScript是Flash的脚本语言，用户可以为影片增加交互功能。动作脚本提供了一些元素，如动作、运算符及对象，可将这些元素组织到脚本中，控制影片要执行什么操作；用户可以通过本章的学习，掌握为影片添加脚本的方法，从而实现像单击按钮或按下键盘键之类事件的交互功能。

参考时间：110分钟

主要知识	学习时间
17.1 "动作"面板的使用	5分钟
17.2 数据类型	10分钟
17.3 变量	10分钟
17.4 运算符	7分钟
17.5 函数	3分钟
17.6 条件语句	10分钟
17.7 循环语句	10分钟
17.8 注释ActionScript	5分钟
17.9 控制影片播放	15分钟
17.10 控制声音	15分钟
17.11 设置快捷菜单中的选项	10分钟
17.12 使用Date类	10分钟

17.1 | "动作" 面板的使用

ActionScript（动作脚本）是一种Flash专用的程序语言，是Flash的一个重要组成部分，它的出现给设计和开发人员带来了很大的便利。

17.1.1 打开"动作"面板

"动作"面板是ActionScript编程中必需的，它是专门用来进行ActionScript编写工作的，打开"动作"面板的方法如下。

方法一：在菜单栏中选择"窗口 | 动作"命令。

方法二：在"时间轴"面板中的图层中，在需要添加脚本的帧上，单击鼠标右键，在弹出的快捷菜单中选择"动作"命令。

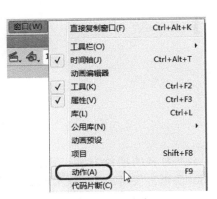

选择"动作"命令

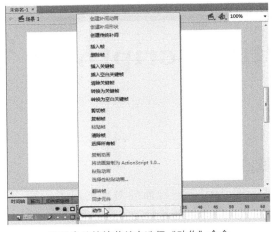

在弹出的快捷菜单中选择"动作"命令

方法三：按F9键可以打开"动作"面板。

📖 **技巧**：

当关闭"动作"面板后，可以单击工作界面中的 ❷ 按钮再次打开"动作"面板。

17.1.2 "动作"面板介绍

"动作"面板共分为4部分，分别为动作工具箱、程序添加对象区、工具栏和动作脚本编辑区。

动作工具箱是用于浏览ActionScript语言元素（如函数、类、类型等）的分类列表。

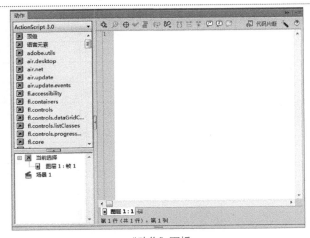

"动作"面板

动作工具箱

工具栏中的按钮在ActionScript编辑时经常用到。

工具栏

（将新项目添加到脚本中）：用于添加代码，单击该按钮后会弹出一个下拉菜单，其中放置着所有的代码。

（查找）：单击该按钮可以打开"查找和替换"对话框。在"查找内容"文本框中输入要查找的名称，单击"查找下一个"按钮即可；在"替换为"文本框中输入要替换的内容，然后单击右侧的"替换"按钮或"全部替换"按钮即可。

（插入目标路径）：动作的名称和地址被指定以后，才能用它来控制一个元件，这个名称和地址就被称为目标路径。单击该按钮，可以打开"插入目标路径"对话框。

（语法检查）：在Flash的制作过程中要经常检查ActionScript语句的编写情况，通过单击该按钮，系统会自动检查其中的语法错误。语法错误时，在"编译器错误"面板中会有提示。

（自动套用格式）：单击该按钮，Flash CS6将自动编排写好的程序。

（显示代码提示）：单击该按钮，可以在脚本窗格中显示代码提示。

（调试选项）：根据命令的不同可以显示不同的出错信息。

（折叠成对大括号）：在代码的大括号间收缩。

（折叠所选）：在选择的代码间收缩。

（展开全部）：展开所有收缩的代码。

（应用块注释）：单击该按钮，可以应用块注释。

（应用行注释）：单击该按钮，可以应用行注释。

（删除注释）：单击该按钮，可以删除注释。

（显示/隐藏工具箱）：单击该按钮，将隐藏动作工具箱，再次单击则显示动作工具箱。

代码片断 （代码片段）：单击该按钮，可以在弹出的面板中选择要添加的代码片段。

（通过从动作工具箱选择项目来编写脚本）：单击该按钮，编辑选择的项目脚本代码。

（帮助）：由于动作语言太多，Flash CS6专门为此提供了帮助工具，帮助用户在开发过程中避免麻烦。

程序添加对象区是专门用来显示已添加的ActionScript程序的对象的列表区。	动作脚本编辑区是ActionScript编程的主区域。当前对象的所有脚本程序都会在该编辑区域中显示，程序内容也需要在这里进行编辑。

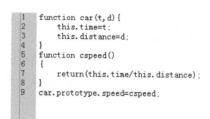

程序添加对象区	动作脚本编辑区

|17.2| 数据类型

数据类型描述了一个变量或者元素能够存放何种类型的数据信息。Flash的数据类型分为字符串数据类型、数字数据类型和影片剪辑数据类型等。

17.2.1 字符串数据类型

字符串是诸如字母、数字和标点符号等字符的序列。将字符串放在单引号或双引号之间，可以在动作脚本语句中输入它们。字符串被当做字符，而不是变量进行处理。例如，在下面的语句中，"你好"是一个字符串。

```
hello.text="你好";
```

可以使用加法运算符"+"连接两个字符串。例如，在下面的语句中，动作脚本将字符串前面或后面的空格作为该字符串的文本部分。

```
var Name="张三";
getname.text="Welcome, " + Name;
```

虽然动作脚本在引用变量、实例名称和帧标签时不区分大小写，但是文本字符串是区分大小写的。例如，下面的两个语句会在指定的文本字段变量中放置不同的文本，这是因为Hello和HELLO是文本字符串。

```
t1.display = "Hello";
t2.display = "HELLO";
```

技巧：

当在字符串中包含引号时，可以在它前面放置一个反斜杠字符"\"，此字符称为转义字符。在动作脚本中，还有一些必须用特殊的转义序列才能表示的字符。

17.2.2 数字数据类型

数字类型是很常见的类型，其中包含的都是数字。在Flash中，所有的数字类型都是双精度浮点类，可以用数学运算来得到或者修改这种类型的变量，如 +、-、*、/、%等。Flash提供了一个数学函数库，其中有很多有用的数学函数，这些函数都放在Math这个Object里面，可以被调用。例如：

```
sq=Math.sqrt(9);
```

在这里调用的是一个求平方根的函数，先求出9的平方根，然后赋值给sq这个变量，这样sq就是一个数字变量了。

17.2.3 布尔值数据类型

布尔值是true或false中的一个。动作脚本也会在需要时将值true和false转换为1或0。布尔值通过进行比较来控制脚本流的动作脚本语句，经常与逻辑运算符一起使用。例如，在下面的脚本中，如果变量password为true，则会播放影片。

```
onClipEvent(enterFrame)
{
    if(password == true)
    {
    play();
    }
}
```

17.2.4 对象数据类型

对象是具有相同属性的集合，每个属性都有名称和值。属性的值可以是任何的Flash数据类型，甚至可以是对象数据类型。这使得用户可以将对象相互包含，或嵌套它们。要指定对象和它们的属性，可以使用点"."运算符。例如，在下面的代码中，hours是weekly的属性，而weekly是employee的属性。

```
employee.weekly.hours
```

可以使用内置动作脚本对象访问和处理特定种类的信息。例如，Math对象具有一些方法，这些方法可以对传递给它们的数字执行数学运算。下面的示例使用sqrt方法。

```
squareRoot = Math.sqrt(100);
```

动作脚本MovieClip对象具有一些方法，可以使用这些方法控制舞台上的影片剪辑元件实例。下面的示例使用play和nextFrame方法。

```
mcInstanceName.play();
mcInstanceName.nextFrame();
```

也可以创建自己的对象来组织影片中的信息。要使用动作脚本向影片添加交互操作，需要许多不同的信息。例如，可能需要用户的姓名、球的速度、购物车中的项目名称、加载的帧的数量、用户的邮编或上次按下的键。创建对象可以将信息分组，简化脚本撰写过程，并且能重新使用脚本。

17.2.5 影片剪辑数据类型

影片剪辑数据类型是对象类型中的一种，因为它在Flash中处于极其重要的地位，而且使用频率很高，所以在这里特别加以介绍。在整个Flash中，只有MC(影片剪辑)真正指向了场景中的影片剪辑。通过这个对象和它的方法及对其属性的操作，就可以控制动画的播放和MC状态，也就是说，可以用脚本程序来书写和控制动画。例如，在下面的脚本中，松开鼠标左键时，影片片段myMC就会跳到前一帧。

```
onClipEvent(mouseUp)
{
        myMC.prevFrame();
}
```

17.2.6 空值数据类型

空值数据类型只有一个值，即null。此值意味着值为"空"，即缺少数据。null值可以用于各种情况，例如：

（1）表明变量还没有接收到值。
（2）表明变量不再包含值。
（3）作为函数的返回值，表明函数没有可以返回的值。
（4）作为函数的一个参数，表明省略了一个参数。

17.3 变量

在任何一种脚本或者编程中，都需要存储数值和对象的属性或者重要数据的设备，也就是变量。变量是具有名字的可以用来存储变化数据(数字或字母)的存储空间。

17.3.1 变量的命名

变量的命名主要遵循以下3条规则。

（1）变量必须是以字母或者下划线开头，其中可以包括$、数字、字母或者下划线。如_myMC、e3game、worl$dcup都是有效的变量名，但是!go、2cup、$food就不是有效的变量名了。
（2）变量不能与关键字同名(注意Flash是不区分大小写的)，并且不能是true或者false。
（3）变量在自己的有效区域中必须唯一。

17.3.2 变量的声明

  _global标识符是在Flash CS6中新增加的，用于创建全局变量、函数、对象和类。全局变量和函数对于Flash文件中的每一时间轴和范围而言都是可见的。要声明具有全局范围的变量，在变量名前使用_global 标识符，而不要使用 var。例如，以下代码创建全局变量 myName：

```
var _global.myName = "Jim"; // 全局变量的错误语法
_global.myName = "Jim"; // 全局变量的正确语法
```

  局部变量的声明，则可以在函数体内部使用var语句来实现，局部变量的作用域被限定在所处的代码块中，并在块结束处终结。没有在块的内部被声明的局部变量将在它们的脚本结束处终结。例如：

```
function songp(e:Event)
{
        var nl = Math.floor(myc.position / 1000); // 声明局部变量nl
        var mym=Math.floor(nl/60); //声明局部变量mym
        var mys=Math.floor(nl%60); //声明局部变量mys
        xianshi.text = "" + mym + "分" + mys + "秒";
}
```

17.3.3 变量的赋值

  在Flash中，不强迫定义变量的数据类型，也就是说当把一个数据赋给一个变量时，这个变量的数据类型就确定下来了。例如：

```
s=100;
```

  将100赋给了s这个变量，那么Flash就认定s是Number类型的变量。如果在后面的程序中出现如下语句：

```
s="this is a string";
```

  那么从现在开始，s的变量类型就变成了String类型，这其中并不需要进行类型转换。而如果声明一个变量，又没有被赋值的话，这个变量不属于任何类型，在Flash中称它为未定义类型Undefined。

  在脚本编写过程中，Flash会自动将一种类型的数据转换成另一种类型，如"Today is the"+7+"day"。

  上面这个语句中有一个"7"是属于Number类型的，但是前后用运算符号"＋"连接的都是String类型，这时Flash应把"7"自动转换成字符，也就是说，这个语句的值是"Today is the 7 day"。原因是使用了"＋"操作符，而"＋"操作符在用于字符串变量时，其左右两边的内容都是字符串类型，这时候Flash就会自动做出转换。

  这种自动转换在一定程度上可以省去编写程序时的不少麻烦，但是也会给程序带来不稳定因素。因为这种操作是自动执行的，有时候可能就会对一个变量在执行中的类型变化感到疑惑，到底这个时候那个变量是什么类型的变量呢？

  Flash提供了一个trace()函数进行变量跟踪，可以使用这个语句得到变量的类型，使用形式如下。

```
Trace(typeof(变量名称));
```

  这样就可以在输出窗口中看到需要确定的变量的类型。

  Flash允许自己手动转换变量的类型，例如，使用number和string两个函数就可以把一个变量的类型在Number和String之间切换：

```
a="123";
number(a);
```

  这样，就把a的值转换成了Number类型，它的值是123。同理，string也是一样的用法。

```
b=123;
string(b);
```

  这样，就把b转换成为String型变量，它的值是"123"。

17.3.4 变量的作用域

变量的范围是指一个区域，在该区域内变量是已知的并且可以引用的。在动作脚本中有以下3种类型的变量范围。

（1）本地变量：是在它们自己的代码块(由大括号界定)中可用的变量。

（2）时间轴变量：是可以用于任何时间轴的变量，条件是使用目标路径。

（3）全局变量：是可以用于任何时间轴的变量(即使不使用目标路径)。

可以使用var语句在脚本内声明一个本地变量。例如，变量i和j经常用作循环计数器。在下面的示例中，i用作本地变量，它只存在于函数setday的内部。

```
function setday()
{
    var i;
    for (i = 0; i < monthArray[month]; i++)
    {
        _root.Days.attachMovie( "DayDisplay",
i, i + 2000 );
        _root.Days[i].num = i + 1;
        _root.Days[i]._x = column * _root.
Days[i]._width;
        _root.Days[i]._y = row * _root.
Days[i]._height;
        column = column + 1;
        if (column == 7 )
        {
            {
                column = 0;
                row = row + 1;
            }
        }
    }
}
```

提示:
在函数体中使用本地变量是一个很好的习惯，这样该函数可以充当独立的代码。本地变量只有在它自己的代码块中是可更改的。如果函数中的表达式使用全局变量，则在该函数以外也可以更改它的值，这样也更改了该函数。

17.3.5 变量的使用

要想在脚本中使用变量，首先必须在脚本中声明这个变量，如果使用了未作声明的变量，则会出现错误。另外，还可以在一个脚本中多次改变变量的值。变量包含的数据类型将对变量何时以及怎样改变产生影响。原始的数据类型，如字符串和数字等，将以值的方式进行传递，也就是说变量的实际内容将被传递给变量。

例如，变量ting包含一个基本数据类型的数字2，因此这个实际的值数字2被传递给了函数sqr，返回值为4。

```
function sqr(x)
{
    return x*x;
}
var n=2;
var out=sqr(n);
```

又例如，在下面的程序中，x的值被设置为1，然后这个值被赋给y，随后x的值被重新改变为10，但此时y仍然是1，因为y并不跟踪x的值，它在此只是存储x曾经传递给它的值。

```
var x=1;
var y=x;
var x=10;
```

17.4 运算符

运算符是一种特殊的函数，可以实现表达式连接、数学等式和数值比较等运算。

17.4.1 数值运算符

数值运算符可以执行加法、减法、乘法、除法运算，也可以执行其他算术运算。增量运算符最常见的用法是i++，而不是比较烦琐的i = i+1，可以在操作数前面或后面使用增量运算符。在下面的示例中，age首先递增，然后再与数字10进行比较。

```
if(++age  >  = 10)
```

下面的示例age在执行比较之后递增。

```
if(age++  >  = 10)
```

递减运算符的用法是i--，例如下面的语句：

```
var nume = 100;
for (i = 10; i  >  0; i--)
{
        nume -= 10;
        trace(nume);
}
```

下列表格中，列出了动作脚本数值运算符。

运算符	执行的运算
+	加法
*	乘法
/	除法
%	求模(除后的余数)
−	减法
++	递增
−−	递减

17.4.2 比较运算符

比较运算符用于比较表达式的值，然后返回一个布尔值(true或false)。这些运算符最常用于循环语句和条件语句中。在下面的示例中，如果变量score大于100，则载入winner影片，否则，载入loser影片。

```
if(score > 100)
{
        loadMovieNum("winner.swf");
}
else
{
        loadMovieNum("loser.swf");
}
```

下列表格中，列出了动作脚本比较运算符。

运算符	执行的运算
<	小于
>	大于
<=	小于或等于
>=	大于或等于

17.4.3 逻辑运算符

逻辑运算符用于比较布尔值(true 和 false)，然后返回布尔值。例如，如果两个操作数都为true，则逻辑与运算符(&&)将返回true。如果其中一个或两个操作数为 true，则逻辑或运算符(||)将返回true。逻辑运算符通常与比较运算符配合使用，以确定if动作的条件。例如，在下面的脚本中，如果两个表达式都为true，则会执行if动作。

```
if (i > 50 && framesloaded > 10)
{
        play();
}
```

下列表格中，列出了动作脚本逻辑运算符。

运算符	执行的运算
&&	逻辑与
||	逻辑或
!	逻辑非

17.4.4 赋值运算符

可以使用赋值运算符 "=" 给变量指定值，例如：

```
password = "Sk8tEr";
```

还可以使用赋值运算符在一个表达式中给多个参数赋值。在下面的语句中，d的值会被赋予变量 b、c和a。

```
a = b = c = d;
```

也可以使用复合赋值运算符联合多个运算。复合赋值运算符可以对两个操作数都进行运算，然后将新值赋予第1个操作数。例如，下面两条语句是等效的：

```
x += 1;
x = x + 1;
```

赋值运算符也可以用在表达式的中间，如下所示。

```
// 如果flavor不等于vanilla,则输出信息
if ((flavor = getIceCreamFlavor()) != "vanilla")
{
        trace("Flavor was " + flavor + ",
not vanilla.");
}
```

此代码与下面的稍显烦琐的代码是等效的：

```
flavor = getIceCreamFlavor();
if (flavor != "vanilla")
{
        trace("Flavor was " + flavor + ",
not vanilla.");
}
```

下列表格中列出了动作脚本赋值运算符。

运算符	执行的运算
=	赋值
+=	相加并赋值
-=	相减并赋值
*=	相乘并赋值
%=	求模并赋值
/=	相除并赋值
<<=	按位左移位并赋值
>>=	按位右移位并赋值
>>>=	右移位填零并赋值
^=	按位异或并赋值
|=	按位或并赋值
&=	按位与并赋值

17.4.5 运算符的优先级和结合性

当两个或两个以上的操作符在同一个表达式中被使用时，一些操作符与其他操作符相比具有更高的优先级。例如，带 "*" 的运算要在 "+" 运算之前执行，因为乘法运算优先级高于加法运算。ActionScript就是严格遵循这个优先等级来决定先执行哪个操作，后执行哪个操作的。

例如，在下面的程序中，括号里面的内容先执行，结果是12：

```
number=(10-4)*2;
```

而在下面的程序中，先执行乘法运算，结果是2：

```
number=10-4*2;
```

如果两个或两个以上的操作符拥有同样的优先级时，此时决定它们执行顺序的就是操作符的结合性，结合性可以从左到右，也可以是从右到左。

例如，乘法操作符的结合性是从左向右，所以下面的两条语句是等价的：

```
number=3*4*5;
number=(3*4)*5;
```

17.5 函数

函数指在不同的场合可重复使用，而且可以定义参数，并返回结果的程序体。函数分为自定义函数和预定义函数。

自定义函数：自定义的函数语句有function和return。其中function用于定义执行特定任务的一组语句；return用于返回函数中的值给调用单元。例如：

```
function 暂停(me:MouseEvent)
{
        stop();
}
```

预定义函数：预定义函数是Flash本身自带的函数，用于接受参数并返回结果，这些预定义函数在Flash中完成一些专门的功能。例如：

```
gotoAndPlay();
play();
```

|17.6 | 条件语句

条件语句，即一个以if开始的语句，用于检查一个条件的值是true还是false。如果条件值为true，则ActionScript按顺序执行后面的语句；如果条件值为false，则ActionScript将跳过这个代码段，执行下面的语句。if经常与else结合使用，用于多重条件的判断和跳转执行。

17.6.1 if条件语句

作为控制语句之一的条件语句，通常用来判断所给定的条件是否满足，根据判断结果(真或假)决定执行所给出两种操作的其中一条语句。其中的条件一般是以关系表达式或逻辑表达式的形式进行描述的。

单独使用if语句的语法如下。

```
if(condition)
{
statement(s);
}
```

当ActionScript执行至此处时，将会先判断给定的条件是否为真，若条件式(condition)的值为真，则执行if语句的内容(statement(s))，然后再继续后面的流程。若条件(condition)为假，则跳过if语句，直接执行后面的流程语句，如下列语句。

```
if (input == Flash && passward == 123)
{
        gotoAndPlay(play);
}
gotoAndPlay(Error);
```

在这个简单的示例中，ActionScript执行到if语句时先判断，若括号内的逻辑表达式的值为真，则先执行gotoAndPlay(play)，然后再执行后面的gotoAndPlay(Error)，若为假则跳过if语句，直接执行后面的gotoAndPlay(Error)。

17.6.2 if与else语句联用

if和else的联用语法如下。

```
if (condition)
{
        statement(a);
}
else
{
        statement(b);
}
```

当if语句的条件式(condition)的值为真时，执行if语句的内容，跳过else语句。反之，将跳过if语句，直接执行else语句的内容。例如：

```
if (input == Flash && passward == 123)
```

```
    {
        gotoAndPlay(play);
    }
    else
    {
        gotoAndPlay(Error);
    }
```

这个例子看起来和上一个例子很相似，只是多了一个else，但第1种if语句和第2种if语句(if…else)在控制程序流程上是有区别的。在第1个例子中，若条件式值为真，将执行gotoAndPlay(play)，然后再执行gotoAndPlay(Error)。而在第2个例子中，若条件式的值为真，将只执行gotoAndPlay(play)，而不执行gotoAndPlay(Error)语句。

17.6.3　if与else if语句联用

if和else if联用的语法格式如下。

```
if(condition1){ statement(a); }
else if(condition2){ statement(b); }
else if(condition3){ statement(c); }
…
```

这种形式if语句的原理是：当if语句的条件式condition1的值为假时，判断紧接着的一个else if的条件式，若仍为假则继续判断下一个else if的条件式，直到某一个语句的条件式值为真，则跳过紧接着的一系列else if语句。else if语句的控制流程和if语句大体一样，这里不再赘述。

使用if条件语句，需注意以下几点。

（1）else语句和else if语句均不能单独使用，只能在if语句之后伴随存在。

（2）if语句中的条件式不一定只是关系式和逻辑表达式，其实作为判断的条件式也可是任何类型的数值。例如下面的语句也是正确的：

```
if(8)
{
    fscommand("fullscreen","true");
}
```

如果上面代码中的8是第8帧的标签，则当影片播放到第8帧时将全屏播放，这样就可以随意控制影片的显示模式了。

17.6.4　switch、continue和break语句

break语句通常出现在一个循环(for、for…in、do…while或while循环)中，或者出现在与switch语句内特定case语句相关联的语句块中。break语句可命令Flash跳过循环体的其余部分，停止循环动作，并执行循环语句之后的语句。当使用break语句时，Flash 解释程序会跳过该case块中的其余语句，转到包含它的switch语句后的第1个语句。使用break语句可跳出一系列嵌套的循环。例如：

```
switch (number)
{
    case 1 :
        trace ("A");
    case 2 :
        trace ("B");
        break;
    default :
        trace ("D");
}
```

因为第1个case组中没有break，并且若number为1，则A和B都被发送到输出窗口。如果number为2，则只输出B。

continue语句主要出现在以下几种类型的循环语句中，它在每种类型的循环中的行为方式各不相同。

如果continue语句在while循环中，可使Flash解释程序跳过循环体的其余部分，并转到循环的顶端(在该处进行条件测试)。

如果continue语句在do…while循环中，可使Flash解释程序跳过循环体的其余部分，并转到循环的底端(在该处进行条件测试)。

如果continue语句在 for 循环中，可使Flash解释程序跳过循环体的其余部分，并转而计算 for 循环后的表达式(post-expression)。

如果continue语句在for…in循环中，可使Flash解释程序跳过循环体的其余部分，并跳回循环的顶端(在该处处理下一个枚举值)。

例如：

```
i=4;
while(i | 0)
{
    if(i==3)
    {
        i--;
        continue;
    }
    i--;
    trace(i);
}
i++;
trace(i);
```

17.7 | 循环语句

在ActionScript中，可以按照指定的次数重复执行一系列的动作，或者在一个特定的条件，执行某些动作。在使用ActionScript编程时，可以使用while、do…while、for以及for…in动作来创建一个循环语句。

17.7.1 for循环语句

for循环语句是Flash中运用相对较灵活的循环语句，用while语句或do…while语句写的ActionScript脚本，完全可以用for语句替代，而且for循环语句的运行效率更高。for循环语句的语法形式如下。

```
for(init; condition; next)
{
statement(s);
}
```

参数init是一个在开始循环序列前要计算的表达式，通常为赋值表达式。此参数还允许使用 var 语句。

条件condition是计算结果为true或false时的表达式。在每次循环迭代前计算该条件，当条件的计算结果为false时退出循环。

参数next是一个在每次循环迭代后要计算的表达式，通常为使用 ++(递增)或--(递减)运算符的赋值表达式。

语句statement(s)表示在循环体内要执行的指令。

在执行for循环语句时，首先计算一次init(已初始化)表达式，只要条件condition的计算结果为true，则按照顺序开始循环序列，并执行statement（s），然后计算next表达式。

17.7.2 while循环语句

while语句用来实现"当"循环，表示当条件满足时就执行循环，否则跳出循环体，其语法如下。

```
while(condition){statement(s);}
```

当ActionScript脚本执行到循环语句时，都会先判断condition表达式的值，如果该语句的计算结果为true，则运行statement(s)。statement(s)条件的计算结果为true时要执行代码。每次执行while动作时都要重新计算condition表达式。

例如：

```
i=10;
while(i > =0)
{
   duplicateMovieClip("pictures",pictures&i,i);
    setProperty("pictures",_alpha,i*10);
      i=i-1;
   }
```

在该示例中变量i相当于一个计数器。while语句先判断开始循环的条件i > =0，如果为真，则执行其中的语句块。可以看到循环体中有语句"i=i-1;"，这是用来动态地为i赋新值的，直到i<0为止。

17.7.3 do…while循环语句

与while语句不同，do…while语句用来实现"直到"循环，其语法形式如下。

```
do{statement(s)}
while(condition)
```

在执行do…while语句时，程序首先执行do…while语句中的循环体，然后再判断while条件表达式condition的值是否为真，若为真则执行循环体，如此反复直到条件表达式的值为假，才跳出循环。

例如：

```
i=10;
do{duplicateMovieClip("pictures",pictures&i,i);
setProperty("pictures",_alpha,i*10);
i=i-1;}
while(i > =0);
```

此例和前面while语句中的例子所实现的功能是一样的，这两种语句几乎可以相互替代，但它们却存在着内在的区别。while语句是在每一次执行循环体之前要先判断条件表达式的值，而do…while语句在第1次执行循环体之前不必判断条件表达式的值。如果上两例的循环条件均为while(i>10)，则while语句不执行循环体，而do…while语句要执行一次循环体，这点值得重视。

17.7.4 for…in循环语句

for…in循环语句是一个非常特殊的循环语句，因为for…in循环语句是通过判断某一对象的属性或某一数组的元素来进行循环的，它可以实现对对象属性或数组元素的引用，通常for…in循环语句的内嵌语句主要对所引用的属性或元素进行操作。for…in循环语句的语法形式如下。

```
for(variableIterant in object)
{
statement(s);
}
```

其中，variableIterant作为迭代变量的变量名，会引用数组中对象或元素的每个属性。object 是要重复的变量名。statement(s)为循环体，表示每次要迭代执行的指令。循环的次数是由所定义的对象的属性个数或数组元素的个数决定的，因为它是对对象或数组的枚举。

如下面的示例使用for…in循环迭代某对象的属性：

```
myObject = { name; 'Flash', age: 23, city: 'San Francisco' };
for(name in myObject)
{
      trace("myObject." + name + " = " + myObject[name]);
}
```

17.8 注释ActionScript

ActionScript（动作脚本）是一种专用的Flash程序语言，是Flash的一个重要组成部分，它的出现给设计和开发人员带来了很大的便利。

17.8.1 注释单行脚本

在菜单栏中选择"窗口｜动作"命令，在弹出的"动作"面板中选中在脚本编辑区中的第2行脚本，在面板上端单击"应用行注释"按钮 ，就可以注释单行脚本。

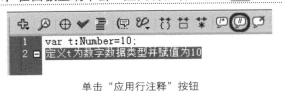

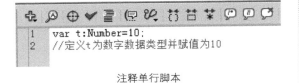

单击"应用行注释"按钮　　　　　　　　　注释单行脚本

提示：
　　脚本被设置为注释后，其颜色便成为灰色，且脚本前添加了"//"符号，程序在遇到"//"符号时，将跳过该段脚本往后运行，所以注释的脚本不会被程序运行，只是用来标识和说明脚本的含义，使其他合作的工作人员能够分清各代码的含义。

17.8.2 注释多行脚本

在菜单栏中选择"窗口｜动作"命令，在弹出的"动作"面板中选中在脚本编辑区中的所有脚本，在面板上端单击"应用块注释"按钮 ，就可以注释多行脚本。

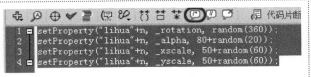

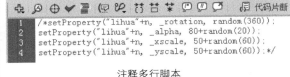

单击"应用块注释"按钮　　　　　　　　　注释多行脚本

提示：
　　用户直接在要注释的段落脚本前添加"/*"符号，脚本后添加"*/"符号，也可以注释多行脚本。

17.8.3 删除注释脚本

在菜单栏中选择"窗口｜动作"命令，在弹出的"动作"面板中选中在脚本编辑区的第2行脚本，在面板上端单击"删除注释"按钮 ，就可以删除注释脚本。

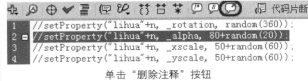

单击"删除注释"按钮　　　　　　　　　删除注释脚本

提示：
　　删除注释脚本其实就是将脚本前的"//"符号去掉，也可以直接在代码中删除"//"符号，所选的脚本被删除注释后，程序将运行该脚本。

17.9 控制影片播放

通过在Flash中添加播放按钮，用户可以控制影片的播放。创建按钮后，在"动作"面板中，通过添加事件代码，可以实现暂停、播放、跳转等影片播放功能。

17.9.1　停止影片

通过添加"stop( )"可以停止影片的播放。下面将介绍添加脚本语言停止影片播放的操作步骤。

步骤1　启动Flash CS6软件，在欢迎界面中选择"打开"选项。	**步骤2**　在弹出的对话框中选择随书附带光盘中的"CDROM\素材\第17章\测试1.fla"素材文件。

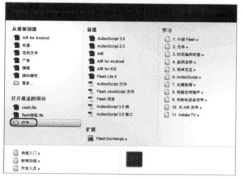

选择"打开"选项

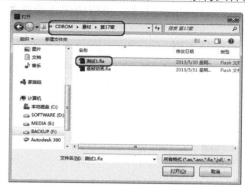

选择"测试1.fla"素材文件

步骤3　打开"测试1.fla"文件，然后在"时间轴"面板中创建"AS图层"图层。	**步骤4**　在"AS图层"图层中创建按钮图形，在图形中输入文字"暂停"。将其转换为元件。在"转换为元件"对话框中，"名称"输入为"暂停"，"类型"设置为"按钮"，然后单击"确定"按钮。

创建"AS图层"图层

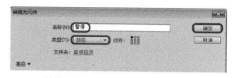

转换图形为"按钮"类型的元件

步骤5　在"属性"面板中，将"实例名称"输入为"a"。	**步骤6**　在"AS图层"图层中的第1帧上单击右键，在弹出的快捷菜单中选择"动作"命令。

将"实例名称"输入为"a"

选择"动作"命令

步骤7　在弹出的"动作"面板中输入代码。	**步骤8**　操作完成后，按Ctrl+Enter快捷键测试影片。单击创建的"暂停"按钮，即可停止影片的播放。

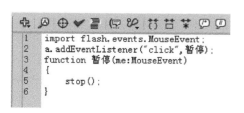

```
1  import flash.events.MouseEvent;
2  a.addEventListener("click",暂停);
3  function 暂停(me:MouseEvent)
4  {
5      stop();
6  }
```

输入代码

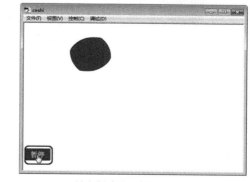

单击创建的"暂停"按钮

技巧：
代码"a.addEventListener("click",暂停)"语句中的实例"a"，与实例名称"a"相对应。

17.9.2 播放影片

通过添加"play（）"可以使停止的影片继续播放。下面将介绍添加脚本语言使暂停的影片继续播放的操作步骤。

步骤1 继续编辑上一小节中的"测试1.fla"素材文件。在"AS图层"图层中创建按钮图形，在图形中输入文字"开始"。	**步骤2** 将其转换为元件。在"转换为元件"对话框中，"名称"输入为"开始"，"类型"设置为"按钮"，然后单击"确定"按钮。

创建"开始"图形

转换图形为"按钮"类型的元件

步骤3 在"属性"面板中，将"实例名称"输入为"b"。	**步骤4** 在"AS图层"图层中的第1帧上，打开"动作"面板，输入代码。

将"实例名称"输入为"b"

```
8    b.addEventListener("click",开始);
9    function 开始(me:MouseEvent)
10   {
11       play();
12   }
13
```

输入代码

步骤5 操作完成后，按Ctrl+Enter快捷键测试影片。单击"暂停"按钮，影片将停止，单击"开始"按钮后，即可使停止的影片再次播放。

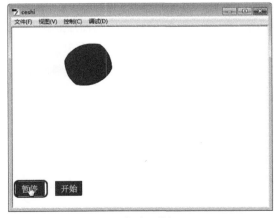

单击"暂停"按钮

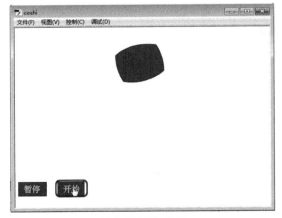

单击"开始"按钮

17.9.3 跳转至帧或场景

通过添加"gotoAndPlay（）"可以跳转影片的帧或场景。下面将介绍添加脚本语言实现跳转至帧或场景的操作步骤。

步骤1 继续编辑上一小节中的"测试1.fla"素材文件。在"AS图层"图层中创建按钮图形，在图形中输入文字"跳转"。

步骤2 将其转换为元件。在"转换为元件"对话框中，"名称"输入为"跳转"，"类型"设置为"按钮"，然后单击"确定"按钮。

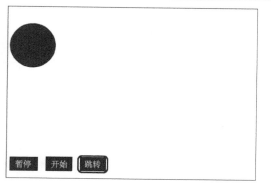

创建"跳转"图形

转换图形为"按钮"类型的元件

步骤3 在"属性"面板中，将"实例名称"输入为"c"。

步骤4 在"AS图层"图层中的第1帧上，打开"动作"面板，输入代码。

将"实例名称"输入为"c"

```
14  c.addEventListener("click",跳转);
15  function 跳转(me:MouseEvent)
16  {
17      gotoAndPlay(80);
18  }
19
```

输入代码

步骤5 操作完成后，按Ctrl+Enter快捷键测试影片。单击"跳转"按钮，影片将跳转到指定的帧进行播放。

按Ctrl+Enter快捷键测试影片

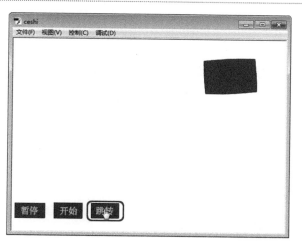

单击"跳转"按钮

技巧：

代码"gotoAndPlay(80);"语句标识跳转至本场景的第80帧，若要跳转至其他场景，如场景2的第10帧，可以将其改为"gotoAndPlay(10，"场景2");"。

17.9.4 实战：快进播放

通过添加ActionScript脚本语言，可以实现影片的快进播放，其操作步骤如下。

步骤1 继续编辑上一小节中的"测试1.fla"素材文件。在"AS图层"图层中创建按钮图形，在图形中输入文字"快进"。

步骤2 将其转换为元件。在"转换为元件"对话框中，"名称"输入为"快进"，"类型"设置为"按钮"，然后单击"确定"按钮。

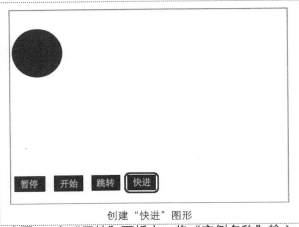

创建"快进"图形

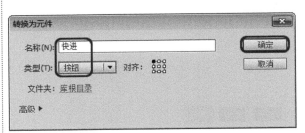

转换图形为"按钮"类型的元件

步骤3 在"属性"面板中，将"实例名称"输入为"d"。

步骤4 在"AS图层"图层中的第1帧上，打开"动作"面板，输入代码。

将"实例名称"输入为"d"

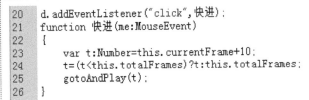

```
20    d.addEventListener("click",快进);
21    function 快进(me:MouseEvent)
22    {
23        var t:Number=this.currentFrame+10;
24        t=(t<this.totalFrames)?t:this.totalFrames;
25        gotoAndPlay(t);
26    }
```

输入代码

步骤5 操作完成后，按Ctrl+Enter快捷键测试影片。单击"快进"按钮，影片将快进10帧进行播放。

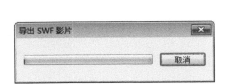

按"Ctrl+Enter快捷键"测试影片

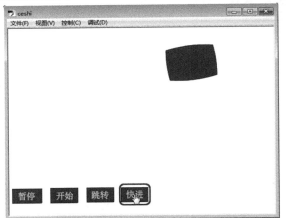

单击"快进"按钮

技巧：
代码"var t:Number=this.currentFrame+10;"语句表示快进"10帧"，用户可以自行更改快进的帧数。

17.9.5 快退播放

通过添加ActionScript脚本语言，也可以实现影片的快退播放，其操作步骤如下。

步骤1　继续编辑上一小节中的"测试1.fla"素材文件。在"AS图层"图层中创建按钮图形，在图形中输入文字"快退"。

创建"快退"图形

步骤2　将其转换为元件。在"转换为元件"对话框中，"名称"输入为"快退"，"类型"设置为"按钮"，然后单击"确定"按钮。

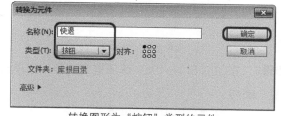

转换图形为"按钮"类型的元件

步骤3　在"属性"面板中，将"实例名称"输入为"e"。

将"实例名称"输入为"e"

步骤4　在"AS图层"图层中的第1帧上，打开"动作"面板，输入代码。

```
28  e.addEventListener("click",快退);
29  function 快退(me:MouseEvent)
30  {
31      var t:Number=this.currentFrame-10;
32      t=(t<1)?1:t;
33      gotoAndPlay(t);
34  }
```

输入代码

步骤5　操作完成后，按Ctrl+Enter快捷键测试影片。单击"快退"按钮，影片将快退10帧进行播放。

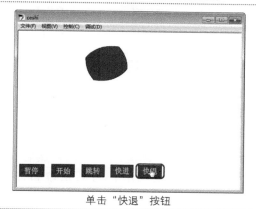

按Ctrl+Enter快捷键测试影片

单击"快退"按钮

17.9.6　实战：全屏播放影片

在需要全屏播放影片时，可以通过添加ActionScript脚本语言实现此功能，其操作步骤如下。

步骤1　继续编辑上一小节中的"测试1.fla"素材文件。在"AS图层"图层中创建按钮图形，在图形中输入文字"全屏"。

创建"全屏"图形

步骤2　将其转换为元件。在"转换为元件"对话框中，"名称"输入为"全屏"，"类型"设置为"按钮"，然后单击"确定"按钮。

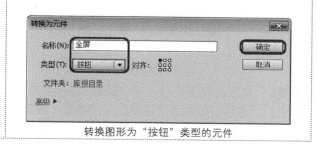

转换图形为"按钮"类型的元件

步骤3 在"属性"面板中,将"实例名称"输入为"f"。

步骤4 在"AS图层"图层中的第1帧上,打开"动作"面板,输入代码。

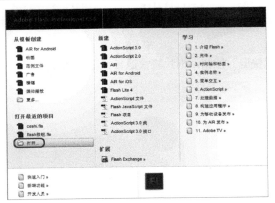

将"实例名称"输入为"f"

```
36   f.addEventListener("click",全屏);
37   function 全屏(me:MouseEvent)
38   {
39       fscommand("fullscreen","true");
40   }
```

输入代码

步骤5 按Ctrl+Shift+Enter快捷键测试影片,单击"全屏"按钮,影片将全屏播放。

📖 **技巧:**
使用Esc键可以退出全屏播放。

17.9.7 实战:逐帧播放影片

通过给逐帧动画添加ActionScript脚本语言,可以实现逐帧播放影片的功能,下面将介绍详细的操作步骤。

步骤1 启动Flash CS6软件,在欢迎界面中选择"打开"选项。

步骤2 在弹出的对话框中选择随书附带光盘中的"CDROM\素材\第17章\逐帧动画.fla"素材文件。

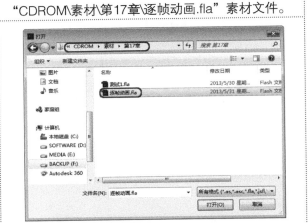

选择"打开"选项

选择"逐帧动画.fla"素材文件

步骤3 打开"逐帧动画.fla"文件,然后在"时间轴"面板中新建图层,将其重命名为"AS图层"。

步骤4 在"AS图层"图层中创建按钮图形,在图形中输入文字"逐帧播放"。

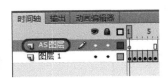

创建"AS图层"

创建"逐帧播放"按钮图形

步骤5 将其转换为元件。在"转换为元件"对话框中,"名称"输入为"逐帧","类型"设置为"按钮",然后单击"确定"按钮。

步骤6 在"属性"面板中,将"实例名称"输入为"zhuzhen"。

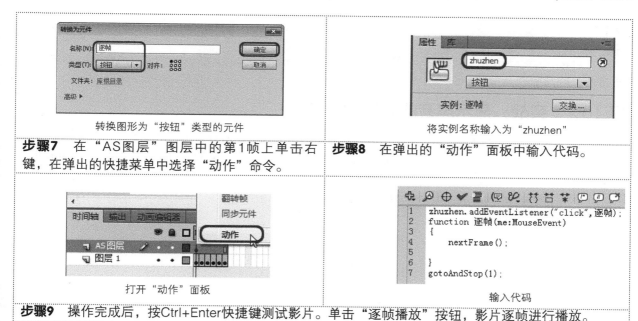

转换图形为"按钮"类型的元件

将实例名称输入为"zhuzhen"

步骤7 在"AS图层"图层中的第1帧上单击右键，在弹出的快捷菜单中选择"动作"命令。

步骤8 在弹出的"动作"面板中输入代码。

打开"动作"面板

```
1  zhuzhen.addEventListener("click",逐帧);
2  function 逐帧(me:MouseEvent)
3  {
4      nextFrame();
5
6  }
7  gotoAndStop(1);
```

输入代码

步骤9 操作完成后，按Ctrl+Enter快捷键测试影片。单击"逐帧播放"按钮，影片逐帧进行播放。

| 17.10 | 控制声音

在ActionScript 3.0中可以通过添加脚本代码，加载外部mp3音乐文件，也可以控制音乐的播放和音量的大小。

17.10.1 加载外部mp3音乐文件

通过添加ActionScript脚本语言能够加载外部mp3音乐文件，而不必将音乐导入到库再添加到舞台。下面将讲解具体的操作步骤。

步骤1 启动Flash CS6软件，在欢迎界面中选择"ActionScript 3.0"选项。

步骤2 在"图层1"图层的第1帧上，右键单击并选择"动作"命令。

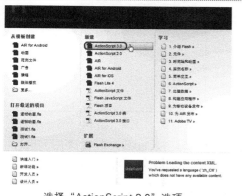

选择"ActionScript 3.0"选项

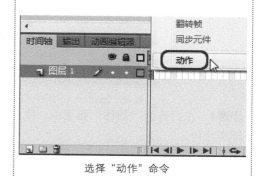

选择"动作"命令

步骤3 在打开的"动作"面板中，输入加载外部mp3声音文件的脚本代码。

```
1  var mys=new Sound();
2  mys.load(new URLRequest("E:\\Flash\\CDROM\\素材\\第17章\\1.mp3"));
3  mys.addEventListener(Event.COMPLETE,播放);
4  function 播放(e:Event)
5  {
6      mys.play();
7  }
```

输入加载外部mp3声音文件的脚本代码

步骤4 按Ctrl+Enter快捷键进行测试，音乐将随之自动播放。

📖 **技巧:**

在Flash中导入的mp3音乐文件的音频应小于128kbps，但在ActionScript 3.0中加载的mp3音乐文件没有音频限制。

17.10.2 实战：显示声音的总时间长度

通过添加ActionScript脚本语言，可以显示声音的总播放时间，具体的操作步骤如下。

步骤1 继续编辑上一小节中的Flash文件。打开"组件"面板，在"图层1"图层中添加"TextInput"组件到舞台。

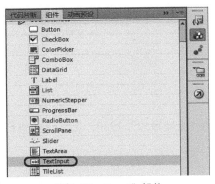

选择"TextInput"组件

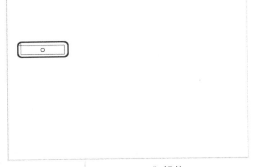

添加"TextInput"组件

步骤2 在"TextInput"组件的"属性"面板中，将其"实例名称"更改为"a"，"宽"设置为120，并取消勾选"editable"复选框。

步骤3 在"图层1"图层的第1帧上，右键单击并选择"动作"命令。

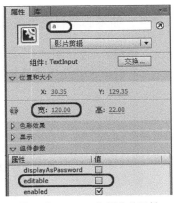

设置"TextInput"组件的属性

选择"动作"命令

步骤4 在打开的"动作"面板中，输入显示音乐总时长的脚本代码。

步骤5 按Ctrl+Enter快捷键进行测试，音乐将随之自动播放，舞台中显示音乐总时长。

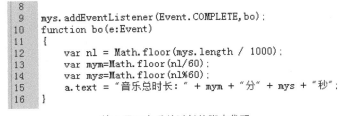

```
8
9   mys.addEventListener(Event.COMPLETE,bo);
10  function bo(e:Event)
11  {
12      var nl = Math.floor(mys.length / 1000);
13      var mym=Math.floor(nl/60);
14      var mys=Math.floor(nl%60);
15      a.text = "音乐总时长：" + mym + "分" + mys + "秒";
16  }
```

输入显示音乐总时长的脚本代码

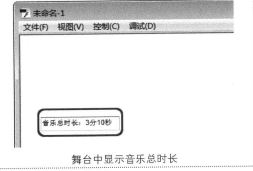

舞台中显示音乐总时长

17.10.3　显示声音已播放的时间长度

通过添加ActionScript脚本语言，可以显示声音已播放的时间长度，具体的操作步骤如下。

步骤1　继续编辑上一小节中的Flash文件。打开"组件"面板，在"图层1"图层中添加"TextInput"组件到舞台。

步骤2　在"TextInput"组件的"属性"面板中，将其"实例名称"更改为"b"，"宽"设置为120，并取消勾选"editable"复选框。	**步骤3**　在"图层1"图层的第1帧上，右键单击并选择"动作"命令。
 设置"TextInput"组件的属性	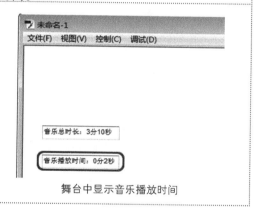 选择"动作"命令

步骤4　在打开的"动作"面板中，输入显示音乐播放时间的脚本代码。	**步骤5**　按Ctrl+Enter快捷键进行测试，音乐将随之自动播放，舞台中显示音乐播放时间。

```
18   var myc = mys.play();
19   this.addEventListener("enterFrame",songp);
20   function songp(e:Event)
21   {
22       var nl = Math.floor(myc.position / 1000);
23       var mym=Math.floor(nl/60);
24       var mys=Math.floor(nl%60);
25       b.text = "音乐播放时间:" + mym + "分" + mys + "秒";
26   }
27
```
输入显示音乐播放时间的脚本代码

舞台中显示音乐播放时间

17.10.4　显示音量

通过添加ActionScript脚本语言，可以显示声音的音量，具体的操作步骤如下。

步骤1　继续编辑上一小节中的Flash文件。打开"组件"面板，在"图层1"图层中添加"TextInput"组件到舞台。

步骤2　在"TextInput"组件的"属性"面板中，将其"实例名称"更改为"c"，并取消勾选"editable"复选框。	**步骤3**　在"图层1"图层的第1帧上，右键单击并选择"动作"命令。
 设置"TextInput"组件的属性	选择"动作"命令

步骤4 在打开的"动作"面板中，输入显示音量的脚本代码。

步骤5 按Ctrl+Enter快捷键进行测试，音乐将随之自动播放，舞台中显示音量。

```
27
28  var myyl=myc.soundTransform;
29  c.text="音量："+myyl.volume+"";
30
```

输入显示音量的脚本代码

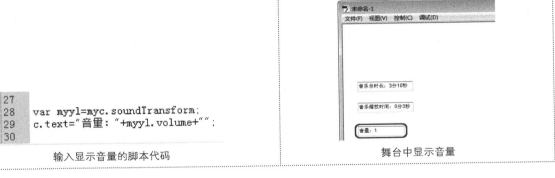

舞台中显示音量

17.10.5 减小音量

通过添加ActionScript脚本语言，可以使用按钮减小声音的音量，其具体的操作步骤如下。

步骤1 继续编辑上一小节中的Flash文件。打开"组件"面板，在"图层1"图层中添加"Button"组件到舞台。

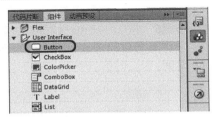

选择"Button"组件

添加"Button"组件

步骤2 在"Button"组件的"属性"面板中，将其"实例名称"更改为"d"，"宽"设置为60，"label"输入为"减小"。

步骤3 在"图层1"图层的第1帧上，右键单击并选择"动作"命令。

设置"Button"组件的属性

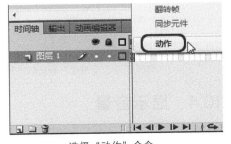

选择"动作"命令

步骤4 在打开的"动作"面板中，输入减小音量的脚本代码。

步骤5 按Ctrl+Enter快捷键进行测试，音乐将随之自动播放，单击"减小"按钮，音量将随之减小。

```
31  d.addEventListener("click",减小);
32  function 减小(me:MouseEvent)
33  {
34      myyl.volume -=  0.1;
35      if (myyl.volume < -1)
36      {
37          myyl.volume = -1;
38      }
39      myc.soundTransform = myyl;
40      c.text = "音量：" + myyl.volume + "";
41  }
```

输入减小音量的脚本代码

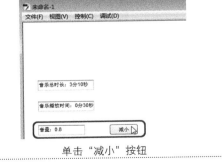

单击"减小"按钮

17.10.6　实战：增大音量

通过添加ActionScript脚本语言，单击按钮可以增大声音的音量，具体的操作步骤如下。

步骤1　继续编辑上一小节中的Flash文件。打开"组件"面板，在"图层1"图层中添加"Button"组件到舞台。

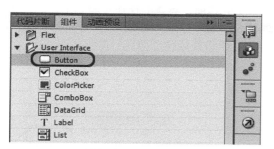

选择"Button"组件

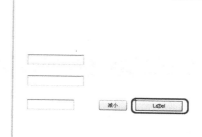

添加"Button"组件

步骤2　在"Button"组件的"属性"面板中，将其"实例名称"更改为"u"，"宽"设置为60，"label"输入为"增大"。

设置"Button"组件的属性

步骤3　在"图层1"图层的第1帧上，右键单击并选择"动作"命令。在打开的"动作"面板中，输入增大音量的脚本代码。

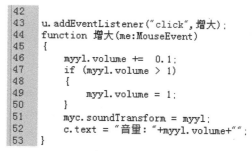

```
42
43   u.addEventListener("click",增大);
44   function 增大(me:MouseEvent)
45   {
46       myyl.volume += 0.1;
47       if (myyl.volume > 1)
48       {
49           myyl.volume = 1;
50       }
51       myc.soundTransform = myyl;
52       c.text = "音量："+myyl.volume+"";
53   }
```

输入增大音量的脚本代码

步骤4　按Ctrl+Enter快捷键进行测试，音乐将随之自动播放，单击"减小"按钮，音量将随之减小；单击"增大"按钮，音量将随之增大。

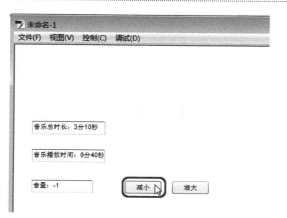

单击"减小"按钮

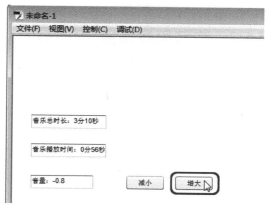

单击"增大"按钮

技巧：
在音乐的音量数值范围为–1至1之间，–1表示静音。

| 17.11 | 设置快捷菜单中的选项

在ActionScript 3.0脚本语言中，可以通过脚本语言来实现快捷菜单的添加，也可以隐藏原有的快捷菜单。

17.11.1 新增快捷菜单中的选项

通过添加ActionScript脚本语言，可以新增快捷菜单中的选项，具体的操作步骤如下。

步骤1 启动Flash CS6软件，在欢迎界面中选择"ActionScript 3.0"命令。

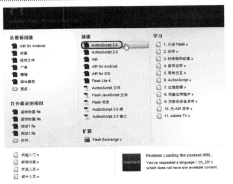

选择"ActionScript 3.0"命令

步骤2 在"图层1"图层的第1帧上，右键单击并选择"动作"命令。

选择"动作"命令

步骤3 在打开的"动作"面板中，输入添加快捷菜单选项的脚本代码。

```
1  var mycm:ContextMenu=new ContextMenu();
2  var mycmi = new ContextMenuItem("打开搜索引擎");
3  mycm.customItems.push(mycmi);
4  this.contextMenu = mycm;
5  mycmi.addEventListener("menuItemSelect",w);
6  function w(me:ContextMenuEvent)
7  {
8      var myurl:URLRequest=new URLRequest();
9      myurl.url = "http://www.baidu.com";
10     navigateToURL(myurl,"blank");
11 }
12
```

输入脚本代码

步骤4 按Ctrl+Enter快捷键进行测试。在测试窗口中，右击鼠标，在弹出的快捷菜单中选择"打开搜索引擎"命令，链接的搜索引擎将被打开。

选择"打开搜索引擎"命令

17.11.2 隐藏原有快捷菜单选项

通过添加ActionScript脚本语言，可以隐藏原有快捷菜单选项，具体的操作步骤如下。

步骤1 继续编辑上一小节中的Flash文件。在"图层1"图层的第1帧上，右键单击并选择"动作"命令。

选择"动作"命令

步骤2 在打开的"动作"面板中，输入隐藏原有快捷菜单选项的脚本代码。

```
13  mycm.hideBuiltInItems();
14  this.contextMenu=mycm;
```

输入脚本代码

步骤3 操作完成后，按Ctrl+Enter快捷键进行测试。在测试窗口中，单击鼠标右键，在弹出的快捷菜单中，原有快捷菜单选项将被隐藏。

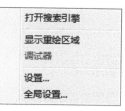

隐藏原有快捷菜单选项

17.12 使用Date类

在ActionScript 3.0中可以通过添加脚本代码，使用Date类显示系统的时间和日期。

17.12.1 显示系统时间

在ActionScript 3.0中，通过创建Date类可以实现显示系统时间，其具体的操作步骤如下。

步骤1 启动Flash CS6软件，在欢迎界面中选择"ActionScript 3.0"选项。	**步骤2** 在"属性"面板中，将舞台背景颜色设置为"#999999"。

选择"ActionScript 3.0"选项

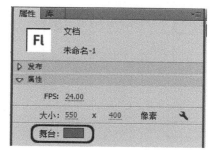

设置背景颜色

步骤3 打开"组件"面板，在"图层1"图层中添加"TextInput"组件到舞台。	**步骤4** 在"TextInput"组件的"属性"面板中，将其"实例名称"更改为"a"。

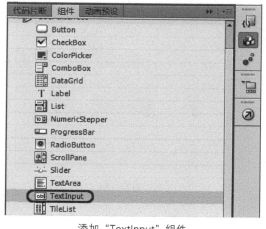

添加"TextInput"组件

将"TextInput"组件的"实例名称"更改为"a"

步骤5 在"图层1"图层的第1帧上打开"动作"面板，输入显示当前系统时间的脚本代码。

步骤6 按Ctrl+Enter快捷键进行测试。在测试窗口中，显示当前系统时间。

```
1  setInterval(shijian,100);
2  function shijian()
3  {
4      var date=new Date();
5      var myh = date.getHours();
6      var mym = date.getMinutes();
7      var mys = date.getSeconds();
8      a.text = "当前时间: " + myh + ":" + mym + ":" + mys + "";
9  }
10
```

输入显示当前系统时间的脚本代码　　　　　　　显示当前系统时间

17.12.2　查看日期

在ActionScript 3.0中，通过创建Date类也可以实现显示系统的日期，其具体的操作步骤如下。

步骤1　继续编辑上一小节中的Flash文件。打开"组件"面板，在"图层1"图层中添加"TextInput"组件到舞台。

步骤2　在"TextInput"组件的"属性"面板中，将其"实例名称"更改为"b"，"宽"设置为130。

步骤3　在"图层1"图层的第1帧上，右键单击并选择"动作"命令。

设置"属性"面板

选择"动作"命令

步骤4　在打开的"动作"面板中，输入显示当前日期的脚本代码。

步骤5　按Ctrl+Enter快捷键进行测试。在测试窗口中，显示当前日期。

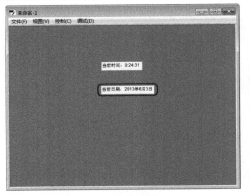

```
11  setInterval(日期,100);
12  function 日期()
13  {
14      var date=new Date();
15      var myd = date.getDate();
16      var myy = date.getFullYear();
17      var mm = date.getMonth() + 1;
18      b.text = "当前日期: " + myy + "年" + mm + "月" + myd + "日";
19  }
20
```

输入显示当前日期的脚本代码　　　　　　　显示当前日期

17.12.3　实战：制作计时器

在ActionScript 3.0中，通过创建Date类可以实现计算时间的功能。下面将介绍制作计时器的操作步骤。

步骤1　继续编辑上一小节中的Flash文件。打开"组件"面板，在"图层1"图层中添加"Label"组件到舞台。

选择"Label"组件

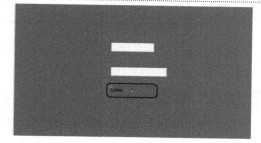

添加"Label"组件

步骤2　在"Label"组件的"属性"面板中，将"宽"设置为150，"text"中输入"距离2013年5月1日已经过了："。

步骤3　打开"组件"面板，在"图层1"图层中添加"TextInput"组件到舞台。

设置"属性"面板

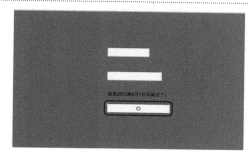

添加"TextInput"组件到舞台

步骤4　在"TextInput"组件的"属性"面板中，将其"实例名称"更改为"c"，"宽"设置为150。

步骤5　在"图层1"图层的第1帧上，右键单击并选择"动作"命令。

设置"属性"面板

选择"动作"命令

步骤6　在打开的"动作"面板中，输入计时器的脚本代码。

步骤7　按Ctrl+Enter快捷键进行测试。在测试窗口中，显示计时时间。

```
21  countDown();
22  function countDown()
23  {
24      var date1:Date = new Date(2013,4,2);
25      var date2:Date=new Date();
26      var o=(date2.getTime())-(date1.getTime());
27      var tian=Math.floor(o/24/60/60/1000);
28      var shi=Math.floor(o/60/60/1000)%24;
29      var fen=Math.floor(o/60/1000)%60;
30      var miao=Math.floor(o/1000)%60;
31      c.text = "" + tian + "天" + shi + "时" + fen + "分" + miao + "秒";
32      setTimeout(countDown,1000);
33
34  }
```

输入计时器的脚本代码

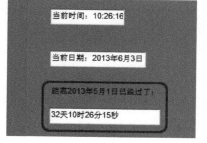

显示计时时间

📖 **技巧：**

代码"var date1:Date = new Date(2013,4,2);"语句中的月份应比所要计算的月份少一个月。

17.13 | 操作答疑

平时可能会遇到许多疑问，在这里将举出多个常见问题并对其进行一一解答。并在后面追加多个习题，以方便读者巩固前面所学的知识。

17.13.1 专家答疑

（1）能否使用与全局变量相同的名称初始化一个局部变量？

答：可以，但是如果使用与全局变量相同的名称初始化一个局部变量，则在处于该局部变量的范围内时对该全局变量不具有访问权限。

（2）所有对象属性都能用for或for…in循环进行枚举吗？

答：一些属性无法用for或for…in循环进行枚举。例如，Array对象的内置方法(Array.sort 和 Array.reverse)就不包括在Array对象的枚举中，另外，电影剪辑属性，如_x 和_y也不能枚举。

17.13.2 操作习题

1. 选择题

（1）打开"动作"面板的快捷键是（　　　）。

A.Ctrl+R　　　　　　　　B.F6　　　　　　　　　　C.F9

（2）在动作脚本中的转义字符是（　　　）。

A./　　　　　　　　　　　B.\　　　　　　　　　　C.?

2. 填空题

（1）布尔值数据类型的值为＿＿＿＿＿＿和＿＿＿＿＿＿。

（2）逻辑"与"的运算符为＿＿＿＿＿＿。

3. 操作题

在"动作"面板中添加脚本，通过每次单击按钮，文本框中显示的数字加1。

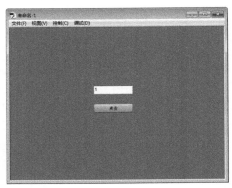

完成效果

（1）设置舞台背景颜色。

（2）添加"TextInput"和"Button"组件。

（3）在"图层1"图层的第1帧上，打开"动作"面板，添加脚本代码。

（4）按Ctrl+Enter快捷键进行测试。

第**18**章

影片后期处理

本章重点：

在Flash影片制作完成后，需要对影片进行优化、压缩影片的容量、测试影片、导出影片以及发布影片等处理。

学习目的：

掌握Flash影片后期处理的知识。学好本章的内容，对于以后制作网络媒体文件具有极其重要的意义。

参考时间：60分钟

主要知识	学习时间
18.1　两种测试影片的环境	5分钟
18.2　测试影片	12分钟
18.3　优化影片	13分钟
18.4　导出Flash影片	13分钟
18.5　发布影片	17分钟

| 18.1 | 两种测试影片的环境

测试影片可以在编辑模式环境以及测试环境模式中测试。

18.1.1 在编辑模式中测试影片

下面将要学习在Flash中的编辑模式中测试影片，具体操作步骤如下。

步骤1 在菜单栏中选择"文件 | 打开"命令，在弹出的对话框中打开随书附带光盘中"CDROM\素材\第18章\18.1.1.fla"素材文件。

步骤2 在编辑模式中，按Enter键即可测试影片。

打开素材文件

编辑模式中测试影片

18.1.2 在测试环境中测试影片

下面将要学习在Flash中的测试环境中测试影片，具体操作内容如下。

继续上面的操作，在菜单栏中选择"控制 | 测试影片"命令，执行该操作后即可在测试环境中测试影片。

在测试环境中测试影片

| 18.2 | 测试影片

本节主要介绍测试场景、查看影片下载性能、测试影片网络播放效果以及列出影片的对象等内容。

18.2.1 测试场景

下面将要学习在Flash中如何测试场景，具体操作步骤如下。

步骤1　在菜单栏中选择"文件|打开"命令，在弹出的对话框中打开随书附带光盘中"CDROM\素材\第18章\18.2.1.fla"素材文件。	**步骤2**　在菜单栏中选择"控制|测试影片|在Flash Professional中"命令。	**步骤3**　执行该操作后，即可测试场景效果。

打开素材文件

选择命令

测试场景效果

18.2.2　查看影片下载性能

下面将要学习在Flash中如何查看下载性能，具体操作步骤如下。

步骤1　继续上面的操作。按Ctrl+Enter快捷键打开测试影片窗口。	**步骤2**　在菜单栏中选择"视图|下载设置|56K"命令。

打开测试影片窗口

选择命令

步骤3　在菜单栏中选择"视图|带宽设置"命令。	**步骤4**　执行该操作后，可查看到影片的下载性能。

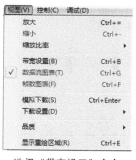

选择"带宽设置"命令

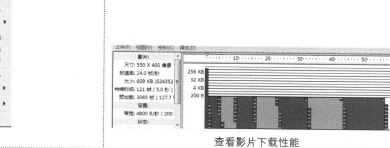

查看影片下载性能

18.2.3　测试影片网络播放效果

下面将要学习在Flash中如何测试影片网络播放效果，具体操作步骤如下。

步骤1 继续上面的操作。在菜单栏中选择"控制 | 测试影片"命令（或按Ctrl+Enter快捷键）打开测试影片窗口。

步骤2 在菜单栏中选择"视图 | 模拟下载"命令。

步骤3 在执行该操作后，可以查看测试影片网络的播放效果。

打开测试影片窗口

选择"模拟下载"命令

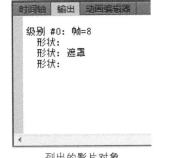

测试影片网络的播放效果

18.2.4 列出影片中的对象

下面将要学习在Flash中如何列出影片中的对象，具体操作步骤如下。

步骤1 继续上面的操作，打开测试影片窗口。

步骤2 在菜单栏中选择"调试 | 列出对象"命令。

步骤3 执行该操作后，在"输出"面板中列出影片对象。

打开测试影片窗口

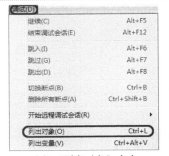

选择"列出对象"命令

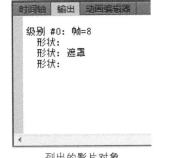

列出的影片对象

18.3 优化影片

在Flash中不仅可以优化影片文件,还可以优化图像元素、优化文本元素等。

18.3.1 优化影片文件

步骤1 在菜单栏中选择"文件 | 打开"命令，在弹出的对话框中打开随书附带光盘中的"CDROM\素材\第18章\18.3.1.fla"素材文件。

步骤2 在"时间轴"面板中的"蝴蝶"图层中选择第2到第10关键帧。

打开素材文件

选择关键帧

步骤3 选中该关键帧后，右击鼠标，在弹出的快捷菜单中选择"清除关键帧"命令。

步骤4 即可将选择的关键帧清除。

选择"清除关键帧"命令

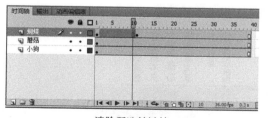

清除所选关键帧

步骤5 确认该帧处于选中状态，右击鼠标，在弹出的菜单中选择"创建传统补间"命令。

步骤6 执行该操作后，即可创建传统补间。

选择"创建传统补间"命令

创建补间

18.3.2 优化图像元素

下面将要学习在Flash中如何优化图像元素，具体操作步骤如下。

步骤1 在菜单栏中选择"文件 | 导入 | 导入到舞台"命令，在弹出的对话框中导入随书附带光盘中的"CDROM\素材\第18章\小草.jpg"素材文件。

步骤2 运用鼠标右键单击"库"面板中的"小草.jpg"图片，在弹出的快捷菜单中选择"属性"命令。

步骤3 在弹出的"位图属性"对话框中选择"自定义"单选按钮，并勾选"启用解决"复选框。

导入素材文件

选择"属性"命令

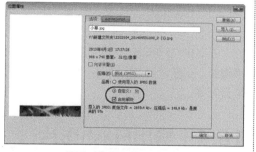

设置"位图属性"对话框

步骤4 单击"确定"按钮，观察优化后的效果。

18.3.3　优化文本元素

下面将要学习在Flash中如何优化文本元素，具体操作步骤如下。

步骤1　在菜单栏中选择"文件丨打开"命令，在弹出的对话框中打开随书附带光盘中的"CDROM\素材\第18章\18.3.3.fla"素材文件。	**步骤2**　运用选择工具，在舞台中选择"赋得古原草送别"文字，打开"属性"面板，设置"系列"为"隶书"。	**步骤3**　将其他文字按照上述操作进行设置。 **步骤4**　执行该操作后，可完成优化文本的元素。

打开素材文件

设置字体的系列

优化的文本元素

18.3.4　优化声音元素

下面将要介绍在Flash中如何优化声音元素，具体操作步骤如下。

步骤1　在菜单栏中选择"文件丨导入丨导入到舞台"命令，在弹出的对话框中导入随书附带光盘中"CDROM\素材\第18章\音乐.mp3"素材文件。

步骤2　在菜单栏中选择"文件丨发布设置"命令。	**步骤3**　在弹出的"发布设置"对话框中单击"音频流"选项。	**步骤4**　弹出"声音设置"对话框，将"比特率"设置为"64kbps"。

选择"发布设置"命令

选择"音频流"选项

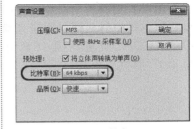

设置"比特率"

步骤5　设置完成后，单击"确定"按钮，返回到"发布设置"对话框，再单击"确定"按钮，可优化声音元素。

18.4 | 导出Flash影片

本节主要讲在Flash中导出动画图像文件、动画声音文件以及AVI文件等内容。

18.4.1　导出动画图像文件

本小节主要介绍在Flash中如何导出动画图像文件，具体操作步骤如下。

步骤1　按Ctrl+O快捷键，在弹出的对话框中打开随书附带光盘中的"CDROM\素材\第18章\18.4.1.fla"素材文件。

步骤2　在菜单栏中选择"文件｜导出｜导出影片"命令。

打开的素材文件

选择"导出影片"命令

步骤3　在弹出的"导出影片"对话框中，为其指定一个正确的存储路径，设置"文件名"为"18.4.1"，"保存类型"为"SWF影片（*.swf）"，单击"保存"按钮。

步骤4　执行该操作后，即可导出影片文件。

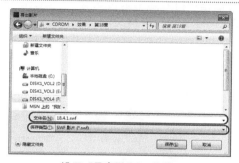

设置"导出影片"对话框

18.4.2　导出动画声音文件

下面将要学习在Flash中如何导出声音文件，具体操作步骤如下。

步骤1　在菜单栏中选择"文件｜打开"命令，在弹出的对话框中打开随书附带光盘中的"CDROM\素材\第18章\18.4.2.fla"素材文件。

步骤2　在菜单栏中选择"文件｜导出｜导出影片"命令。

打开素材文件

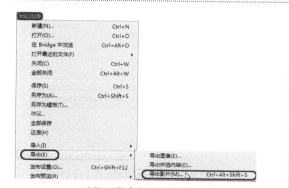

选择"导出影片"命令

步骤3　在弹出的"导出影片"对话框中为其指定一个正确的存储路径。设置"文件名"为"18.4.2"，"保存类型"为"WAV音频（*.wav）"。

步骤4　单击"保存"按钮后，在弹出的"导出Windows WAV"对话框中设置"声音格式"为"11kHz16位单声"。

设置"导出影片"对话框

设置"声音格式"

步骤5 单击"确定"按钮，可以导出动画声音文件。

18.4.3 实战：导出动画文件

下面将要学习在Flash中如何导出动画文件，具体操作步骤如下。

步骤1 在菜单栏中选择"文件|打开"命令，在弹出的对话框中打开随书附带光盘中"CDROM\素材\第18章\18.4.3.fla"素材文件。	**步骤2** 在菜单栏中选择"文件|导出|导出图像"命令。

打开素材文件

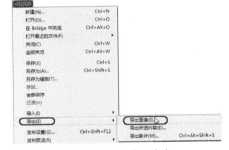

选择"导出图像"命令

步骤3 在弹出的"导出图像"对话框中设置文件名为"18.4.3"，保存类型为"JPEG图像（*.jpg，*.jpeg）"。	**步骤4** 单击"保存"按钮后，将弹出"导出JPEG"对话框，单击"确定"按钮，可以将动画文件导出。

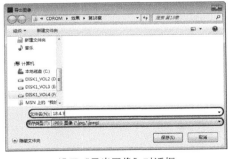

设置"导出图像"对话框

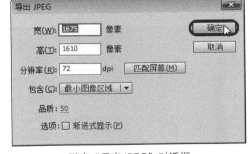

弹出"导出JPEG"对话框

18.4.4 实战：导出为AVI文件

下面将要学习在Flash中如何导出AVI文件，具体操作步骤如下。

步骤1 在菜单栏中选择"文件|打开"命令，在弹出的对话框中打开随书附带光盘中"CDROM\素材\第18章\18.4.4.fla"素材文件。	**步骤2** 在菜单栏中选择"文件|导出|导出影片"命令。

打开素材文件

选择"导出影片"命令

步骤3 在弹出的"导出影片"对话框中为其指定一个正确的存储路径，设置"文件名"为"18.4.4"，"保存类型"为"Windows AVI（*.avi）"。

步骤4 单击"保存"按钮后，将弹出"导出Windows AVI"对话框。

设置"导出影片"对话框

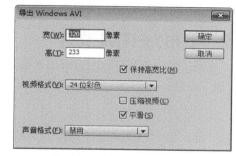

弹出"导出Windows AVI"对话框

步骤5 单击"确定"按钮，可以导出为AVI的文件。

18.5 发布影片

在测试完影片之后，可以将制作影片文件导出为多种格式的文件。

18.5.1 发布为SWF文件

步骤1 在菜单栏中选择"文件|打开"命令，在弹出的对话框中打开随书附带光盘中"CDROM\素材\第18章\18.5.fla"素材文件。

步骤2 在菜单栏中选择"文件|发布设置"命令。

打开素材文件

选择"发布设置"命令

步骤3 在弹出的"发布设置"对话框中勾选"发布"选项中的"Flash（.swf）"复选框，单击右侧"选择发布目标"按钮。

步骤4 在弹出的"选择发布目标"对话框中设置发布的文件名并保存到合适的位置。

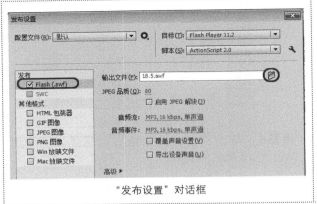

"发布设置"对话框

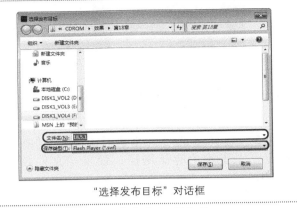

"选择发布目标"对话框

步骤5 单击"发布"按钮，再单击"确定"按钮。执行该操作后，可以发布为SWF文件。

18.5.2 发布为HTML文件

步骤1 继续上面的操作，在菜单栏中选择"文件|发布设置"命令。

步骤2 在弹出的"发布设置"对话框中选择"其他格式"中的"HTML包装器"，在右侧单击"选择发布目标"按钮，并设置发布的文件和保存到合适的位置。

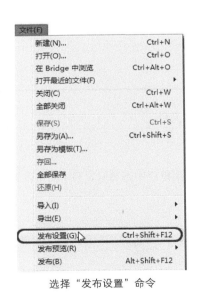

选择"发布设置"命令

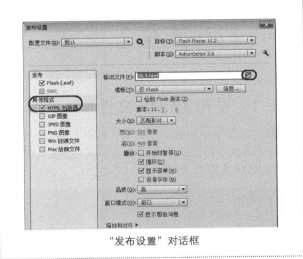

"发布设置"对话框

步骤3 单击"发布"按钮，再单击"确定"按钮。执行该操作后，可以发布为HTML文件。

18.5.3 发布为GIF文件

步骤1 继续上面的操作，在菜单栏中选择"文件|发布设置"命令。

步骤2 在弹出的"发布设置"对话框中勾选"其他格式"下的"GIF图像"复选框，在右侧单击"选择发布目标"按钮，并设置发布的文件和保存到合适的位置。单击"播放"右侧的下拉按钮，选择"播放"为"动画"，再单击"颜色"右侧的下拉按钮，选择"调色板类型"为"最合适"。

选择"发布设置"命令

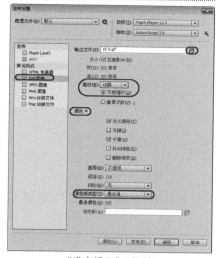

"发布设置"对话框

步骤3 单击"发布"按钮,再单击"确定"按钮。执行该操作后,可以发布为gif文件。

18.5.4 发布为JPEG文件

步骤1 继续上面的操作。在"发布设置"对话框中勾选"其他格式"下的"JPEG图像"复选框,并设置发布的文件和保存到合适的位置。

"发布设置"对话框

步骤2 单击"发布"按钮,再单击"确定"按钮。执行该操作后,可以发布为JPEG文件。

18.5.5 发布为exe文件

步骤1 继续上面的操作。在"发布设置"对话框中勾选"其他格式"下的"Win放映文件"复选框,并设置发布的文件和保存到合适的位置。

"发布设置"对话框

步骤2 单击"发布"按钮,再单击"确定"按钮。执行该操作后,可以发布为exe文件。

18.5.6 发布为BMP文件

步骤1 继续上面的操作,在菜单栏中选择"文件 | 导出 | 导出图像"命令。

步骤2 在弹出的"导出图像"对话框中选择要保存的合适位置,设置"文件名"为"18.5","保存类型"为"位图(*.bmp)",单击"保存"按钮。

选择"导出图像"命令

"导出图像"对话框

步骤3 在弹出的"导出位图"对话框中单击"确定"按钮，执行该操作后，可以发布为bmp文件。

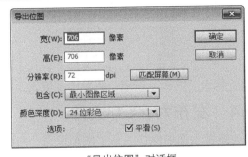

"导出位图"对话框

18.5.7 发布为PNG文件

步骤1 继续上面的操作。在"发布设置"对话框中勾选"其他格式"下的"PNG图像"复选框，并设置发布的文件和保存到合适的位置。

"发布设置"对话框

步骤2 单击"发布"按钮，再单击"确定"按钮。执行该操作后，可以发布为PNG图像文件。

18.5.8 创建发布配置文件

步骤1 继续上面的操作。在弹出的"发布设置"对话框中选择"配置文件选项"按钮 ⚙ ，在弹出的下拉列表中选择"创建配置文件"命令。

步骤2 在弹出的"创建新配置文件"对话框中设置文件名称为"配置文件1"，单击"确定"按钮。

选择"创建配置文件"命令

"创建新配置文件"对话框

步骤3 在弹出的"发布设置"对话框中选择"配置文件选项"按钮 ⚙，在弹出的下拉列表中选择"导出配置文件"命令。	**步骤4** 弹出"导出配置文件"对话框，在该对话框中设置配置文件的保存类型和文件名，单击"保存"按钮。
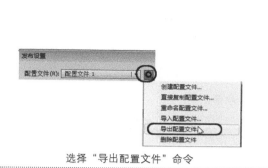 选择"导出配置文件"命令	 "导出配置文件"对话框

步骤5 返回到"发布设置"对话框中，单击"发布"按钮，再单击"确定"按钮。即可创建发布配置文件。

18.5.9 使用发布配置文件

步骤1 继续上面的操作。在"发布设置"对话框中选择"导入配置文件"选项。	**步骤2** 在弹出的"导入配置文件"对话框中选择发布配置文件的位置。
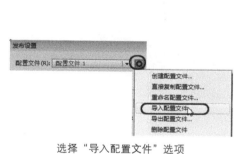 选择"导入配置文件"选项	 "导入配置文件"对话框

步骤3 单击"打开"按钮,可以使用发布的配置文件。

18.6 | 操作答疑

在学习影片后期处理本章内容时将会遇到问题，在这里将举出常见的问题并对问题进行一一解答。而且在后面会追加多个习题，以方便读者学习以及巩固前面所学的知识。

18.6.1 专家答疑

（1）在动画制作过程中，优化应该注意哪些问题?

答：在进行优化时，不仅要对图像进行优化，需要注意的是应该对各种元素都进行优化，以及对文本元素进行优化等。

（2）在优化声音元素中，如何设置比特率才会使文件大小合适，质量好?

答：在优化声音元素时，比特率设置为16kbps~128kbps时为最佳，设置比特率越大，文件的大小就越大，设置比特率太小，影片的质量就会受到影响。

（3）如何删除发布配置文件?

答：在"发布配置"对话框中的下拉列表中选择要删除的配置文件，选择"删除配置文件"命令，在弹出的提示框内单击"确定"按钮即可删除发布配置文件。

18.6.2　操作习题

1.　选择题

（1）下列选项中，测试影片的快捷键是（　　）。

A.Ctrl+Alt+Enter　　　　　　B.Ctrl+Enter　　　　　　C.Ctrl+Shift+Enter

（2）下列选项中，在导出动画图像时，保存的文件类型为（　　）。

A.（*.wav）　　　　　　B.（*.jpg）　　　　　　C.（*.swf）

（3）在查看下载性能时，首先在菜单栏中选择（　　）命令。

A.“视图｜模拟下载”　　B.“视图｜下载设置”　　C.“视图｜带宽设置”

2.　填空题

（1）一个自带有Flash播放器的应用程序，将导出的文件为_____。

（2）在菜单栏中选择“视图｜模拟下载”命令，可以测试_____效果。

（3）“_____”命令导出的是当前时间轴所在帧的图像，而且是静止不动的。

3.　操作题

将影片进行处理。

测试影片　　　　　　　　　　查看影片下载功能　　　　　　　　　导出影片

（1）打开素材，将影片在测试环境中测试。

（2）查看影片下载功能。

（3）导出动画影片图像文件。

第**19**章

精彩案例

本章重点：

　　本章主要介绍3个精彩案例的制作过程及方法，将综合应用所学到的知识。本章案例效果可应用于网站，企业宣传等行业。通过对案例制作过程的学习，读者可以开拓动画创作思路，从而可以创作出更精致、更实用的商业作品。

学习目的：

　　熟练掌握各章所讲到的知识点，可以自行制作动画。

参考时间：70分钟

主要知识	学习时间
19.1　制作低碳环保宣传动画	20分钟
19.2　贺卡	25分钟
19.3　房产广告片头	25分钟

|19.1| 制作低碳环保宣传动画

低碳环保是指在生活作息时应尽力减低碳，特别是二氧化碳的排放量，从而减少对大气的污染，减缓生态恶化。本例就来介绍一下低碳环保宣传动画的制作。

19.1.1 制作第一页动画

下面来介绍一下第一页动画的制作，其具体操作步骤如下。

步骤1 按Ctrl+N快捷键，在弹出的对话框中选择"常规"选项卡，在"类型"列表框中选择"ActionScript 2.0"选项，将"宽"和"高"分别设置为610像素、430像素。

步骤2 设置完成后，单击"确定"按钮，按Ctrl+R快捷键，在弹出的对话框中选择随书附带光盘中的"CDROM\素材\第19章\树背景.jpg"素材文件。

设置新建参数

选择素材文件

步骤3 单击"打开"按钮，即可将选择的素材文件导入至舞台中。

步骤4 然后在"时间轴"面板中选择"图层1"图层第97帧，按F6键插入关键帧。

导入素材文件

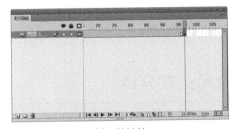

插入关键帧

步骤5 在"时间轴"面板中单击"新建图层"按钮，新建"图层2"图层。

步骤6 按Ctrl+R快捷键，在弹出的对话框中选择随书附带光盘中的"CDROM\素材\第19章\自行车.png"素材文件。

新建图层

选择素材文件

步骤7 单击"打开"按钮，即可将选择的素材文件导入至舞台中。然后按Ctrl+T快捷键，弹出"变形"面板，将"缩放宽度"和"缩放高度"设置为54%。

步骤8 确认素材文件处于选中状态，按F8键弹出"转换为元件"对话框，输入"名称"为"自行车"，将"类型"设置为"图形"，将"对齐"设置为底部。

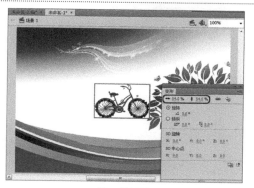

设置缩放值

转换元件

步骤9 单击"确定"按钮，即可将其转换为图形元件。然后在"时间轴"面板中单击"新建图层"按钮，新建"图层3"图层。

步骤10 在工具箱中选择"钢笔工具"，在舞台中绘制曲线。

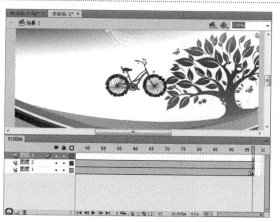

新建图层

绘制曲线

步骤11 在舞台中选择"自行车"图形元件，在"变形"面板中将"旋转"设置为22°，并在舞台中调整其位置。

步骤12 选择"图层2"图层第58帧，按F6键插入关键帧，调整"自行车"元件的位置及旋转。

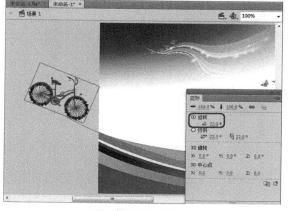

设置旋转并调整位置

在第58帧调整元件

步骤13 然后在"时间轴"面板中选择"图层3"图层，并单击鼠标右键，在弹出的快捷菜单中选择"引导层"命令。

选择"引导层"命令

步骤14 即可将"图层3"图层设置为引导层。然后在"图层2"图层的第20帧上单击鼠标右键，在弹出的快捷菜单中选择"创建传统补间"命令。

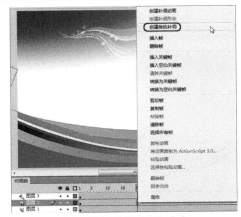

选择"创建传统补间"命令

步骤15 即可创建传统补间动画。

创建传统补间动画

步骤16 选择"图层2"图层第3帧，按F6键插入关键帧，在"变形"面板中将"旋转"设置为26°，并在舞台中调整元件位置。

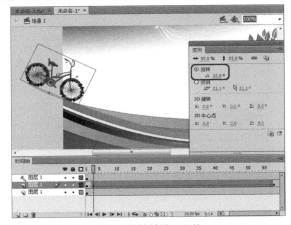

插入关键帧并设置元件

步骤17 选择"图层2"图层第7帧，按F6键插入关键帧，在"变形"面板中将"旋转"设置为14.8°，并在舞台中调整元件位置。

在第7帧设置元件

步骤18 选择"图层2"图层第15帧，按F6键插入关键帧，在"变形"面板中将"旋转"设置为9.5°，并在舞台中调整元件位置。

在第15帧插入关键帧

步骤19 选择"图层2"图层第27帧，按F6键插入关键帧，在"变形"面板中将"旋转"设置为3.8°，并在舞台中调整元件位置。

在第27帧设置关键帧

步骤20 在"时间轴"面板中选择"图层3"图层，并单击"新建图层"按钮，新建"图层4"图层，然后选择"图层4"图层第49帧，按F6键插入关键帧。

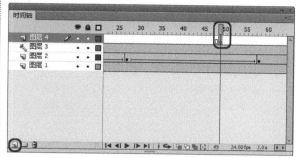

新建图层并插入关键帧

步骤21 在工具箱中选择"文本工具"，在"属性"面板中将"系列"设置为"方正粗圆简体"，将"大小"设置为30点，将"颜色"的值设置为"#00CC33"。

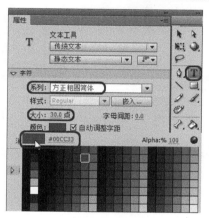

设置工具属性

步骤22 然后在舞台中输入文字，并选择输入的文字。

输入文字

步骤23 按F8键弹出"转换为元件"对话框，在"名称"文本框中输入"低碳生活"，将"类型"设置为"图形"，将"对齐"设置为居中。

转换为元件

步骤24 单击"确定"按钮，即可将选择的文字转换为图形元件。然后在舞台中调整元件位置，并在"属性"面板中将"样式"设置为"Alpha"，"Alpha"值设置为0%。

调整位置并设置样式

步骤25 在"时间轴"面板中选择"图层4"图层第81帧，按F6键插入关键帧，在舞台中调整元件位置，并在"属性"面板中将"样式"设置为"无"。

步骤26 在"图层4"图层第60帧单击鼠标右键，在弹出的快捷菜单中选择"创建传统补间"命令，即可创建传统补间动画。

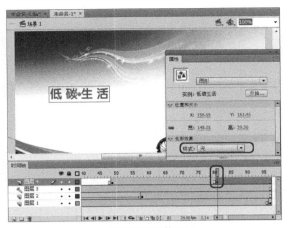

在第81帧调整元件

创建传统补间动画

步骤27 使用同样的方法，制作文字动画"绿色出行"。

制作文字动画

19.1.2 制作第2页动画

下面再来介绍一下第2页动画的制作，具体操作步骤如下。

步骤1 在"时间轴"面板中单击"新建图层"按钮，新建"图层6"图层，并选择第97帧，按F6键插入关键帧。

步骤2 按Ctrl+R快捷键，在弹出的对话框中选择随书附带光盘中的"CDROM\素材\第19章\绿色背景.jpg"素材文件。

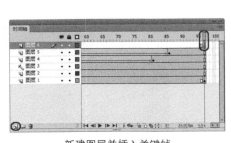

新建图层并插入关键帧

选择素材文件

步骤3 单击"打开"按钮，即可将选择的素材文件导入至舞台中，并在"属性"面板中将"X"和"Y"设置为0。

导入素材文件并调整位置

步骤4 在"时间轴"面板中选择"图层6"图层第125帧，按F6键插入关键帧。

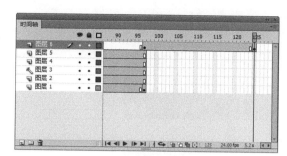

插入关键帧

步骤5 然后单击"新建图层"按钮，新建"图层7"图层，并选择第99帧，按F6键插入关键帧。

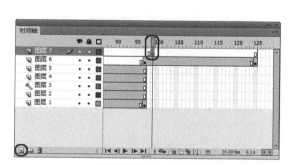

新建图层并插入关键帧

步骤6 按Ctrl+R快捷键，在弹出的对话框中选择随书附带光盘中的"CDROM\素材\第19章\少吃肉.png"素材文件。

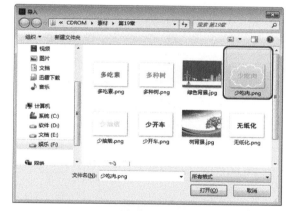

选择素材文件

步骤7 单击"打开"按钮，即可将选择的素材文件导入至舞台中。

导入的素材文件

步骤8 确认导入的素材文件处于选中状态，按F8键弹出"转换为元件"对话框，输入"名称"为"少吃肉"，将"类型"设置为"图形"。

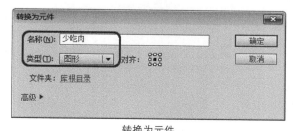

转换为元件

步骤9 单击"确定"按钮，即可将选择的素材文件转换为元件，然后在"属性"面板中将"X"和"Y"分别设置为61.5和40，将"样式"设置为"Alpha"，将"Alpha"值设置为0%。

步骤10 然后选择"图层7"图层第109帧，按F6键插入关键帧。

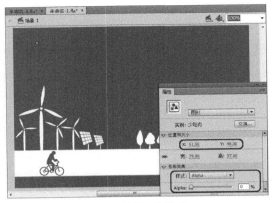

设置元件位置和样式

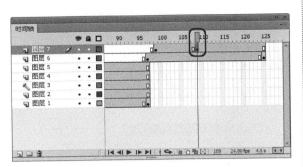

插入关键帧

步骤11 在舞台中选择图形元件，在"属性"面板中将"Y"设置为45，将"Alpha"值设置为50%。

步骤12 在"图层7"图层中选择第110帧，按F6键插入关键帧，并在舞台中选择元件，在"属性"面板中将"Y"设置为47，将"样式"设置为"无"。

设置元件位置和样式

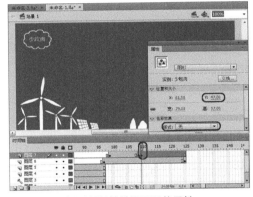

插入关键帧并设置元件属性

步骤13 然后在"图层7"图层的第105帧上单击鼠标右键，在弹出的快捷菜单中选择"创建传统补间"命令，即可创建传统补间动画。

步骤14 使用同样的方法，创建新图层，并制作其他动画。

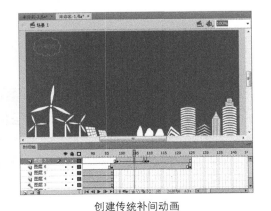

创建传统补间动画

新建图层并制作动画

步骤15 按Ctrl+F8快捷键，弹出"创建新元件"对话框，输入"名称"为"文字动画"，将"类型"设置为"影片剪辑"。

创建新元件

步骤16 单击"确定"按钮，即可进入影片剪辑元件编辑界面，然后在工具箱中选择"文本工具" 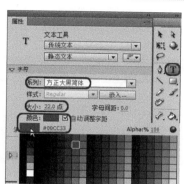 ，在"属性"面板中将"系列"设置为"方正大黑简体"，将"大小"设置为22点，将"颜色"值设置为"#00CC33"。

设置工具属性

步骤17 然后在舞台中输入文字，并选择输入的文字，在"属性"面板中将"X"和"Y"分别设置为-145.15和-14.55。

输入文字并设置位置

步骤18 在"时间轴"面板中选择第45帧，按F6键插入关键帧。

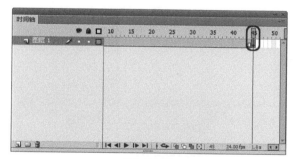

插入关键帧

步骤19 然后在"时间轴"面板中单击"新建图层"按钮 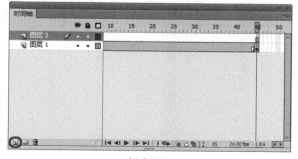 ，新建"图层2"图层。

新建图层

步骤20 在工具箱中选择"矩形工具" 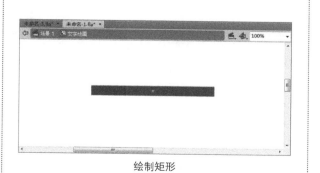 ，将"笔触颜色"设置为无，并在舞台中绘制矩形。

绘制矩形

步骤21 选择绘制的矩形，按F8键弹出"转换为元件"对话框，输入"名称"为"矩形"，将"类型"设置为"图形"。

步骤22 单击"确定"按钮，即可将选择的矩形转换为图形元件。然后在"属性"面板中将"X"和"Y"设置为−303.5和−2.05。

转换为元件

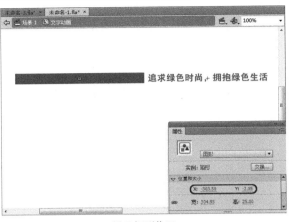

设置矩形位置

步骤23 在"时间轴"面板中选择"图层2"图层第35帧，按F6键插入关键帧，并在舞台中选择元件，在"属性"面板中将"X"和"Y"设置为−10.5和−2.05。

步骤24 在"时间轴"面板中选择"图层2"图层第15帧，并单击鼠标右键，在弹出的快捷菜单中选择"创建传统补间"命令，即可创建传统补间动画。

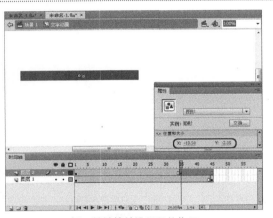

插入关键帧并设置元件位置

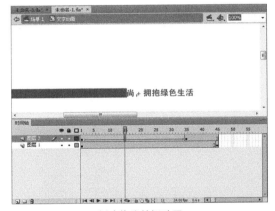

创建传统补间动画

步骤25 选择"图层2"图层第45帧，按F6键插入关键帧。

步骤26 然后按F9键，打开"动作"面板，并输入代码"stop();"。

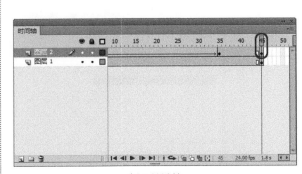

插入关键帧

输入代码

步骤27 在"图层2"图层上单击鼠标右键,在弹出的快捷菜单中选择"遮罩层"命令。

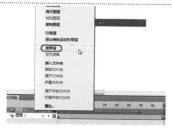

选择"遮罩层"命令

步骤28 即可将"图层2"图层转换为遮罩层。返回到"场景1"中,并在"时间轴"面板中单击"新建图层"按钮,新建"图层13"图层,然后选择第125帧,按F6键插入关键帧。

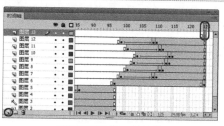

新建图层并插入关键帧

步骤29 在"库"面板中将"文字动画"影片剪辑元件拖曳至舞台中,并调整其位置。

将元件拖曳至舞台中

步骤30 确认"图层13"图层的第125帧处于选中状态,按F9键打开"动作"面板,并输入代码"stop();"。

输入代码

步骤31 然后按Ctrl+Enter快捷键测试影片。

测试影片

步骤32 测试完成后,在菜单栏中选择"文件I导出I导出影片"命令。

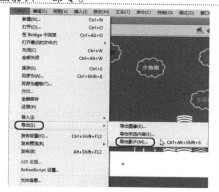

选择"导出影片"命令

步骤33 弹出"导出影片"对话框,选择导出路径,并输入"文件名"为"制作低碳环保宣传动画",单击"保存"按钮,即可导出影片。然后将场景文件保存。

导出影片对话框

19.2 贺卡

贺卡是人们在遇到喜庆的日期或事件的时候互相表示问候的一种卡片，人们通常赠送贺卡的日子包括生日、圣诞、元旦、春节、母亲节、父亲节、情人节等。贺卡上一般有一些祝福的话语，久而久之贺语就出现了程式化，讲究喜庆，互送吉语，传达人们对生活的热爱与憧憬。

19.2.1 制作贺卡

在信息时代发展的今天，贺卡种类越来越多，有静态图片的，也可以是动画的，甚至带有美妙的音乐。下面将介绍如何制作贺卡，其具体操作步骤如下。

步骤1 启动Flash CS6，按Ctrl+N快捷键，在弹出的对话框中选择"常规"选项卡，在"类型"列表框中选择"ActionScript 2.0"选项，将"宽"和"高"分别设置为440像素、330像素，将"帧频"设置为24fps，将"背景颜色"设置为"#666666"。

步骤2 设置完成后，单击"确定"按钮，按Ctrl+R快捷键，在弹出的对话框中选择随书附带光盘中的"CDROM\素材\第19章\背景1.jpg"素材文件。

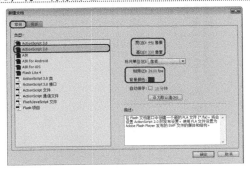

设置新建参数

选择素材文件

步骤3 单击"打开"按钮，在弹出的"Adobe Flash CS6"对话框中单击"否"按钮。

步骤4 选中导入的素材文件，按Ctrl+F3快捷键，在弹出的"属性"面板中将"宽"和"高"分别设置为440、330。

单击"否"按钮

设置素材的大小

步骤5 继续选中该素材文件，按F8键，在弹出的对话框中将"名称"设置为"背景1"，将"类型"设置为"图形"，将"对齐"设置为居中。

步骤6 设置完成后，单击"确定"按钮，在"时间轴"面板中选择"图层1"图层的第150帧，右击鼠标，在弹出的快捷菜单中选择"插入关键帧"命令。

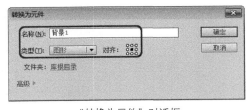

"转换为元件"对话框

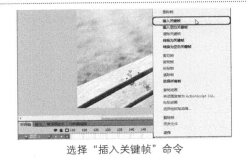

选择"插入关键帧"命令

步骤7 选择第150帧上的图形元件，在"属性"面板中将"样式"设置为"Alpha"，将"Alpha"设置为0%。

步骤8 再选择"图层1"图层的第130帧，按F6键插入一个关键帧。

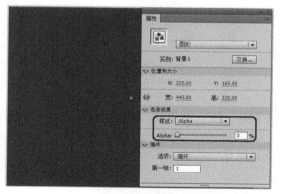

设置Alpha参数

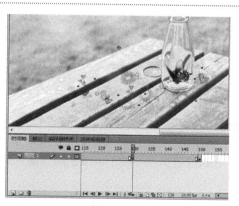

插入关键帧

步骤9 在第135帧上右击鼠标，在弹出的快捷菜单中选择"创建传统补间"命令。

步骤10 创建完成后，在菜单栏中选择"插入 | 新建元件"命令。

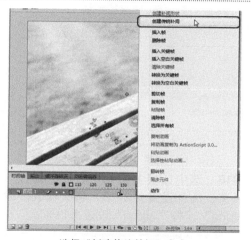

选择"创建传统补间"命令

选择"新建元件"命令

步骤11 在弹出的对话框中将"名称"设置为"小矩形动画"，将"类型"设置为"影片剪辑"。

步骤12 单击"确定"按钮，在工具箱中单击"矩形工具"，绘制一个矩形，在"属性"面板中将"填充颜色"设置为白色，将"笔触颜色"设置为无。

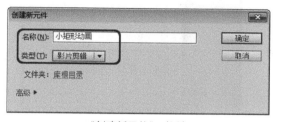

"创建新元件"对话框

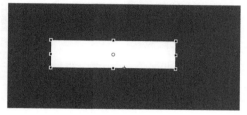

绘制矩形

步骤13 选中所绘制的矩形，在"属性"面板中将"X"、"Y"分别设置为-188.45、-26.5，将"宽"和"高"分别设置为376.95、53。

步骤14 确认该对象处于选中状态，按F8键，在弹出的对话框中将"名称"设置为"矩形"，将"类型"设置为"图形"。

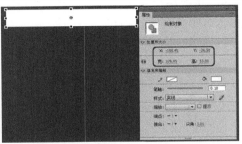

设置矩形的位置及大小

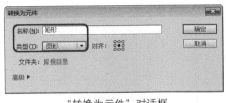

"转换为元件"对话框

步骤15 设置完成后,单击"确定"按钮,选中转换后的图形元件,在"属性"面板中将"X"、"Y"分别设置为-81.05、-79,将"宽"和"高"都设置为69。

步骤16 设置完成后,在"时间轴"面板中选择"图层1"图层的第260帧,右击鼠标,在弹出的快捷菜单中选择"插入帧"命令。

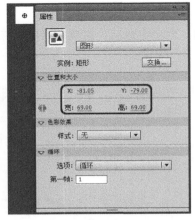

设置图形元件的位置及大小

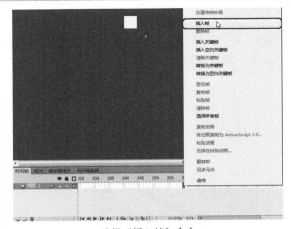

选择"插入帧"命令

步骤17 选择"图层1"图层的第9帧,右击鼠标,在弹出的快捷菜单中选择"插入关键帧"命令。

步骤18 选中该帧上的元件,在"属性"面板中将宽、高都设置为22.8,将"样式"设置为"Alpha",将"Alpha"设置为11%。

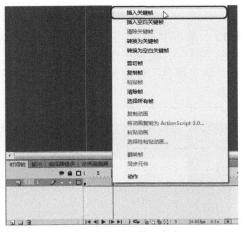

选择"插入关键帧"命令

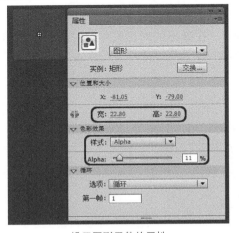

设置图形元件的属性

步骤19 再在"时间轴"面板中选择"图层1"图层的第10帧,按F6键插入一个关键帧,选中该帧上的元件,在"属性"面板中将"宽"、"高"都设置为17.5,将"Alpha"设置为0%。

步骤20 在第5帧上右击鼠标,在弹出的快捷菜单中选择"创建传统补间"命令。

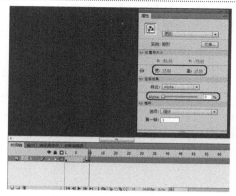

设置元件的大小及Alpha参数

选择"创建传统补间"命令

步骤21 在"时间轴"面板中单击"新建图层"按钮，新建"图层2"，按Ctrl+L快捷键，在"库"面板中选择"矩形"图形元件，按住鼠标将其拖曳至舞台中。

步骤22 选中添加的元件，在"属性"面板中将"X"、"Y"分别设置为−81.05、−10，将"宽"和"高"都设置为69。

步骤23 选择"图层2"图层的第9帧，按F6键添加一个关键帧，选中该帧上的元件，在"属性"面板中将"宽"、"高"都设置为22.8，将"样式"设置为"Alpha"，将"Alpha"设置为11%。

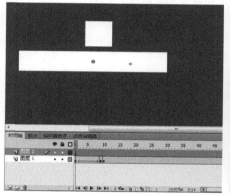

添加元件

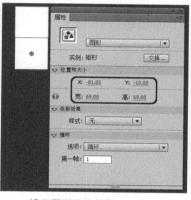

设置图形元件的位置及大小

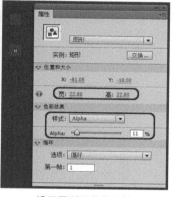

设置图形元件的属性

步骤24 再在"时间轴"面板中选择"图层2"图层的第10帧，按F6键插入一个关键帧，选中该帧上的元件，在"属性"面板中将"宽"、"高"都设置为17.5，将"Alpha"设置为0 %。

步骤25 在"图层2"图层中选择第5帧，然后右击鼠标，在弹出的快捷菜单中选择"创建传统补间"命令。

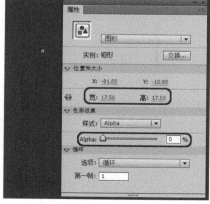

设置图形元件的大小和Alpha参数

选择"创建传统补间"命令

步骤26 使用同样的方法新建其他图层，并创建传统补间动画。在"时间轴"面板中再新建一个图层，在第260帧处插入一个关键帧，按F9键打开"动作"面板，然后输入"stop();"。

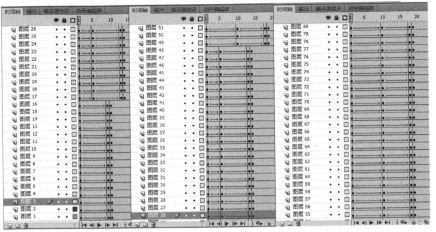

使用同样的方法创建其他补间动画

步骤27 设置完成后，返回至"场景1"中，在"时间轴"面板中单击"新建图层"按钮，新建"图层2"图层，按Ctrl+L快捷键，在弹出的面板中选择"小矩形动画"影片剪辑元件，按住鼠标将其拖曳至舞台中。

步骤28 继续选中该元件，在"属性"面板中将"X"和"Y"分别设置为248.2、67，将"宽"和"高"分别设置为459.6、365.6。

将影片剪辑元件拖曳至舞台中

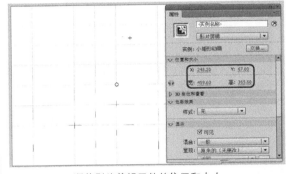

调整影片剪辑元件的位置和大小

步骤29 在"时间轴"面板中选择"图层2"图层中的第29帧，右击鼠标，在弹出的快捷菜单中选择"插入空白关键帧"命令。

步骤30 在菜单栏中选择"插入 | 新建元件"命令，在弹出的对话框中将"名称"设置为"文字动画1"，将"类型"设置为"影片剪辑"。

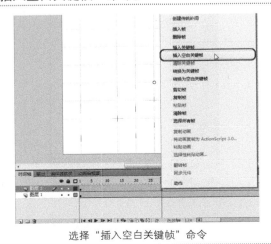

选择"插入空白关键帧"命令

"创建新元件"对话框

步骤31 设置完成后，单击"确定"按钮，在工具箱中单击"文本工具" T ，在舞台中单击鼠标，在弹出的文本框中输入文字。

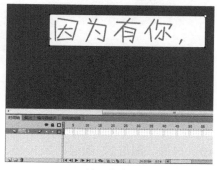

输入文字

步骤32 选中输入的文字，在"属性"面板中将"X"、"Y"都设置为0，将"系列"设置为"汉仪娃娃篆简"，将"大小"设置为24，将"颜色"设置为黑色。

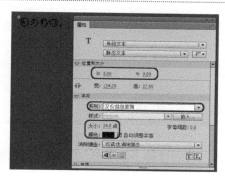

设置文字属性

步骤33 在"时间轴"面板中选择"图层1"图层的第70帧，右击鼠标，在弹出的快捷菜单中选择"插入帧"命令。

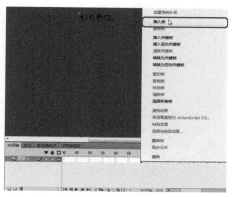

选择"插入帧"命令

步骤34 在"时间轴"面板中单击"新建图层"按钮，新建"图层2"图层，在工具箱中选择"矩形工具"，在舞台中绘制一个矩形。

绘制矩形

步骤35 选中绘制的矩形，在"属性"面板中将"宽"和"高"分别设置为122、34，将"填充颜色"设置为白色。

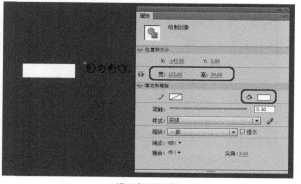

设置矩形属性

步骤36 选中该矩形，按F8键，在弹出的对话框中将"名称"设置为"矩形遮罩1"，将"类型"设置为"图形"。

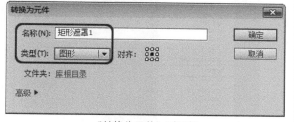

"转换为元件"对话框

步骤37 设置完成后，单击"确定"按钮，选中该元件，在"属性"面板中将"X"、"Y"分别设置为-60、14。

步骤38 在"时间轴"面板中选择"图层2"图层中的第41帧，按F6键插入一个关键帧。

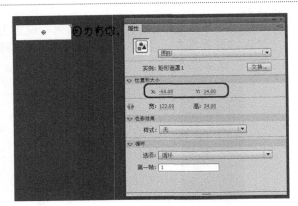

调整元件的位置

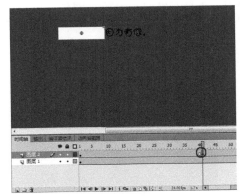

插入关键帧

步骤39 选择该帧上的元件，在"属性"面板中将"X"、"Y"分别设置为58、14。

步骤40 选择"图层2"图层的第10帧，右击鼠标，在弹出的快捷菜单中选择"创建传统补间"命令。

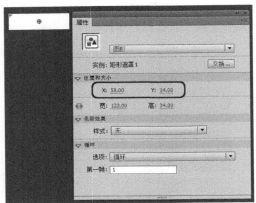

设置元件的位置

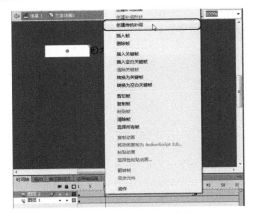

选择"创建传统补间"命令

步骤41 在"时间轴"面板中选择"图层2"图层，在该图层上右击鼠标，在弹出的快捷菜单中选择"遮罩层"命令，将其设置为遮罩层。

步骤42 再在"时间轴"面板中单击"新建图层"按钮，新建"图层3"图层，在第46帧上按F7键，插入一个空白关键帧，在工具箱中选择"文字工具"，在舞台中选择鼠标左键，在弹出的文本框中输入文字。

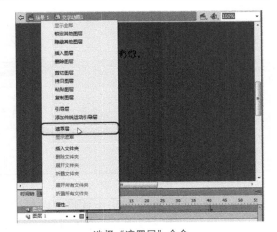

选择"遮罩层"命令

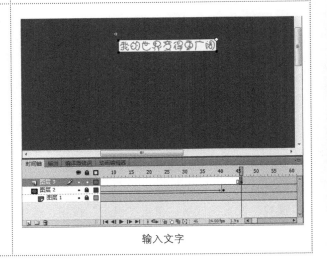

输入文字

步骤43　选中输入的文字，在"属性"面板中将"X"、"Y"分别设置为1、28，将"颜色"设置为黑色。

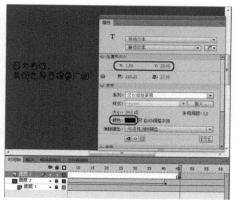

设置文字属性

步骤44　在"时间轴"面板中单击"新建图层"按钮，新建"图层4"图层，在第46帧处按F7键，插入一个空白关键帧。

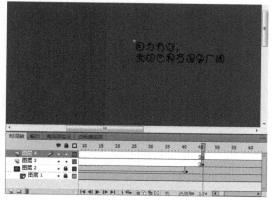

新建图层并插入空白关键帧

步骤45　按Ctrl+L快捷键，在弹出的"库"面板中选择"矩形遮罩1"图形元件，按住鼠标将其拖曳至舞台中。

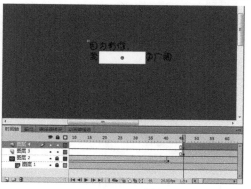

添加图形元件

步骤46　选中该元件，在"属性"面板中将"X"、"Y"分别设置为113.85、42，将"宽"和"高"分别设置为228、2。

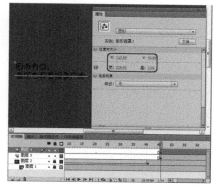

设置图形元件的位置及大小

步骤47　选择"图层4"图层的第70帧，按F6键插入一个关键帧，选择该帧上的元件，在"属性"面板中将"高"设置为25.2。

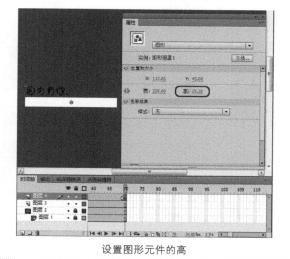

设置图形元件的高

步骤48　在"时间轴"面板中选择"图层4"图层的第60帧，右击鼠标，在弹出的快捷菜单中选择"创建传统补间"命令。

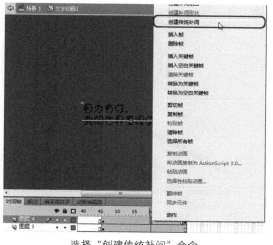

选择"创建传统补间"命令

步骤49 再在"图层4"图层上右击鼠标，在弹出的快捷菜单中选择"遮罩层"命令。

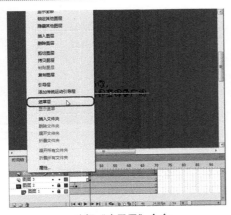

选择"遮罩层"命令

步骤50 在"时间轴"面板中单击"新建图层"按钮，新建"图层5"图层，选择该图层的第70帧，按F6键插入一个关键帧。

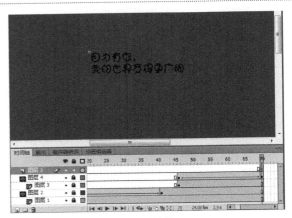

插入关键帧

步骤51 选中该关键帧，按F9键，在弹出的"动作"面板中输入代码。

输入代码

步骤52 将该面板关闭，返回至"场景1"中，在"时间轴"面板中新建图层，并在第29帧处插入关键帧。

新建图层并插入关键帧

步骤53 在"库"面板中选择"文字动画1"影片剪辑元件，按住鼠标将其拖曳至舞台中。

添加影片剪辑元件

步骤54 选中该元件，在"属性"面板中将"X"、"Y"分别设置为11.85、51.15。

调整元件的位置

步骤55 选择"图层3"图层的第130帧,按F6键插入一个关键帧,然后再选择该图层的第150帧,按F6键插入一个关键帧。

插入关键帧

步骤56 选择"图层3"图层的第150帧上的元件,在"属性"面板中将"样式"设置为"Alpha",将"Alpha"设置为0%。

设置Alpha参数

步骤57 再在"图层3"图层上选择第140帧,右击鼠标,在弹出的快捷菜单中选择"创建传统补间"命令。

选择"创建传统补间"命令

步骤58 在"时间轴"面板中单击"新建图层"按钮,新建"图层4",选择该图层的第29帧,按F6键插入关键帧。

插入关键帧

步骤59 按Ctrl+O快捷键,在弹出的对话框中选择随书附带光盘中的"CDROM\素材\第19章\小球运动.fla"素材文件。

选择素材文件

步骤60 单击"打开"按钮,在打开的素材文件中打开"库"面板,在该面板中选择"小球运动"影片剪辑元件,右击鼠标,在弹出的快捷菜单中选择"复制"命令。

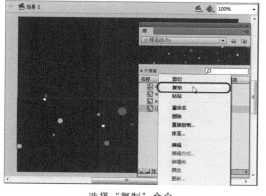

选择"复制"命令

步骤61 返回至前面所制作的场景中，在"库"面板中右击鼠标，在弹出的快捷菜单中选择"粘贴"命令。

步骤62 打开"库"面板，按住鼠标将其拖曳至舞台中，选中该元件，在"属性"面板中将"X"、"Y"分别设置为0.25、190.05，将"宽"和"高"分别设置为617.15、136.3。

选择"粘贴"命令

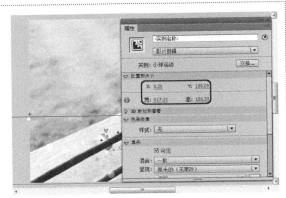

设置元件的位置及大小

步骤63 在"时间轴"面板中选择该图层的第130帧，按F6键插入一个关键帧，再在第150帧处按F6键，再插入一个关键帧。

步骤64 选中第150帧上的元件，在"属性"面板中将"样式"设置为"Alpha"，将"Alpha"设置0%。

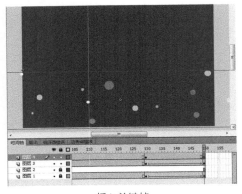

插入关键帧

设置Alpha值

步骤65 在第140帧上右击鼠标，在弹出的快捷菜单中选择"创建传统补间"命令。

步骤66 使用同样的方法创建其他对象，并为其进行相应的设置。

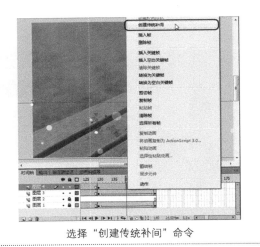

选择"创建传统补间"命令

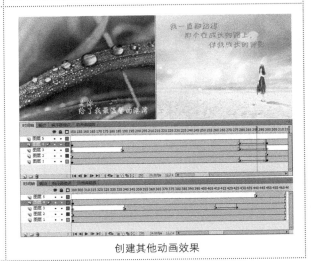

创建其他动画效果

19.2.2 制作重新播放按钮

下面将介绍如何制作重新播放按钮，其具体操作步骤如下。

步骤1 在"时间轴"面板中单击"新建图层"按钮，新建"图层6"图层，选择第442帧，按F6键插入一个关键帧。

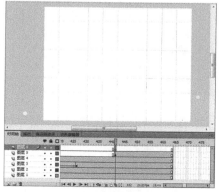

插入关键帧

步骤2 按Ctrl+F8快捷键，在弹出的对话框中将"名称"设置为"按钮"，将"类型"设置为"按钮"。

选择素材文件

步骤3 单击"确定"按钮，再次按Ctrl+F8快捷键，在弹出的对话框中将"名称"设置为"Replay"，将"类型"设置为"图形"。

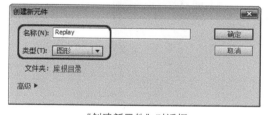

"创建新元件"对话框

步骤4 设置完成后，单击"确定"按钮，在工具箱中选择"文本工具" ，在舞台中单击鼠标，并在弹出的文本框中输入文字。

输入文字

步骤5 选中输入的文字，在"属性"面板中将"系列"设置为"汉仪娃娃篆简"，将"大小"设置为24，将"颜色"值设置为"#FF6699"。

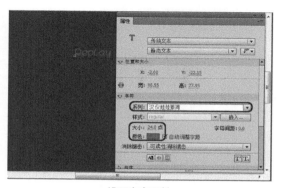

设置文字属性

步骤6 设置完成后，在"库"面板中双击"按钮"元件，然后再在"库"面板中选择"Replay"图形元件，按住鼠标将其拖曳至舞台中，并调整其位置。

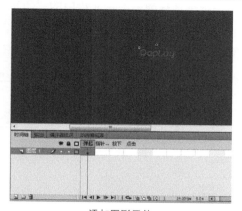

添加图形元件

步骤7 在"时间轴"面板中选择"图层1"图层的指针经过帧，按F6键插入一个关键帧。

步骤8 选中该帧上的元件，在"属性"面板中将"样式"设置为"高级"，然后设置其参数。

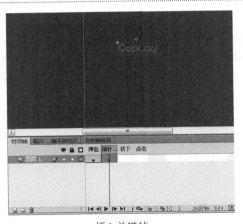

插入关键帧   设置样式及参数

步骤9 再在"时间轴"面板中选择按下帧，按F5键插入帧。

步骤10 返回至"场景1"中，将按钮元件拖曳至舞台中，并调整其位置。

步骤11 选中该按钮元件，按F9键打开"动作"面板，在该面板中输入代码。

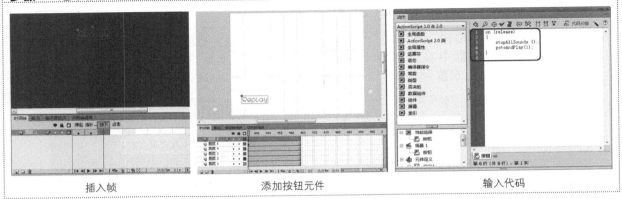

插入帧   添加按钮元件   输入代码

19.2.3 添加音乐并输入代码

下面将介绍如何添加音乐并输入代码，其具体操作步骤如下。

步骤1 在"时间轴"面板中单击"新建图层"按钮，新建"图层7"图层，按Ctrl+R快捷键，在弹出的对话框中选择随书附带光盘中的"CDROM\素材\第19章\背景音乐.mp3"素材文件。

步骤2 单击"打开"按钮，在"库"面板中选择导入的音频文件，按住鼠标将其拖曳至舞台中。

选择音频文件

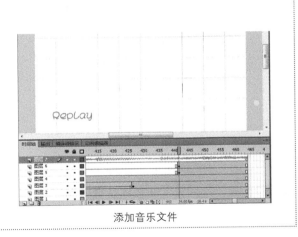

添加音乐文件

步骤3　在"时间轴"面板中单击"新建图层"按钮，新建"图层8"图层，选择第464帧，按F6键插入一个关键帧。

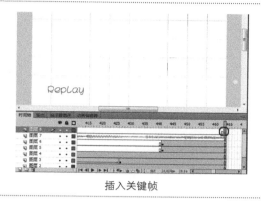

插入关键帧

步骤4　按F9键打开"动作"面板，在该面板中输入代码。对完成后的场景进行保存。

输入代码

|19.3| 房产广告片头

本案例主要介绍常见的广告片头，企业可以通过这种宣传方式，让更多的客户熟知该企业的创业理念，吸引更多人们的眼球，为宣传大大节省了时间、人力和投资。

19.3.1　导入素材文件

在制作动画之前，首先应该将需要用到的素材文件导入到"库"面板中，这样就一次性节省了更多的时间，导入素材文件的步骤如下。

步骤1　启动Flash CS6软件，在欢迎界面中选择"新建"列表框中的"ActionScript 2.0"选项。

选择"ActionScript2.0"选项

步骤2　新建一个空白的Flash文档，在菜单栏中选择"修改|文档"命令。

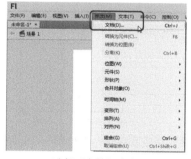

选择"文档"命令

步骤3　弹出"文档设置"对话框，在该对话框中将"尺寸"设置为767像素×390像素，将"背景颜色"设置为"#FDF6E4"，将"帧频"设置为12。

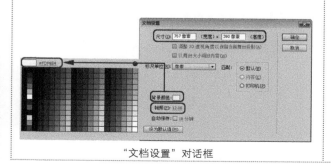

"文档设置"对话框

步骤4　设置完成后单击"确定"按钮，在菜单栏中选择"文件|导入|导入到库"命令。

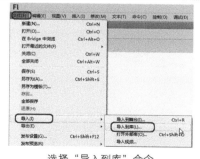

选择"导入到库"命令

步骤5 弹开"导入到库"对话框,在该对话框中选择随书附带光盘中的"CDROM\素材\第19章"中的"花纹1.png"、"花纹2.png"、"健身器材.jpg"、"楼房1.jpg"、"楼房2.jpg"、"绿化.jpg"、"盛世名豪.png"、"图片1.jpg"素材文件。

步骤6 单击"打开"按钮,即可将选择的素材文件导入到"库"面板中。

"导入到库"对话框

"库"面板

19.3.2 制作进度条

动画在观看前都会比较慢,一般是以进度条的形式来反映动画加载的速度,下面将制作一个虚拟的进度条动画。

步骤1 按Ctrl+F8快捷键,弹出"创建新元件"对话框,在该对话框中将其重命名为"进度条",将"类型"设置为"影片剪辑"。

步骤2 单击"确定"按钮,即可创建一个空白的影片剪辑元件,在工具箱中选择"矩形工具",打开"属性"面板,在该面板中将"笔触颜色"设置为"#00CCFF",将"填充颜色"设置为"#FFCC33",将"笔触"设置为3。

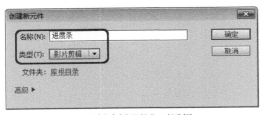

"创建新元件"对话框

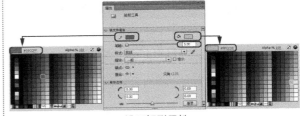

设置矩形属性

步骤3 设置完成后在舞台中绘制一个矩形图形,将其调整至中心位置,确认绘制的图形处于被选中的状态下,按Ctrl+B快捷键将其打散,在舞台中选择橘黄色的矩形条,按Ctrl+X快捷键将其剪切,然后在"时间轴"面板中新建一个图层,按Ctrl+Shift+V快捷键粘贴。

步骤4 选择"图层1"图层,在第25帧位置按F5插入帧,锁定该图层,选择"图层2"图层,选择第1帧至第25帧,按F6插入关键帧。

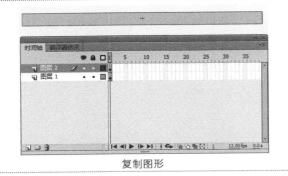

复制图形

插入关键帧

步骤5 选择"图层2"图层的第1帧，使用"选择工具" 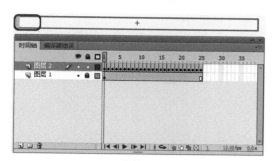，选择部分图形形状，按Delete键将其删除。

步骤6 使用同样的方法设置其他帧上的矩形形状，新建"图层3"图层，在第25帧位置按F6键插入关键帧，按F9键，在打开的"动作"面板中输入"stop();"。

删除矩形

输入代码

步骤7 返回到"场景1"，在"时间轴"面板中选择"图层1"图层，将其重命名为"进度条"。在"库"面板中选择"进度条"影片剪辑元件，将其拖曳至舞台中，并将其调整至合适的位置。

步骤8 选择该图层的第25帧，按F6插入关键帧，然后选择第30帧，再次插入关键帧，在该帧选择舞台中的对象，打开"属性"面板，将"样式"设置为"Alpha"，将其"Alpha"值设置为0%。

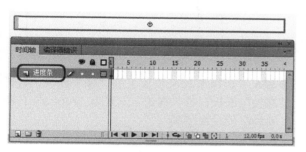

重命名图层

设置元件的Alpha值

步骤9 选择第25帧至第30帧之间的任意一帧，单击鼠标右键，在弹出的快捷菜单中选择"创建传统补间"命令。

步骤10 按Ctrl+Enter快捷键测试影片效果。

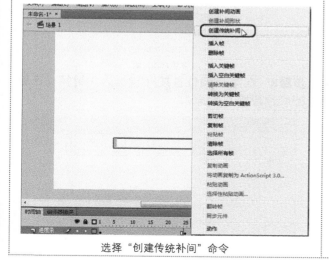

选择"创建传统补间"命令

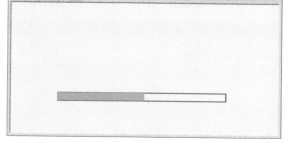

测试效果

19.3.3 制作文字效果

用文字来直接表达动画的中心思想，是每个动画都具备的，下面将简单地制作该动画的文字动画效果。

步骤1 新建一个图层，并将其重命名为"线条"，在该图层的第30帧位置插入关键帧。

步骤2 在工具箱中选择"线条工具" ，打开"属性"面板，将"笔触颜色"设置为黑色，将"笔触"设置为2。

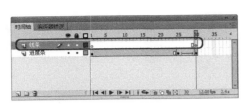

新建图层并插入关键帧

设置线条属性

步骤3 设置完成后在舞台中绘制一条直线，并将其调整至合适的位置。

步骤4 选择该线条，按F8键弹出"转换为元件"对话框，在该对话框中将其重命名为"线"，将"类型"设置为"图形"。

绘制线条

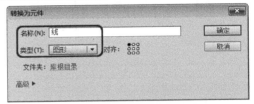

"转换为元件"对话框

步骤5 设置完成后单击"确定"按钮，在该图层的第37帧位置插入关键帧，在舞台中调整线条的位置。

步骤6 选择第30帧位置上的"线"元件，打开"属性"面板，将"样式"设置为"Alpha"，将"Alpha"值设置为0%。

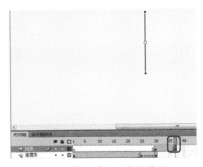

调整"线"元件的位置

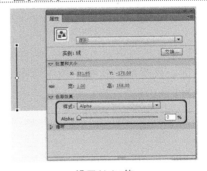

设置Alpha值

步骤7 选择第30帧至第37帧之间的任意一帧，为其创建传统补间动画。

步骤8 在第75帧位置按F6键插入关键帧、在第85帧位置插入关键帧。

创建传统补间动画

插入关键帧

步骤9 在舞台中选择第85帧位置的对象，打开"属性"面板，在该面板中将其"样式"设置为"Alpha"，将其"Alpha"值设置为0%。

步骤10 设置完成后在第75帧至第85帧之间创建传统补间动画。

设置Alpha值

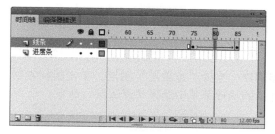

创建传统补间动画

步骤11 新建一个图层，并将其重命名为"沁园城府"，在该图层的第37帧位置插入关键帧。

步骤12 在工具箱中选择"文本工具" T，打开"属性"面板，将文本方向设置为"垂直"方向，将"系列"设置为"方正行楷简体"，将"大小"设置为45点，将"颜色"设置为黑色。

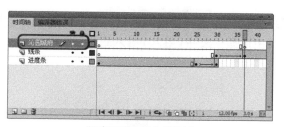

新建图层并插入关键帧

设置文本属性

步骤13 设置完成后在舞台中输入文本信息，并选择输入的文本信息，按F8键弹出"转换为元件"对话框，将其重命名为"沁园城府"，将"类型"设置为"图形"。

步骤14 设置完成后单击"确定"按钮，在第45帧位置按F6键插入关键帧，在舞台中调整对象至合适的位置。

"转换为元件"对话框

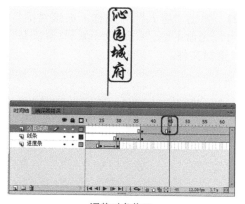

调整对象位置

步骤15 在第37帧至第45帧之间创建传统补间动画，然后新建一个图层，并将其重命名为"遮罩层"。

步骤16 在工具箱中选择"矩形工具" □，将"笔触颜色"设置为无，将"填充颜色"设置为任意颜色，在舞台中绘制一个矩形。

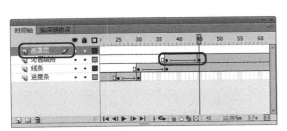

新建图层

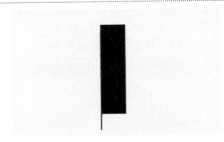

绘制矩形

步骤17 选择"遮罩层"图层,单击鼠标右键,在弹出的快捷菜单中选择"遮罩层"命令。

步骤18 使用同样的方法,制作其他文字的遮罩效果。

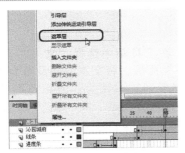

选择"遮罩层"命令

制作遮罩效果

步骤19 按Ctrl+F8快捷键,弹出"创建新元件"对话框,将"名称"设置为花,将"类型"设置为"影片剪辑"。

步骤20 设置完成后单击"确定"按钮,在菜单栏中选择"文件 | 导入 | 导入到舞台"命令。

"创建新元件"对话框

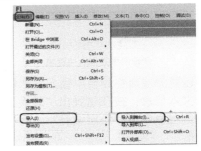

选择"导入到舞台"命令

步骤21 弹出"导入"对话框,在该对话框中选择随书附带光盘中的"CDROM\素材\第19章\花\001.png"素材文件。

步骤22 单击"打开"按钮,此时会弹出一个提示对话框,在该对话框中单击"是"按钮。

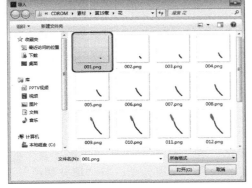

"导入"对话框

提示对话框

步骤23 在最后一帧添加动作，输入代码"stop();"，返回"场景1"，新建一个图层，并将其重命名为"花"，在第50帧位置按F6键插入关键帧。

步骤24 在"库"面板中选择"花"影片剪辑元件，将其拖曳至舞台中，调整至合适的位置。

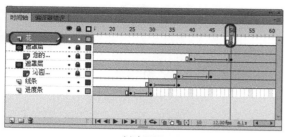

创建图层

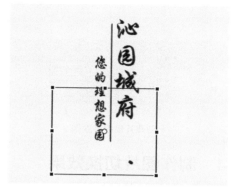

添加元件

步骤25 在工具箱中选择"任意变形工具" 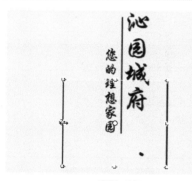，按住Shift键的同时将对象水平翻转。至边框与边框重合后释放鼠标。

步骤26 调整该元件的大小、旋转角度等。

翻转对象

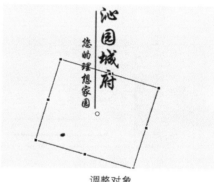

调整对象

步骤27 按住Ctrl键的同时分别选择"花"图层、"您的理想家园"图层、"沁园城府"图层的第75帧，按F6键插入关键帧。

步骤28 然后选择"沁园城府"图层的第85帧，在舞台中选择该帧的对象，将其"Alpha"值设置为0%。并在第75帧至第85帧之间创建传统补间动画。

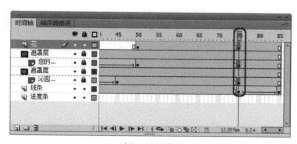

插入关键帧

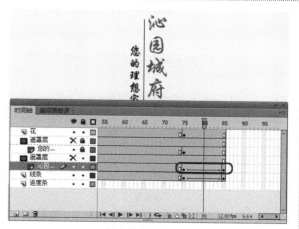

创建传统补间动画

步骤29 使用同样的方法设置其他图层的Alpha值并为其添加传统补间动画。

步骤30 按Ctrl+Enter快捷键测试影片效果。

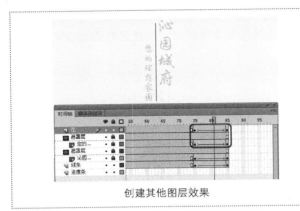

创建其他图层效果

测试效果

19.3.4 制作图片切换效果

下面将简单介绍一下图片切换效果的制作方法。

步骤1 新建图层并将其重命名为"楼房1"，在第85帧位置插入关键帧，打开"库"面板，在该面板中选择"楼房1.jpg"素材文件，将其拖曳至舞台中，并在"属性"面板中将X轴位置和Y轴位置设置为0。

步骤2 确认舞台中的对象处于被选择的状态下，按F8键，在弹出的对话框中将其重命名为"楼房1"，将"类型"设置为"图形"。

设置素材属性

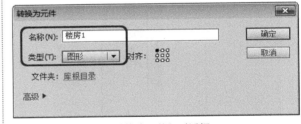

"转换为元件"对话框

步骤3 设置完成后单击"确定"按钮，然后在舞台中选择"楼房1"元件，打开"属性"面板，将"样式"设置为"高级"，将"红"、"绿"、"蓝"均设置为0，将"xR"设置为135，将"xG"设置为204，将"xB"设置为132。

步骤4 在该图层的第95帧位置按F6键插入关键帧，在舞台中选择对象，打开"属性"面板，将"样式"设置为"高级"，将"红"、"绿"、"蓝"均设置为100，将"xR"设置为125，将"xG"设置为125，将"xB"设置为55。

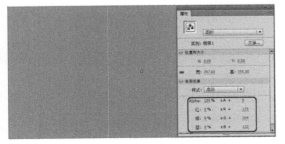

设置属性

设置属性

步骤5 在该图形的第105帧位置按F6键插入关键帧，在舞台中选择对象，打开"属性"面板，将"样式"设置为"高级"，将"xR"设置为16，将"xG"设置为8，将"xB"设置为3。

步骤6 设置完成后分别在第85帧至第95帧之间、第95帧至第105帧之间创建传统补间动画。

设置属性

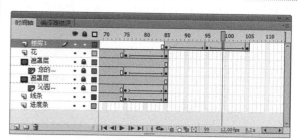

创建传统补间动画

步骤7　在该图层的第220帧按F6键插入关键帧，新建一个图层并将其重命名为"临"，在第105帧按F6键插入关键帧。

步骤8　在工具箱中选择"文本工具" ，打开"属性"面板，在该面板中将"系列"设置为"汉仪楷体简"，将"大小"设置为30，将"颜色"设置为黑色。

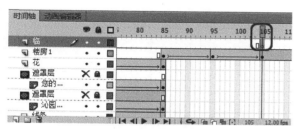

"创建新元件"对话框

设置文本属性

步骤9　设置完成后在舞台中输入文本信息，并将其调整至合适的位置，按F8键，在弹出的"转换为元件"对话框中将其重命名为"临"。

步骤10　设置完成后单击"确定"按钮，在第113帧位置插入关键帧。

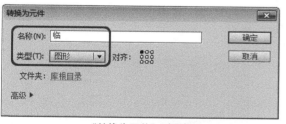

"转换为元件"对话框

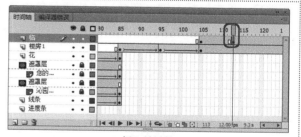

插入关键帧

步骤11　选择第105帧位置的文本元件，在"属性面板"中将"Alpha"值设置为0%，将其调整大小及位置。

步骤12　在第105帧至第113帧之间创建传统补间动画。

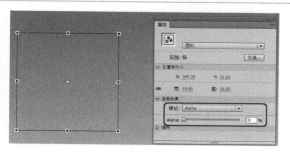

调整元件

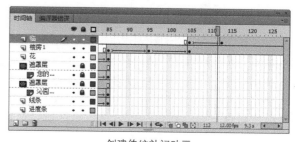

创建传统补间动画

步骤13 使用同样的方法制作其他文字动画效果。

步骤14 选择"临"图层至"园"图层的第140帧。按F6键插入关键帧。

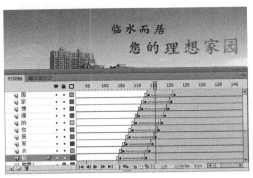

创建其他文字动画

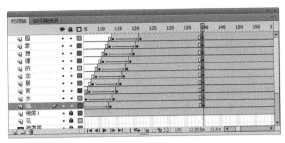

选择帧

步骤15 选择第150帧，按F6键插入关键帧，在舞台中选择全部的文字信息，打开"属性"面板，在该面板中将"Alpha"值设置为0%。并将其调整至舞台右侧。

步骤16 选择关键帧之间的所有帧。

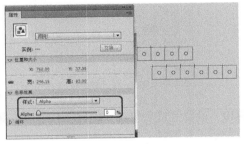

设置元件属性

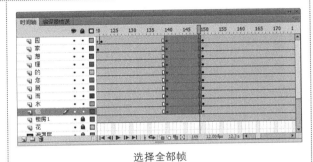

选择全部帧

步骤17 单击鼠标右键，在弹出的快捷菜单中选择"创建传统补间"命令，为其添加补间动画。

步骤18 选择第150帧至第220帧之间的所有帧，单击鼠标右键，在弹出的快捷菜单中选择"删除帧"命令。

创建传统补间动画

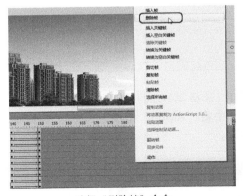

选择"删除帧"命令

步骤19 在"楼房1"图层的第150帧位置按F6键插入关键帧，按Ctrl+F8快捷键，在弹出的对话框中将其重命名为"动画"，将"类型"设置为"影片剪辑"。

步骤20 单击"确定"按钮，创建一个空白的影片剪辑元件，将舞台颜色设置为黑色，在工具箱中选择"线条工具" ，将"笔触颜色"设置为白色，将"笔触"设置为1.5。

"创建新元件"对话框

设置线条属性

步骤21 设置完成后在舞台中绘制一条线条，确认绘制的线处于被选择的状态下，按F8键，在弹出的对话框中将其重命名为"线2"，将"类型"设置为"图形"。

步骤22 设置完成后单击"确定"按钮，在"图层1"图层中选择第10帧，按F6键插入关键帧，在舞台中移动线元件的位置。

"转换为元件"对话框

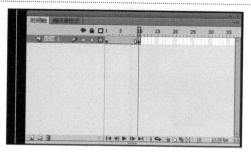

插入关键帧并调整对象位置

步骤23 选择第1帧位置的对象，在"属性"面板中将"Alpha"设置为0%。

步骤24 为第1帧至第10帧创建传统补间动画，在第80帧位置插入帧，新建"图层2"图层，在第10帧位置插入关键帧，在"库"面板中选择"图片1.jpg"素材文件，将其拖曳至舞台中，打开"属性"面板，在"位置和大小"选项区中将"宽"设置为258，将"高"设置为393.1，并将其调整至合适的位置。

设置Alpha值

设置素材属性

步骤25 将其转换为图形元件，确认该元件处于被选择的状态下，打开"属性"面板，将"样式"设置为"高级"，将"Alpha"设置为0%，将"xR"设置为125，将"xG"设置为139，将"xB"设置为255。

步骤26 在第20帧位置插入关键帧，在"属性"面板中将"Alpha"设置为100%，将"xR"设置为23，将"xG"设置为100，将"xB"设置为−63。

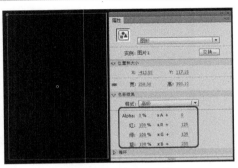

设置第10帧位置的属性

设置第20帧位置的属性

步骤27 在第27帧位置插入关键帧，在"属性"面板中将"xR"设置为11，将"xG"设置为13，将"xB"设置为23。

步骤28 设置完成后分别在第10帧至第20帧之间、第20帧至第27帧之间创建传统补间动画。

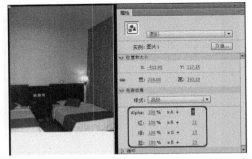

设置第27帧位置的属性

创建传统补间动画

步骤29 使用同样的方法制作其他图片的动画效果，制作完成后观察其效果。

步骤30 返回"场景1"，选择"楼房1"图层的第230帧，按F6键插入关键帧，选择该帧位置的对象，在"属性"面板中将"Alpha"值设置为0%。

完成后的效果

"属性"面板

步骤31 在第220帧至第230帧之间创建传统补间动画。然后选择"园"图层，新建一个图层，并将其重命名为"动画"。

步骤32 选择"动画"图层的第150帧，按F6键插入关键帧，在"库"面板中将"动画"影片剪辑元件拖曳至舞台中并将其调整至合适的位置。

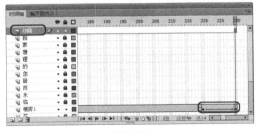

新建图层

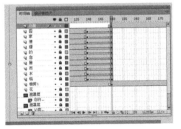

添加元件

步骤33 将该图层的第225帧至第230帧删除，新建一个图层并将其重命名为"楼房2"，在第225帧位置按F6键插入关键帧。在"库"面板中选择"楼房2.jpg"素材文件，将其拖曳至舞台中，并调整至合适的位置。

步骤34 确认添加的素材文件处于被选择的状态下，将其转换为"楼房2"图形元件，打开"属性"面板，在该面板中将"Alpha"值设置为0%。

添加对象

设置对象属性

步骤35 设置完成后在该图层的第235帧位置插入关键帧，在舞台中选择对象，在"属性"面板中将"样式"设置为"高级"，将"Alpha"设置为100%，将"xR"设置为255，将"xG"设置为190，将"xB"设置为97。

步骤36 在该图层的第245帧位置插入关键帧，在舞台中选择对象，在"属性"面板中将"Alpha"设置为100%，将"xR"设置为41，将"xG"设置为30，将"xB"设置为16。

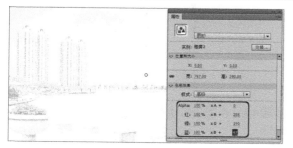

设置第235帧时的属性

设置第245帧时的属性

步骤37 在该图层的第255帧位置插入关键帧，在舞台中选择对象，在"属性"面板中将"Alpha"设置为100%，将"xR"设置为26，将"xG"设置为19，将"xB"设置为10。

步骤38 分别在第225帧至第235帧之间、第235帧至第245帧之间、第245帧至第255帧之间创建传统补间动画。

设置第355帧时的属性

创建传统补间动画

步骤39 新建一个图层并将其重命名为"文字"，在第255帧位置插入关键帧，设置与前面文字信息同样的属性，在舞台中输入文本信息。并将其调整至合适的位置。

步骤40 选择输入的文本信息，打开"动画预设"面板。在该面板的"默认预设"选项区中，选择"从左边模糊飞入"预设动画。

输入文本信息

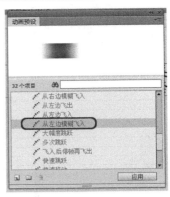

选择"从左边模糊飞入"选项

步骤41 单击"应用"按钮，即可为其添加一个动画，适当地调整动画的位置及长度。

步骤42 选择第269帧位置的文字信息，按Ctrl+C快捷键复制文本信息。新建一个图层并将其重命名为"文字2"，在第270帧位置插入关键帧，按Ctrl+Shift+V快捷键粘贴复制的文本信息。

添加预设动画

复制文本

步骤43 在该图层的第280帧位置插入关键帧，在舞台中选择文本信息，并将其转换为"文本2"图形元件，在第285帧位置插入关键帧，在"属性"面板中将"Alpha"值设置为0%，并将其调整至合适的位置。

步骤44 在第280帧至第285帧之间创建传统补间动画。

设置Alpha值

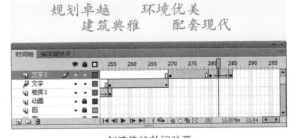

创建传统补间动画

步骤45 选择"楼房2"图层，在第280帧处按F6键插入关键帧，然后再在第285帧位置插入关键帧，在舞台中选择对象，将其"Alpha"值设置为0%。

步骤46 在第280帧至第285帧之间创建传统补间动画。新建图层并将其重命名为"盛世名豪"，并在第285帧位置插入关键帧，在"库"面板中选择"盛世名豪.png"素材文件，将其拖曳至舞台中，并调整至合适的位置。在第350帧位置插入帧。

设置Alpha值

添加素材

步骤47 新建一个图层并将其重命名为"遮罩层"，在第285帧位置插入关键帧，在舞台中绘制一个形状。颜色随意。

步骤48 选择绘制的形状，将其转换为"遮罩"图形元件，在第300帧插入关键帧，将"遮罩"图形元件调整至合适的位置。

绘制矩形

调整元件位置

步骤49 在第301帧位置按F7键插入空白关键帧，在舞台中绘制一个矩形。

步骤50 在第320帧位置插入关键帧，使用"任意变形工具" ，调整矩形的大小。

转换元件

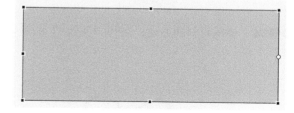

调整矩形大小

步骤51 在第285帧至第300帧之间创建传统补间动画，在第301帧至第320帧之间创建补间形状动画。

步骤52 将"遮罩层"设置为遮罩层，新建一个图层并将其重命名为"花纹1"，并在第320帧位置插入关键帧，在"库"面板中选择"花纹1.png"素材文件，将其添加至舞台中并调整至合适的位置。

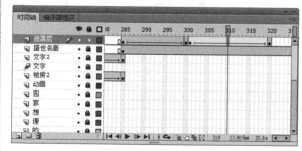

创建补间动画

添加素材文件

步骤53 按Ctrl+B快捷键将其打散，选择第320帧至第335帧，按F6键插入关键帧。

步骤54 选择第320帧，使用橡皮擦擦除多余的内容。

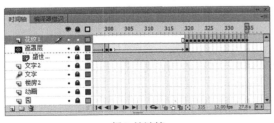

插入关键帧

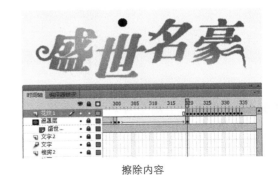

擦除内容

步骤55 使用同样的方法，擦除其他帧的多余的内容，制作一个逐帧效果，按Enter键查看效果。

效果1

效果2

步骤56 使用同样的方法，制作"花纹2"的逐帧效果。

效果1

效果2

19.3.5 制作按钮元件

下面将简单介绍一下按钮元件的制作与运用。

步骤1 按Ctrl+F8快捷键，在弹出的对话框中将其重命名为"按钮"，将"类型"设置为"按钮"。

步骤2 设置完成后单击"确定"按钮，在舞台中输入"replay"文本信息。在"点击"位置按F6键插入关键帧。

"创建新元件"对话框

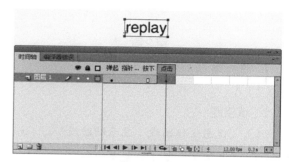

插入关键帧

步骤3 返回到"场景1"中，新建一个图层并将其重命名为"按钮"，在该图层的第350帧插入关键帧，在"库"面板中选择"按钮"元件，将其拖曳至舞台中并调整至合适的位置。

步骤4 选择添加的按钮元件，按F9键打开"动作"面板，在该面板中输入：

```
on (release)
{
    gotoAndPlay(1);
}
```

添加元件

"动作"面板

步骤5 新建图层，在第350帧位置插入关键帧，并打开"动作"面板，输入代码"stop();"。

19.3.6　导出影片

至此，房产广告片头动画就制作完成了，接下来将其导出为影片。

步骤1 在菜单栏中选择"文件|导出|导出影片"命令。

步骤2 在弹出的对话框中为其指定一个正确的存储路径。其保存类型采用默认值。

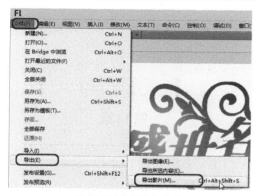

选择"导出影片"命令

"导出影片"对话框

步骤3 设置完成后单击"保存"按钮，即可将其导出影片。

步骤4 使用同样的方法保存场景文件。

附录A 操作习题答案

第2章

1. 选择题

（1）A （2）B

2. 填空题

（1）"视图 | 辅助线 | 显示辅助线"

（2）"视图 | 贴紧 | 贴紧至网络"

（3）"视图 | 网格 | 显示网格"

第3章

1. 选择题

（1）C （2）C

2. 填空题

（1）Shift键

（2）上、下方向键

（3）边数

第4章

1. 选择题

（1）B （2）C （3）B

2. 填空题

（1）极细线、实线、虚线、点状线、锯齿线、点刻线、斑马线

（2）添加锚点

（3）优化强度

（4）标准擦除

第5章

1. 选择题

（1）C （2）B

2. 填空题

（1）"整个"

（2）"消除锯齿"

（3）"时间轴"

第6章

1. 选择题

（1）C （2）C

2. 填空题

（1）Alt+Shift+F9

（2）属性、颜色、样本

（3）笔触颜色

（4）滴管工具

第7章

1. 选择题

（1）C （2）C

2. 填空题

（1）添加滤镜

（2）文本对齐 | 居中对齐

（3）选择工具 任意变形工具

第8章

1. 选择题

（1）A （2）B

2. 填空题

（1）修改 | 位图 | 转换位图为矢量图

（2）任意变形

第9章

1. 选择题

（1）B （2）B

2. 填空题

（1）MP3

（2）同步

第10章

1. 选择题

（1）C （2）C

2. 填空题

（1）Shift

（2）属性

（3）Alt+Shift+F9

第11章

1. 选择题

（1）B （2）C （3）C

2. 填空题

（1）重置场景

（2）颜色

（3）文档设置

第12章

1. 选择题

（1）B （2）B

2. 填空题

（1）"编辑｜时间轴｜选择所有帧"

（2）"帧居中"

（3）"文档属性"

第13章

1. 选择题

（1）B （2）C （3）C

2. 填空题

（1）图形、影片剪辑、按钮

（2）Ctrl+F8

（3）"库"面板

第14章

1. 选择题

（1）A （2）C

2. 填空题

（1）"修改｜转换为元件"图形

（2）按钮元件

（3）属性

第16章

1. 选择题

（1）C （2）A （3）A、B

2. 填空题

（1）动作脚本、Alert.show

（2）Alert（警告）

（3）contentPath

第17章

1. 选择题

（1）C （2）B

2. 填空题

（1）true、false

（2）&&

第18章

1. 选择题

（1）B （2）C （3）B

2. 填空题

（1）EXE文件

（2）影片网络播放

（3）导出图像